水泥碳汇及其对全球碳失汇的贡献研究

郗凤明　王娇月　石铁矛　邴龙飞　刘　竹　著

科学出版社

北　京

内 容 简 介

本书是一本多学科交叉研究创新的著作。它阐明了水泥碳化的碳汇机理，从水泥生产过程碳排放和使用过程碳吸收的全生命周期视角，构建了水泥碳汇核算方法，核算了混凝土和砂浆等不同类型水泥材料在建筑使用、拆除、垃圾处理与回用等不同生命周期阶段的碳吸收，分析了水泥碳汇对全球碳排放量、碳循环、碳失汇的影响，揭示了水泥材料生产和消费活动对碳循环过程的重要影响和作用规律，为全球碳失汇研究提供了一个新的视角。

本书适合从事地球化学、生态学、气候变化、土木工程等领域的科研人员、高等院校师生及相关工作者阅读。同时，对我国水泥、石灰等建材行业从事碳资产管理、节能减排和应对气候变化的企业管理人员也具有重要参考价值。

图书在版编目(CIP)数据

水泥碳汇及其对全球碳失汇的贡献研究 / 郗凤明等著. —北京：科学出版社，2018.3

　　ISBN 978-7-03-056054-4

　　Ⅰ. ①水… Ⅱ. ①郗… Ⅲ. ①水泥工业－二氧化碳－资源管理－研究 Ⅳ. ①X781.5

中国版本图书馆 CIP 数据核字（2017）第 315482 号

责任编辑：张　震　孟莹莹 / 责任校对：郑金红
责任印制：吴兆东 / 封面设计：无极书装

科 学 出 版 社 出版
北京东黄城根北街 16 号
邮政编码：100717
http://www.sciencep.com

北京中石油彩色印刷有限责任公司 印刷
科学出版社发行　各地新华书店经销
*

2018 年 3 月第 一 版　开本：720×1000　1/16
2018 年 3 月第一次印刷　印张：18 3/4
字数：378 000
定价：**129.00 元**
（如有印装质量问题，我社负责调换）

序

作为在地质学和地质历史气候变化领域工作 40 多年的一名科技工作者，我欣喜地看到又一本研究矿物碳化的重要著作问世。为此，我感到非常欣慰，也为受邀为该书作序感到荣幸。

矿物碳化（mineral carbonation）是一种自然界中硅酸盐矿物的化学风化过程。一般认为硅酸盐的化学风化过程的碳汇作用控制着长时间尺度的气候变化。然而人类强烈的矿物质开发和利用活动加速了硅酸盐碳化过程。建材、冶金等行业的矿物开发利用不仅导致了大量的碳排放，也产生了碳吸收，但碳吸收过程一直没有得到重视和科学量化。郗凤明研究员带领的研究团队发现，国际上通用的《2006年 IPCC 国家温室气体清单指南》详细阐述了水泥、石灰等矿物质材料生产过程碳排放的核算方法，但是缺少这些碱性矿物质使用后的碳吸收的量化方法，导致碱性矿物碳化过程的碳吸收未被核算。因为碱性矿物富含 CaO 或 Ca(OH)$_2$、MgO 或 Mg(OH)$_2$、3CaO·2SiO$_2$·3H$_2$O、3CaO·SiO$_2$、2CaO·SiO$_2$、3CaO·Al$_2$O$_3$·6H$_2$O 等化学成分，在环境中不稳定，会与二氧化碳和水反应，最终生成稳定的 CaCO$_3$、MgCO$_3$。这一化学风化过程在自然界中很缓慢，但是在人类活动的影响下，矿物的暴露面积巨大，加之部分矿物粒径由于人类的加工过程变得很小而暴露表面积迅速增大，两者共同作用加速了二氧化碳的吸收。

水泥是全球工程中用量最高、用途最广的一种建筑材料。近年来，我国的水泥产量一直占世界水泥产量的一半以上。2016 年我国的水泥生产总量达到 24 亿 t，约占世界水泥生产总量的 60%。水泥生产过程中会排放大量的二氧化碳，是除化石能源以外的碳排放重要来源。我国水泥生产过程碳排放约占我国碳排放总量的 9%。我国每年新建的建筑和基础设施消耗了大量的水泥，同时我国建筑平均寿命较短，为 30～35 年，每年产生了大量的建筑垃圾。我国及全球水泥材料和废弃物的矿物碳化过程吸收了多少二氧化碳一直没有得到科学量化。作者利用生命周期分析方法，建立了水泥材料矿物碳化过程全生命周期的碳吸收核算方法，核算了我国及全球水泥材料矿物碳化过程的碳汇。结果显示 1930～2013 年，全球水泥材料碳化的碳汇量累积高达 45 亿 t C，2013 年的全球水泥材料平均年碳汇量接近 2.5 亿 t C/a。我国 1930～2013 年水泥材料碳化的碳汇量累积高达 14 亿 t C，2013 年我国年水泥材料碳化的碳汇量接近 1.4 亿 t C/a。这充分说明水泥等矿物质材料碳化的碳汇量较大，对我国及全球的碳排放总量和碳循环有重要的影响，不容忽视。

　　郗凤明研究员是一名从事矿物碳化和气候变化研究的优秀科技工作者。我和他 2013 年在沈阳的一个会议上认识，他担任这个会议的主持人，会后他向我讲述了他关于水泥材料碳汇研究的想法和进展，给我留下了很深的印象。2016 年年底，他的研究成果 "Substantial global carbon uptake by cement carbonation" 以封面论文的形式发表在 *Nature Geoscience* 期刊上，他还专程到北京跟我报告了他的研究发现。他的团队坚持了 4 年的研究成果得到了同行专家的肯定，可喜可贺。他带领研究团队，在该论文的基础上进一步完善形成这部《水泥碳汇及其对全球碳失汇的贡献研究》专著，这是一部兼具理论性和方法创新的重要论著。该书系统梳理了水泥材料矿物碳化的机理、过程、影响因素和测试方法，构建了水泥材料矿物碳汇全生命周期的核算方法，量化了自然条件下全球水泥材料矿物碳化的碳吸收量，分析了全球碳失汇的成因及水泥材料碳化的碳汇对全球碳失汇的贡献，阐明了水泥材料矿物碳化的碳汇对全球碳循环的影响。作者通过系统全面的研究，在理论和方法上对我国碱性矿物碳化的碳捕捉和碳封存进行了有益的探索，创新性地解决了自然条件下碱性矿物碳吸收核算的方法学问题，也为我国利用大宗碱性固体废弃物进行碳封存工程减缓和应对气候变化提供了理论指导。该书的面世，有力地证明了人类矿物质开发活动不仅加速了碳排放，同时也加速了碳吸收过程，说明人类矿物开发活动对碳循环有重要影响，可能还有很多人类活动的碳汇机制未被揭示和量化，为全球碳失汇研究提供了一个新的视角。

　　该书体现了多学科交叉研究的创新。这不仅是水泥材料碳化的碳汇核算方法研究上的一项新突破，其对我国重视利用废弃混凝土、工业固体废物等大宗碱性矿物质进行碳封存也非常有实用价值。愿我国更多的专家和学者投入到矿物碳化的碳吸收和利用的理论、方法和技术研发领域中来，不断拓展理论研究和方法创新，发展碱性废弃物利用循环经济，为我国应对气候变化提供科技支撑。

中国科学院院士

2018 年 3 月

前　言

　　碳失汇一直是科学探索之谜，为了明晰失踪碳汇的去向，科学家从大气、海洋和陆地生物圈寻找可能容纳失踪碳汇的碳库，试图从森林、海洋和陆地系统寻找失踪的碳汇。尤其是在全球气候变化及大气中温室气体浓度升高备受关注的背景下，碳失汇问题研究变得更加重要，寻找失踪碳汇，确定去向、大小和未来碳吸收潜力，对全面理解全球碳循环和预测未来大气 CO_2 浓度变化具有重要的科学意义。然而，碳失汇问题研究一直没有实质性进展。人类活动对碳循环的影响巨大，改变了碳元素的地球化学循环过程。化石燃料的燃烧、水泥生产等工业过程、土地利用变化等，显著增加了碳排放。同时，人类活动也加剧了溶岩过程和碱性矿物的碳吸收速率。然而，人们过多关注的是人类活动产生的大量碳排放，人类活动影响下的碳汇作用却一直被忽略，尤其是碱性矿物的碳吸收功能未被充分重视。生物圈 2 号（Biosphere 2）大型科学实验的失败是由于其建筑结构混凝土吸收 CO_2 导致的 CO_2 不足、光合作用不足、整个系统崩溃，这充分说明水泥碳汇功能对生态系统和碳循环有重要影响。水泥碳汇功能对碳失汇的影响值得关注。本书系统揭示了水泥材料在生产、使用和废弃物处理全生命周期过程的碳汇，为碳失汇问题研究提供了一个新的独特的视角。

　　水泥碳汇的研究也是多学科交叉探讨的科学难题。混凝土碳化会直接影响建筑物的结构寿命和安全，在土木工程领域研究较为深入。由于土木工程领域科学家对全球碳循环问题了解较少，很少有土木工程领域学者研究水泥碳汇功能究竟有多大；而从事生态学和地球化学研究的科学家对建筑活动了解较少，近年来仅有少部分科学家关注水泥碳汇对碳失汇的影响问题。因此，受专业理论、研究方法和专业背景的限制，单一学科在解决科学难题时有很大的局限性，水泥碳汇功能的揭示需要多学科交叉研究。郗凤明研究员具有丰富的多学科交叉研究背景和扎实的专业基础知识，本科就读于沈阳建筑大学，研究方向为建筑生态学与生态规划，喜欢化学，对土木工程领域的混凝土碳化腐蚀的概念和机理较了解；硕士与博士就读于中国科学院沈阳应用生态研究所，专业为景观生态学，研究方向为城市扩张与景观变化；自 2009 年在中国科学院沈阳应用生态研究所工作以来，一直研究循环经济与温室气体排放，对水泥工业过程碳排放非常了解。基于丰富的土木工程、碳循环、生态学、温室气体清单编制等背景，郗凤明研究员及其带领的团队从水泥生产过程碳排放和使用过程碳吸收的全生命周期视角，构建了水泥碳汇核算方法，核算了水泥生命周期阶段的碳吸收及其对碳失汇贡献，并投入大量精力，认真归纳总结，形成此书。

本书撰写力求深入浅出，为使读者了解水泥材料排放与吸收的全生命周期过程，本书在国家自然科学基金面上项目"水泥碳汇及其对全球碳失汇的贡献研究"（41473076）的研究成果基础上，参考国内外研究的新进展，着力突出水泥碳汇量的核算方法和模型的建立，以及我国乃至全球水泥碳汇量的核算。本书共分七章，深入阐述了水泥碳汇发生机理及影响因素；系统总结了国内外水泥碳汇研究进展，提出和建立了一套系统的水泥碳汇核算方法体系；揭示了混凝土、水泥砂浆、建筑损失水泥和水泥窑灰的碳汇功能，从全球、区域尺度和水泥使用类型角度分析了水泥碳汇量；阐明了水泥碳汇对全球碳失汇贡献；分析了水泥碳汇核算中的不确定性；并在最后指出了水泥碳汇的未来研究方向。

本书执笔人有中国科学院沈阳应用生态研究所郗凤明、王娇月、邴龙飞，哈佛大学刘竹，沈阳建筑大学石铁矛。郗凤明研究员总体组织和设计。具体分工如下：前言由郗凤明执笔，第 1 章由郗凤明和王娇月执笔，第 2 章由郗凤明、石铁矛和王娇月执笔，第 3 章由郗凤明和邴龙飞执笔，第 4 章由郗凤明和刘竹执笔，第 5 章由郗凤明和王娇月执笔，第 6 章由郗凤明和邴龙飞执笔，第 7 章由郗凤明和石铁矛执笔，全书由郗凤明统稿。

本书是我们这些年来的学习心得和科研工作的总结。回顾过去 4 年的研究历程，可谓充满艰辛，从想法的提出无人理解，到研究经费缺乏，从实验条件不足，到数据收集、实地调研测试的辛苦，都倾注了我们大量劳动和智慧。希望本书能为人类活动影响下复杂的碳循环过程研究贡献一份力量。

我们深知水平有限，知识面宽度不够，理论基础不够，参考文献阅读不够，本书难免存在不足之处，谨以此书的出版发行献给从事碳研究的所有同仁，以期能够引起人们对人类活动碳汇的关注，更多地发现其他人类活动碳汇，丰富和完善碳循环、碳失汇、温室气体清单编制方法等领域问题研究。同时，我们也坚信世界科学研究和发现需要强有力的中国声音。

作 者

2018 年 2 月

目 录

第1章 绪 论

自工业革命以来，温室气体浓度大幅升高引起的全球气候变化已成为各国关注的焦点。人类生产和消费活动导致了大量温室气体排放，对全球气候变化和碳循环产生巨大影响，打破了原有的碳循环平衡状态。碳循环对气候变化的反馈作用也受到影响，大气、海洋和陆地碳库及其之间的碳流发生明显变化，从而引发一系列生态问题。由于国际上对全球变暖的担忧，碳循环成为20世纪90年代以来全球变化研究的热点领域（於琍和朴世龙，2014；Prentice and Fung，1990；Coreau，1990）。全球碳循环过程与人类活动有着密切的联系（Canadell and Mooney，1999），化石燃料的燃烧、水泥生产过程、土地利用变化等人类活动是最主要的碳排放源（IPCC，2014），人类活动集中的城市系统就排放了全球约80%的温室气体（赵荣钦等，2012；Churkina，2008；Churkina et al.，2010）。按照元素守恒定律，在全球碳循环过程中，化石燃料燃烧以及土地利用变化等因素导致的碳排放，除了被海洋、森林吸收的部分外，其他部分都排放到大气中，形成大气碳库的净增加值。但是，研究发现，人类燃烧化石燃料和热带毁林所排放的一部分 CO_2 不知去向，称为"碳失汇"（方精云和郭兆迪，2007）。碳失汇是全球碳循环研究的核心问题之一（Popkin，2015；Woodwell et al.，1978）。地球系统还有哪些类型未知碳汇存在、如何揭示和量化这些类型碳汇是碳失汇的研究重点。尤其是在《巴黎协定》提出将全球平均气温升幅控制在 2℃甚至 1.5℃（意味着在未来 30 年人类向大气排放的碳要控制在 50 Gt CO_2 以下）的背景下，人们将面临更为巨大的碳减排压力，因此寻找、量化未知碳汇，并开发其碳汇潜力显得尤为重要。最新研究表明，水泥虽然在生产过程排放大量 CO_2（Barcelo et al.，2014；IEA，2014；Marland et al.，2008），但是由于其水化产物的碱性特征，其使用后会持续吸收环境中的 CO_2，发生碳化反应生成碳酸钙等稳定物质（Papadakis et al.，1991），因此，水泥材料也具有碳汇功能（Mohareb and Kennedy，2012；Churkina，2008）。鉴于城市大量的水泥建筑和全球每年大量的水泥消费现状，深入研究水泥碳汇功能，科学揭示和量化其碳汇量，有助于解释全球碳失汇问题，对于全面理解全球碳循环和预测未来大气 CO_2 浓度变化具有重要的科学意义。

1.1　全球气候变化

全球气候变化是当前国内外研究的热点问题。自 2007 年联合国政府间气候变化专门委员会（Intergovernmental Panel on Climate Change，IPCC）发布第四次评估报告以来，不断有新的观测证据证明全球气候变暖的事实是毋庸置疑的。自 1750 年工业革命以来，化石燃料的大量使用导致 CO_2 等温室气体和其他污染物质大量排放，综合效果导致全球气候系统变暖，20 世纪中叶以来进一步加剧，成为制约人类社会可持续发展的重大问题（秦大河，2014）。世界气象组织发布的《2016 年全球气候状况声明》表明全球表面年均气温呈显著升高趋势，2016 年全球表面平均温度比 1961～1990 年平均值（14.0℃）高出 0.83℃，比工业化前水平高出约 1.1℃，突破 2014 年（偏高 0.57℃）、2015 年（偏高 0.76℃）相继创下的最暖记录，成为有气象记录以来的最暖年份 [图 1-1（a）]。亚洲陆地表面年平均气温在 1901～2016 年总体呈明显上升趋势，20 世纪 50 年代以来，升温趋势尤其显著 [图 1-1（b）]。1901～2016 年，亚洲陆地表面平均气温上升了 1.62℃。1951～2016 年，亚洲陆地表面平均气温呈显著上升趋势，升温速率为 0.28℃/10a。2016 年，亚洲陆地表面平均气温比常年值偏高 1.48℃，仅次于 2015 年，是 1901 年以来的第二高值年份。中国气候变暖趋势与全球和亚洲的总趋势基本一致，1901～2016 年，中国地表年平均气温呈显著上升趋势，并伴随明显的年代际波动，20 世纪 30 年代至 40 年代和 80 年代中期以来是主要的偏暖阶段，20 世纪前 30 年和 50 年代至 80 年代中期则以偏冷为主 [图 1-1（c）]。1901～2016 年，中国地表年平均气温上升了 1.17℃，近 20 年是 20 世纪初以来的最暖时期。1951～2016 年，中国地表年平均气温呈显著上升趋势，增温速率为 0.23℃/10a。

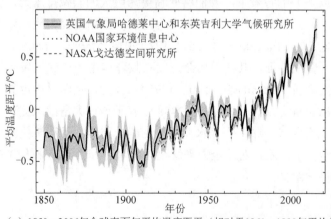

（a）1850～2006年全球表面年平均温度距平（相对于1961～1990年平均值）

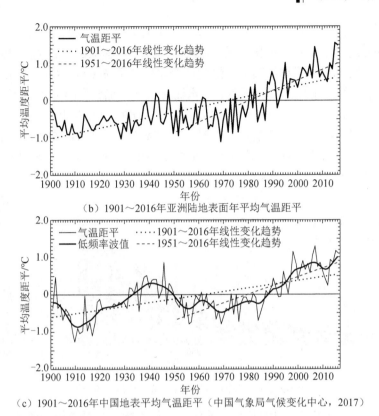

（b）1901～2016年亚洲陆地表面年平均气温距平

（c）1901～2016年中国地表平均气温距平（中国气象局气候变化中心，2017）

图1-1　全球、亚洲、中国表面年平均温度距平

　　全球变暖是气候变化自然因素和人类活动因素共同作用的结果。自然因素包括海洋、陆地、火山活动、太阳活动等。人为因素包括各类温室气体、气溶胶、土地利用、城市化等。IPCC第一工作组对气候变化的自然因素和人为因素给予了定量评估，经过辐射强迫估计，发现近百年来人类活动因素对全球气候变暖发挥着主导作用。人为活动因素中最大的贡献来自温室气体，特别是CO_2的排放。1750年以来，人类活动排放到大气中的CO_2、CH_4和N_2O等温室气体的浓度，已经达到历史最高水平，其中，CO_2浓度已增加了41%（IPCC，2014）。目前，大气中温室气体浓度仍在持续显著上升，截至2014年，CO_2、CH_4和N_2O的浓度分别达到397.7±0.1μL/L、1833±1nL/L和327.1±0.1nL/L，分别为工业化前（1750年之前）水平的143%、262%和121%（世界气象组织，2015）。据分析，人类活动温室气体排放中CO_2主要来自化石燃料使用、水泥生产以及土地利用变化（如热带毁林）；CH_4主要来自畜牧业、水稻田、湿地等排放；N_2O主要产生于施肥等农业生产活动（方精云等，2011；Gerlach，1991）。

IPCC 第五次评估报告指出，1750～2011 年，人为活动累积 CO_2 排放量为 2040±310 Gt CO_2。其中，因化石燃料燃烧和水泥生产释放的 CO_2 为 1376 Gt CO_2，占比约为 67.5%；因毁林和其他土地利用变化释放了 660 Gt CO_2，占比 32.4%。从 1970 年开始，来自化石燃料燃烧、水泥生成和喷焰燃烧的 CO_2 累计释放量已经增加了 2 倍，来自毁林开荒和其他土地利用变化的 CO_2 累计释放量已经增加了约 40%。2011 年，化石燃料燃烧、水泥生产和喷焰燃烧造成的 CO_2 年均排放量为 34.8±2.9 Gt CO_2/a，比 1990 年高 54%，而 2002～2011 年因人为土地利用变化产生的 CO_2 年均排放量为 3.3±2.9 Gt CO_2/a（图 1-2）。

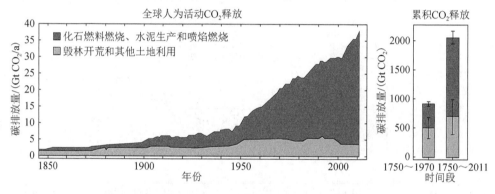

图 1-2 全球人为活动 CO_2 释放（IPCC, 2014）

总体来说，经济和人口增长是导致化石燃料燃烧 CO_2 释放增长的主要驱动力。2000～2010 年，人口增长对碳排放的贡献与过去 30 年的贡献相比变化不大，而经济增长对碳排放的贡献却快速增加；单位国民生产总值（gross domestic product，GDP）能耗强度对碳减排的贡献有所提高；但经济增长和人口增长两者共同驱动的碳排放超过了单位 GDP 能耗强度提高带来的碳减排。能源碳强度的作用也从以往 30 年的减排作用转为增排作用（图 1-3）。

从部门来说，人为直接温室气体排放的来源主要集中在能源、土地利用、工业、交通和建筑经济部门。对于人为直接温室气体排放，2000～2010 年，人为温室气体排放增加了 10 Gt CO_2 当量，其中，47%直接来自能源供应部门，30%来自工业，11%来自交通业，3%来自建筑业。而 2010 年，25%来自电力和热能生产，24%来自土地利用，21%来自工业，14%来自交通，6.4%来自建筑部门（IPCC，2014）。当电力和热生产作为消费能源计算在利用终端能源部门时（即间接 CO_2 排放），电力和热能生产的 CO_2 排放 1.4%用于能源，11%用于工业，0.3%用于交通，12%用于建筑，0.87%用于土地利用（图 1-4）。

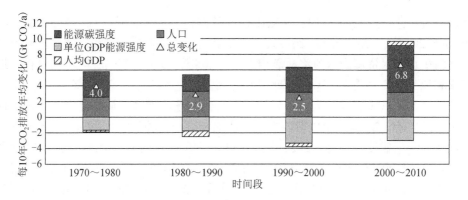

图 1-3 每 10 年化石燃料燃烧年均碳排放驱动因素分解（IPCC, 2014）

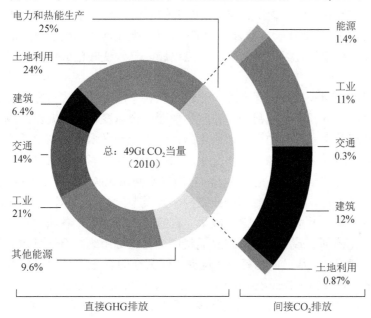

图 1-4 2010 年各经济部门人为温室气体排放（IPCC, 2014）

以人类活动驱动为主导的全球变暖已对自然生态系统和社会经济系统均产生了深刻的影响，包括海平面上升、海洋酸化、水资源短缺、极端气候事件频发、生物多样性受损、食物安全受到威胁、人体健康受到损害、灾害加剧等。例如，对全球 200 条河流的径流量观测显示，有 1/3 的河流径流量发生趋势性变化，尤以径流量减少为主；部分生物物种的地理分布、丰度、季节性活动和迁徙模式等都发生了改变；小麦和玉米减产平均约为每 10 年 1.9%和 1.2%（秦大河，2014）。最近研究表明，全球气候变化也会对钢筋混凝土碳化产生影响，增加碳化速率，会加剧混凝土碳化深度，加快混凝土建筑的腐蚀，缩短建筑寿命（Talukdar and Banthia, 2013; Talukdar et al., 2012）。IPCC 第五次评估报告亦指出，随着温室气体浓度的增加，水资源的风险将显著增加，21 世纪许多干旱亚热带区域的可再生地表水和地下水资源将显著减少，部门间的水资源竞争恶化。温度升高每增加 1℃，全球受水资源减少影响的人口将增加 7%；生态系统将面临区域尺度突变和不可逆变化的高风险，21 世纪及以后，大部分陆地和淡水物种面临更高的灭绝风险；如果没有适应气候变化措施，到 21 世纪末粮食产量每 10 年减少比例高达 2%，而预估的粮食需求到 2050 年则每 10 年将增加 14%；对于大多数经济部门而言，温度升高 2℃左右可能导致全球年经济损失占其收入的 0.2%～2.0%。因此，以温暖化为主要特征的全球气候变化问题是 21 世纪人类社会面临的严峻挑战之一，关系到人类的生存和发展。由于碳排放与社会经济的密切关系（方精云等, 2011; 王少鹏等, 2010; 丁仲礼等, 2009; 方精云等, 2009），气候变化问题已经从单纯的科学研究演变成当今国际政治、经济和外交的热点议题，气候变暖已成为全世界共同关注的问题。

为了遏制逐渐失控的全球变暖，无论是在科学层面还是政治经济层面人类都开展了积极应对气候变化的活动。在科学层面，全球变化的研究已经成为带动地球科学以及相关学科研究的学科前沿论题，一直受到学术界的高度关注。围绕气候变化问题，科学家积极探索气候变化的原因、规律、影响、未来的变化趋势，核算温室气体排放，编制温室气体清单，确定不同系统碳库，努力寻找失踪碳汇，控制化石能源消耗，调整能源和产业结构，开发节能减排技术，发展循环经济，实行清洁生产等，并取得了一定的成果。在政治经济层面，各国政府通过参与联合国气候变化谈判、政府间与非政府类气候变化国际组织，召开气候变化大会，积极应对气候变化。从日内瓦第一次世界气候大会的召开，《联合国气候变化框架公约》（United Nations Framework Convention on Climate Change, UNFCCC）的签订，《京都议定书》的签署，"巴厘路线图"的通过，"双轨制"谈判的启动，"共同但有区别的责任"原则的坚持，碳交易机制推广，哥本哈根气候变化大会的召开，到 2016 年 11 月 4 日《巴黎协定》的正式生效，都印证了人类应对气候变化的不懈努力。2017 年 10 月 23 日，随着尼加拉瓜政府正式宣布签署《巴黎协定》，拒绝《巴黎协定》的国家只剩下叙利亚和美国。

中国作为目前全球最大的碳排放国家，国内低碳经济发展的实际需要和外部世界纷至沓来的舆论苛责使中国面临巨大的减排压力。有研究指出，2010～2012 年，全球化石燃料燃烧和水泥生产释放导致的碳排放增长，3/4 源于中国（Liu et al., 2015）。但不得不指出中国的碳排放核算存在很大的不确定性（Liu et al., 2015; Marland et al., 2008）。Liu 等（2015）基于实测排放因子重新估算的中国碳排放量，发现以往对中国碳排放量的核算存在高估现象,重新核算后的中国 2013 年化石燃料燃烧和水泥生产碳排放总量为 2.49Gt C,比先前核算低约 14%(Olivier et al.,2013; 国家发展和改革委员会,2012; Marland et al., 2008; EDGAR, 2015),2000~2013 年中国累积碳排放比先前估计少 2.9Gt C。此修正量是《京都议定书》框架下具有强制减排义务的西方发达国家自 1994 年以来实际减排量的近百倍,大于中国 2000~2009 年陆地总的碳汇吸收量(2.6Gt C),大于中国 1990~2007 年总的森林碳汇(2.66 Gt C)。经过此次重新核算,在 21 世纪气温变化 2℃范围的各种排放情景下,中国的排放空间较原来相比增加 25%~70%。该研究成果使我国具有了第一套基于同行评议和实测数据的国家碳排放核算清单(Liu et al., 2015)。此外,中国也不断加大资金投入,用于深入开展应对气候变化相关工作,减少碳排放,如节能减排新技术开发、清洁生产实行、碳排放权交易市场建立等工作的研究和实践。

作为全球应对气候变化的重要参与者,中国全面参与 IPCC 工作组的气候变化评估和后续气候变化谈判,以伙伴发起国身份积极参与政府间气候变化组织的项目运作,支持非政府类气候变化组织的项目运作。尤其是在以中国为主的发展中国家的积极争取之下,UNFCCC 引入了"人均排放"和"共同但有区别的责任"这两个重要的国际气候治理概念,为广大发展中国家的能源结构调整和节能减排争取到了宝贵的时间(徐莹,2012)。中国开展了一系列应对气候变化的活动,2007 年,发布了《中国应对气候变化国家方案》,全面阐述了中国在 2010 年前应对气候变化的对策;将"建设生态文明"写进中国共产党的十七大报告,为中国环保掀开了崭新一页。2008 年,发布了《中国应对气候变化的政策与行动》白皮书,全面介绍中国减缓和适应气候变化的政策与行动。2009 年,宣布到 2020 年单位国内生产总值二氧化碳排放比 2005 年下降 40%~45%的行动目标,并将其作为约束性指标纳入国民经济和社会发展中长期规划。2013 年,发布第一部专门针对适应气候变化方面的战略规划《国家适应气候变化战略》;首条低碳环保高速公路——重庆至成都高速公路重庆段建成通车。2015 年,中国向联合国气候变化框架公约秘书处提交了应对气候变化国家自主贡献文件,提出了到 2030 年单位国内生产总值二氧化碳排放比 2005 年下降 60%~65%的目标,并提出二氧化碳排放总量 2030 年左右达到峰值并争取尽早达峰;在《国民经济和社会发展第十三个五年规划》中,提出"创新、协调、绿色、开放、共享"的发展理念;同时《"十三五"控制温室气体排放工作方案》中提出到 2017 年启动全国碳排放权交易市场,到2020 年力争建成制度完善、交易活跃、监管严格、公开透明的全国碳排放权交易市场,实现稳定、健康、持续发展。中国在应对气候变化方面的实践先行取得了良好成果,但不得不承认,由于中国在全球气候变化的科学积累相对较少,理论方法相对薄弱,在国际气候变化谈判中缺少话语权。

1.2 全球碳循环

由于全球变化与碳循环过程关系密切，20 世纪 90 年代以来，全球碳循环成为全球变化研究的热点领域（方精云和郭兆迪，2007; 徐小峰和宋长春，2004; Norby, 1997），越来越多的科学家加入到全球碳循环研究的行列，并针对全球碳循环研究开展了各种国际合作计划，如国际地圈生物圈计划（International Geosphere Biosphere Program, IGBP）、世界气候研究计划（World Climate Research Progamme, WCRP）、国际海洋全球变化研究（International Marine Global Change Study, IMAGES）、海洋大气碳交换研究（Ocean and Air Carbon Exchange Study, OACES）、地球系统分析综合与模拟（Analysis, Integration and Modelling of the Earth System, AIMES）计划等，推动全球碳循环研究快速发展。全球碳循环是碳元素在地球各圈层的流动过程，指碳元素在地球上的大气碳库、海洋碳库、陆地碳库中的循环变化以及其与气候系统的相互作用（图 1-5）。

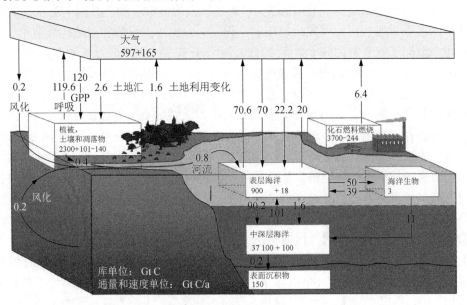

图 1-5　全球碳循环过程（Solomon et al., 2007）

工业化之前，人类活动对大气的干扰微小，大气中的 CO_2 总量是 597 Gt C，每年平均有 120 Gt C 通过光合作用被转化成有机物。陆地动植物的呼吸作用会释放 119.6 Gt C 到大气中，保留在陆地植被和土壤中的碳大约为 2300 Gt。海水对于 CO_2 的一呼一吸基本平衡，每年海洋从大气中吸收 70 Gt C，同时释放 70.6 Gt C，海水表层大约有 900 Gt C，每年浮游生物从海水表层吸收的碳是 50 Gt，同时有 39 Gt 返还给海水表层，11 Gt 有机碳进入中层海水，中层和深层海水里含碳量高达 37100 Gt，是碳循环里面质量比例最大的部分。沉积在海底表面的碳约是 150 Gt。而且陆地上的碳循环与海洋的碳循环不是独立的。每年陆地上的河流向海洋输送大约 0.8 Gt C，其中约有 0.4 Gt C 来自植物，约有 0.2 Gt C 来自河水从大气吸收的 CO_2，剩下的约 0.2 Gt C 来自河水从岩石表面风化捕获的 CO_2。此外，在火山喷发时，会有大量原本在地球深处储藏的 CO_2 进入大气，平均每年不到 0.1 Gt C（Solomon et al., 2007）。

受剧烈的人类活动的影响，全球碳循环原有的模式被打破。到 20 世纪 90 年代，人类使用化石能源共排放了 244 Gt C。与工业化之前的 1750 年相比，大气中的 CO_2 总量从 2189 Gt 增加到 2794 Gt，总量增加了 605 Gt，增加幅度是 28%。浅层海水的碳总量，已经从 900 Gt，增加到 918 Gt，增加了 2%。浅层海水中的浮游生物目前还没有显著影响，基本保持不变；中深层海水碳从 37 100 Gt 增加到 37 200 Gt，增加了 100 Gt，增加幅度 0.3%，与 CO_2 进入这个层次海水的漫长周期相一致；海底沉积物碳目前还没观察到显著的变化。陆地上的碳由于土地利用变化，造成了 140 Gt 的流失。同时因为大气中 CO_2 浓度增加，导致陆地吸收碳的能力增加，从而造成了 101 Gt 的储备增加，实际上土地利用变化减少了 39 Gt 的碳储存（Solomon et al., 2007）。有研究发现自然系统吸收 CO_2 的效率在过去 50 年已经开始下降，从 50 年前去除人类活动向大气释放 CO_2 的去除率 60%/t 降低到现在的 55%/t（Canadell et al., 2009）。

由于全球碳循环主要在大气碳库、海洋碳库、陆地碳库中转换，因此，我们分别详细介绍这三种碳库。

大气碳库是三个碳库中最小的碳库，约为 750 Gt C，但却是联系海洋与陆地碳库的纽带和桥梁，大气中的碳含量直接影响整个地球系统的物质循环和能量流动（陶波等，2001）。由于大气圈直接影响人类的生活，所以大气碳库及其变量最早引起人们的关注。大气碳库中的碳主要以 CO_2 气体的形式存在。工业革命以前，碳在大气、海洋、陆地三个碳库之间的循环处于平衡状态，但是 18 世纪工业革命以后，大量化石燃料燃烧、水泥生产等人类活动将储存在沉积物碳库中的碳排放到大气中，导致大气中 CO_2 的浓度迅速增长，这打破了工业革命前存在于大气、海洋和陆地三个碳库之间的动态平衡关系，引起了海洋—大气、陆地—大气之间碳通量的变化，直接影响了海洋和陆地的碳循环过程。研究发现全球碳循环与气候系统存在一个正反馈作用，即考虑碳循环与气候系统的相互作用后，海洋和陆地碳吸收的能力将减弱，更多的 CO_2 滞留在大气中，进而进一步加剧全球变暖效应（Solomon et al., 2007; Friedlingstein et al., 2006）。

占地球表面 71%的海洋是一个巨大的碳库,其碳储量约为 38 000 Gt(Falkowski et al., 2000),是大气碳库的 50 多倍,陆地碳库的 20 倍(不包括岩石圈)(IPCC, 2007)。海洋具有储存和吸收大气中 CO_2 的能力,在全球碳循环中的作用十分重要。碳在海洋中主要以溶解无机碳(dissolved inorganic carbon, DIC)、溶解有机碳(dissolved organic carbon, DOC)、颗粒有机碳(particle organic carbon,POC)、碳酸盐(carbonate)等形式存在,其中 97%以上是以溶解无机碳的形式存在(鲍颖, 2011; IPCC, 2007)。海洋碳循环包括三个方面:第一方面是"碳酸盐泵",即大气中的 CO_2 气体被海洋吸收,并在海洋中以碳酸盐的形式存在;第二方面是"物理泵",即混合层发展过程和陆架上升流输入,与海洋环流密切相关;第三方面为"生物泵",通过生物的新陈代谢来实现碳的转移,即生物净固碳输出,为浮游植物光合固碳速率减去浮游植物、浮游动物和细菌的呼吸作用速率,主要通过海洋浮游植物的光合作用来实现(谭娟等, 2009)。研究发现,大气中的 CO_2 不断与海洋表层进行着交换,这一交换量在各个方向上可以达到 90 Gt /a(方精云等, 2011; Solomon et al., 2007),从而使得大气与海洋表层之间迅速达到平衡,吸收了 30%~50%来自人类活动的碳排放,减缓了因现代工业迅速发展导致的大气 CO_2 浓度的上升,减少了全球变暖及气候变化给人类社会发展带来的问题(IPCC, 2001; Siegenthaler and Sarmiento, 1993)。但海洋缓冲大气中 CO_2 浓度变化的能力不是无限的,在千年尺度上,随着大气中 CO_2 浓度的不断上升,海洋吸收 CO_2 的能力将不可避免地会逐渐降低。因此,随着大气 CO_2 的持续增加,海洋能够吸收多少大气 CO_2,海洋吸收大量 CO_2 后会对海洋带来什么样的问题,特别是海洋生态系统,这些都是人类和地球实现可持续发展不能忽略的问题(鲍颖, 2011)。

陆地碳循环与气候变化的关系密切,它也是全球碳循环中受人类活动影响最大的部分。与人类活动有关的化石燃料燃烧、水泥生产及土地利用变化等都会造成 CO_2 的排放,极大地改变了大气的原有组成成分,引起气候变暖一方面会促进陆地植物的光合作用、增加植物固碳潜力(White et al., 2000),另一方面也会加强陆地植物的呼吸作用和土壤微生物的分解作用,导致更多的 CO_2 释放到大气中,形成正反馈效应(Davidson and Janssens, 2006),从而影响陆地碳循环。因此,陆地碳循环及碳收支研究成为全球气候变化的成因分析、变化趋势预测、减缓和适应对策分析等领域热点,受到社会各界的广泛关注。陆地碳循环的基本过程为,植物通过光合作用吸收 CO_2,将碳储存在植物体内,固定为有机化合物,形成总初级生产量,同时,又通过在不同时间尺度上进行的各种呼吸途径或扰动将 CO_2 返回大气。其中,一部分有机物通过植物自身的呼吸作用(自养呼吸)和土壤及枯枝落叶层中有机质的腐烂(异氧呼吸)返回大气,未完全腐烂的有机质经过漫长的地质过程形成化石燃料储藏地下,一部分则通过各种(包括人为和自然的)

扰动释放 CO_2，形成大气—植被—土壤—岩石—大气的碳库之间的往复循环过程（侯宁等，2009；陈泮勤，2004；陶波等，2001）。Keenan 等（2016）发表在 *Nature Communications* 的文章指出，虽然人类活动造成的 CO_2 排放仍在增加，但陆地生态系统在全球碳循环中发挥了更大的作用，碳吸收的增加，抵消了很大一部分的碳排放。大气中 CO_2 的增加增强了光合作用（CO_2 吸收过程），全球气温上升又减缓了呼吸作用（CO_2 排放），因此这两个因素的合力造就了大气 CO_2 增长率出现停滞，2002～2014 年，大气 CO_2 的增加速率每年约降低 2.2%。同时，文章也指出，大气 CO_2 含量增长率的减缓极有可能是暂时的，在大气 CO_2 浓度持续上升的条件下，植物碳汇能力的增加也无法从根本上解决气候变化问题。

有研究认为陆地碳库包括陆地生物圈碳库、土壤圈碳库和岩石圈碳库等（耿元波等，2015）。陆地生物圈最复杂、最具不确定性，受植被类型、土壤圈、岩石圈，特别是人类活动的影响剧烈（方精云和郭兆迪，2007），其碳储量的估算存在较大差异。目前普遍接受的估计约为 560 Gt C，其中森林约为 422 Gt C，草原约为 92.6 Gt C，沙漠、冻原、湿地、农田分别约为 5.9、9.0、7.8、21.5 Gt C（Houghton and Skole, 1993）。当植物枯死或凋落后，碳素由活生物量转移到凋落物库中。凋落物的碳素总储量估计为 60 Gt C（Schlesinger, 1995; Ajtay et al., 1979）。陆地土壤其有机碳总储量在 1400～1500 Gt C（Schlesinger, 1991, 1999;Eswaran et al., 1993; Post et al.,1982）。岩石圈是地球上最大的碳库，岩石圈中的碳以有机碳和碳酸盐两种形态存在。整个岩石圈的碳素总储量为 $9.1×10^9$ Gt C，其中化石燃料为 5000～10000 Gt C（Bolin, 1986）。但其与生物圈、水圈和大气圈之间的碳循环量很小，规模仅在 0.01～0.1 Gt C /a（Schlesinger, 1997），而且传统观点认为陆地碳库中的岩石圈碳库循环周期为地质年代尺度，长达数百万年，并认为在数百年的尺度上岩石圈碳库是固定不变的，对与岩石圈相关的各种地质作用则忽略其碳周转（鲍颖，2011）。因此，在许多碳循环模型中均未考虑岩石圈碳库（化石燃料除外）。

但最近一些研究表明，一些地质作用事实上也参与短时间尺度的全球碳循环，尤其是人类活动干扰后，影响了岩石圈碳循环过程。例如，人类的采矿行为使碱性矿物暴露在空气中，增加了其与空气的接触面积，加速了碳化过程。再有，工业革命后，增加的 CO_2 浓度使碳酸盐岩和硅酸盐岩的岩溶风化作用更为活跃〔岩溶过程可简单表示为：$CaCO_3 + CO_2 + H_2O \rightleftharpoons Ca^{2+} + 2HCO_3^-$；$CaMg(CO_3)_2 + 2CO_2 + 2H_2O \rightleftharpoons Ca^{2+} + Mg^{2+} + 4HCO_3^-$，其中 CO_2 直接来源于大气或土壤（刘再华，2000）〕，从而吸收转化了更多的大气 CO_2，无论是在长时间和短时间尺度上对大气 CO_2 的吸收均产生重大影响（邱冬生等，2004）。据估算，我国岩石每年因溶蚀、风化作用固定的 CO_2 约为 14.1 Mt C，其中由碳酸盐类岩石风化消耗的碳量最多，占总量的 52.65%，硅酸盐岩及其他类型岩石风化消耗的碳量占总量的 47.35 %（邱冬生等，2004）。刘再华（2000）分别采用水化学—流量方法和碳酸盐岩溶蚀试片法，发现我国和全球碳酸盐风化引起的大气 CO_2 汇约为每年 0.018 Gt C 和 0.11 Gt C。同时，该团队在贵州乌江渡水电站水泥灌浆廊道内发现了混凝土中水泥水化产物 $Ca(OH)_2$ 吸收大气 CO_2 生产碳酸钙的沉积速率较天然条件下快数百倍，经过简单核算发现全球由水泥碳酸盐化产生的碳汇为每年 76～136 Mt C（刘再华，2000；Liu and He，1998）。此外，人类为了处理 CO_2，采用碳捕集与封存（carbon dioxide capture and sequestration, CCS）手段将 CO_2 进行矿物碳化封存，模仿自然界中钙/镁硅酸盐矿物的风化过程，即利用通常存在于天然硅酸盐矿石中的碱性氧化物，如氧化镁和氧化钙，将 CO_2 固化成稳定的无机碳酸盐从而达到将 CO_2 固定封存的目的（张兵兵等，2012）。目前，适合 CO_2 矿物捕获的岩石类型主要有火山岩、砂岩和火山碎屑岩（董林森等，2010）。Matter 等（2016）发表在 *Science* 期刊文章指出，采用矿物碳化封存技术处理的 CO_2，其碳化速率超出人们的想象，在不到两年的时间内就完成了需要上百甚至上千年才能完成的利用地质储存库来固定 CO_2 生成硅酸盐矿物的过程。同时，人们也利用天然的矿物与 CO_2 发生矿化反应生产人们需要的产品，不仅起到碳封存的目的也满足了人们的需求。例如，在工厂条件下，利用自然界广泛存在的氯化镁通过电解方法强化其与 CO_2 的矿化反应生产具有价值的碳酸镁物质；人们也利用钾长石与 CO_2 发生矿化反应生成钾肥，以减少对可溶性钾的消耗（Xie et al.，2015）。所有这些人类活动都干扰了岩石圈的碳循环过程，岩石圈的碳周转不可忽略，其与人类活动导致的大量碳排放引起的气候变化共同影响着陆地整个碳循环过程。

目前，《2006 年 IPCC 国家温室气体清单指南》（Eggleston et al.，2006）已经详细核算了人类活动导致的碳排放，包括能源的碳排放，工业过程和产品使用的碳排放，农业、林业和其他土地利用的碳排放，及废弃物的碳排放几个部分。但是由于某些过程未被识别或者测量方法还不存在，无法获得测量结果或其他数据等原因使评估核算存在很大不确定性。例如，在全球碳平衡的计算中，土地利用/覆被变化是估测陆地碳储存和碳释放中最大的不确定因素，不确定性能达到100%～200%（King et al.，1997；et al.，2006）。活动水平数据和排放因子是不确定性的重要来源（Eggleston et al.，2006）。在活动水平数据上，Guan 等（2012）的研究指出中国的能源数据在国家尺度和省级尺度上的核算存在矛盾，尤其是煤炭的数据不确定性更大，2010 年能源消耗数据的不确定性导致估算的碳排放的不确定性为 18%，这不确定的 1.4 Gt CO_2 排放相当于温室气体排放第四大国——日本每年的排放总量。Liu 等（2015）进一步研究发现，2000～2012 年，中国表观能源消费量实际较国家统计数据公布的能源消费量高 10%。在排放因子方面，由于缺乏能代表中国燃料的实际测量数据，中国的燃料排放因子一直采用 IPCC 推荐的缺省值。但经过 Liu 等（2015）实际测量发现，中国的煤炭排放因子实际比 IPCC 建议的缺省值数据低 40%，中国的煤炭氧化率水平比 IPCC 推荐值低 6%，煤炭平均灰分含量达到 27%，煤炭的发热值比 IPCC 推荐值低 26%，比美国平均值低 22%，水泥生产过程碳排放因子比 IPCC 推荐值低 40%。基于实测排放因子核算的中国碳排放总量表明：中国 2013 年化石燃料燃烧和水泥生产碳排放总量为 2.49 Gt C，比先前估计低约 14%（Olivier et al., 2013；国家发展和改革委员会，2012；Marland et al., 2008；EDGAR, 2015）。碳排量核算的精确性直接影响着全球碳循环及碳平衡的评估，进而影响碳失汇问题的解决。因此，碳排放量的精确核算十分必要。

1.3 碳 失 汇

近 30 多年来，碳失汇一直是全球碳循环研究的核心问题之一（Lovisa et al., 2017；Le Quéré et al. 2009，2015；Schindler, 1999）。碳失汇，亦被称为"二氧化碳失汇""碳黑洞""碳残差"，是指受人类活动的影响，从表观上看，现代的全球碳循环处于不平衡状态，即人类燃烧化石燃料和毁林所排放的一部分 CO_2 不知去向（Burgermeister, 2007；徐小峰和宋长春，2004；王效科等，2002）。

科学家在进行全球碳平衡研究和估算中发现，有近 20% 的 CO_2 排放去向不明，每年碳失汇量约有 1.9 Gt，是一个十分巨大的数量（佘惠敏，2014）。伍兹霍尔研究中心（Woods Hole Research Center）多年研究结果表明，全球碳失汇量从 1850 年以来呈逐渐增大的趋势（Woods Hole Research Center, 2013；Hunghton, 2002）。在 20 世纪 80 年代，平均每年有 7.1 Gt 的碳排放（5.5±0.5Gt/a 来自燃烧化石燃料，1.6±0.7Gt/a 来自土地利用的变化），大于年度积累大气中的碳（3.3±0.2Gt/a）和年度海洋吸收的碳（2.0±0.8 Gt/a）的总和，碳失汇量为 1.8 Gt/a；在 2000～2008 年，全球年碳失汇量增加到 2.8±0.9Gt/a；在 2005～2014 年，全球年碳失汇量增加到 3.0±0.8Gt/a（表 1-1）。人类能源消耗、土地利用变化等活动排放的一部分 CO_2 到底被什么吸收了，一直是科学家探索的未解之谜（Burgermeister, 2007）。当前，全球气候变化及大气中 CO_2 浓度逐年升高受到高度关注，碳失汇问题研究变得更加重要。寻找失踪的碳汇，确定其去向、大小及未来碳吸收潜力和变化规律，对全面理解全球碳循环和预测未来大气 CO_2 浓度变化具有重要的科学意义（Le Quéré et al., 2015）。

表1-1 主要全球碳失汇研究列表

化石燃料与工业过程排放/（Gt/a）	土地利用变化净排放/（Gt/a）	大气增加/（Gt/a）	海洋吸收/（Gt/a）	碳失汇/（Gt/a）	文献来源
3.6	1.8	0.5	0.8	1.0~1.3	Reiners（1973）
5.2	3.3	2.5	2.0	4.0	Woodwell 等（1983）
5.0	1.3	2.9	2.4	1.0	Trabalka（1985）
5.4	1.6	3.4	2.0	1.6	Houghton 和 Skole（1993）
5.3	1.8	3.0	1.0~1.6	2.5~3.1	Tans 等（1990）
6.0	0.9	3.2	2.0	1.7	Schlesinger（1997）
5.5±0.5	1.6±0.1	3.3±0.2	2.0±0.8	2.1	IPCC（1994）
7.7±0.4	1.5±0.7	4.1±0.04	2.3±0.4	2.8±0.9	Woods Hole Research Center（2000—2008）
9.0±0.5	0.9±0.5	4.4±0.1	2.6±0.5	3.0±0.8	Le Quéré 等（2015）

资料来源：徐小峰和宋长春, 2004；增加了新的研究成果

明晰失踪碳汇的去向是解决碳失汇的核心问题。大气、海洋和陆地是人工源 CO_2 的 3 个可能的容纳库（图1-5）。大气 CO_2 量可以相当准确地通过直接测定而获得；海洋系统因为相对均质，其吸收量也能较准确地估算；但是陆地系统比较复杂，受人类活动的影响剧烈（方精云和郭兆迪，2007）。人类的建筑活动、生产生活、矿物开采和利用已经较大地影响和驱动了地球化学循环。由于地球系统的高度复杂性和研究的不确定性，科学家利用样点测定外推估算法、模型估算法以及二者相结合的手段研究碳收支过程和碳失汇问题（孟赐福等，2013；于贵瑞等，2011）。样点测定外推估算法：根据全球各种生态系统的类型是有限的，它们的面积也是已知的，并且在同一生态系统类型内，碳的形态及其质量浓度和各种生物地球化学循环存在较大的一致性，利用这一特点，在各种生态系统中随机定点，测定它们的碳库及碳通量，并外推至全球，估算出全球范围碳的收支。此方法的优点是所有数值均为实测值，存在较大的可信度。已知的部分"碳失汇"估计值就是采用这种方法得到的（Fan et al., 1999; Tian et al., 1998; Dixon et al., 1994; Siegenthaler and Sramiento, 1993; Keeling et al., 1989）。但是因为各种生态系统的划分不一，即使是同一种生态系统类型，因所处地点纬度不同和温度存在差异等，均可能导致较大的误差。模型估算法是利用模型进行碳收支的估算，可以考虑各种影响因子，对全球碳收支进行估算。目前，关于全球碳循环研究主要以经验模型为主，大部分以碳库的大小以及与其他碳库间的碳通量来进行估算。但不足的是，这种方法所用数据同样必须来自实测值，最终再利用实测值进行验证，并且因为生物地球化学过程的复杂性及影响因子的多样性，很难将所有影响因子全部包括在内，这种方法同样存在较大的误差。因此，已知全球系统中现有碳收支评

估方法的较大不确定性是导致碳失汇存在的重要原因之一。

此外，许多未识别的隐藏碳汇也是导致碳失汇存在的另一个重要原因。20世纪70年代以来，全球科学家开始碳失汇问题的研究，不断探索和量化碳失汇量，并试图从森林、海洋和陆地系统寻找"失踪的碳汇"（Marland, 2012）。葛全胜、于贵瑞、潘根兴、冯晓娟、王辉民等学者研究了人类活动影响下陆地系统的碳收支（邸月宝等，2012; 于贵瑞等，2011; 葛全胜等，2008; Feng et al., 2008; 潘根兴等，2007; 周涛和史培军，2006; 李玉强等，2005; 李跃林等，2002），发现北半球的陆地生态系统主要吸收了这部分去向不明的 CO_2（葛全胜等，2008; 方精云和郭兆迪，2007）。森林生态系统的巨大碳汇功能一直受到科学家的高度关注，但研究发现其不能有效解释全部碳失汇量。美国科学家 Tans 等（1990）利用大气和海洋模型以及大气 CO_2 浓度的观测资料研究发现，北半球中高纬度陆地生态系统是一个巨大的碳汇（2.5~3.1 Gt C），可抵消"失汇"部分 CO_2。但是，Goodale 等（2002）通过实地测量数据发现北半球森林系统仅有 0.7 Gt C；Stephens 等（2007）研究认为热带雨林是最大碳汇，北半球森林碳汇贡献较小。科学家通过森林资源清查资料，相继研究了北美和欧洲大陆森林碳汇（Janssens et al., 2003; Pacala et al., 2001; Field and Fung, 1999; Fan et al., 1998; Dixon et al., 1994; Kauppi et al., 1992）。我国学者方精云、朴世龙等量化了中国森林的固碳能力（Piao et al., 2008, 2009; Fang et al., 2001）。受传统观点的限制，以往的研究只强调了生物圈（包括陆地生态系统和海洋生态系统）的短时间尺度的碳循环作用，而对地质过程有所忽视。碳失汇问题一直没有突破性的进展。

Wofsy（2001）在 *Nature* 上提出，碳失汇不确定性可能不仅是来自森林系统复杂性，还可能是因为我们没有找到碳汇的正确地方。2012 年，*Nature Geoscience* 社论提出要"超越森林碳汇，去寻找其他系统的碳汇"（Editor Nature Geoscience, 2012）。因此，其他可能碳汇近年来正受到科学家关注，除森林以外的生态系统的碳汇功能也逐渐被揭示，如隐花植物碳汇作用（Elbert et al., 2012）、海草和浮游生物碳汇作用（Fourqurean et al., 2012; 孙军，2011）、灌木碳汇作用（Goodale and Davidson, 2002）、湿地和其他生态系统碳汇作用（Lenart, 2009; 宋长春，2003）。同时，地球化学循环的无机碳汇功能也越来越受到科学家的关注，如岩溶过程的碳汇作用（蒋忠诚等，2012; Beaulieu et al., 2012; Larson, 2011; 袁道先，1999; 袁道先等，2006）、碳酸盐矿物碳化的碳汇作用（Matter et al., 2016）、盐碱土地的碳汇作用（佘惠敏，2014）、荒漠化地区的碳汇作用（Ma et al., 2012）等。陆地系统上是否还有其他类型的碳汇存在，如何找到和量化它们是生态学、地球化学和气候变化科学领域需要探索的重点问题之一。

有研究发现水泥材料在建筑的建设、使用、拆除、垃圾处理与回用过程中会不断吸收环境中的 CO_2（Pade and Guimaraes, 2007），但是人们普遍关注的是水泥生产过程的大量碳排放，即水泥生产过程碳排放约占全球能源活动和工业生产过程碳排放的 5%，而水泥的碳汇功能尚未被充分重视和量化。鉴于目前城市水泥材料的大量使用，科学家们需要了解水泥材料在环境中的全生命周期碳吸收量，量化其累积过程和效应，分析其对碳循环的影响。而水泥材料碳汇的揭示和量化，也将有助于解释一部分碳失汇问题。

1.4 水泥碳排放与水泥碳汇

1.4.1 水泥碳排放

水泥是国民经济建设重要的基础原材料，同时，水泥生产也是高能耗、高排放的行业。水泥的主要生产工艺单元为"两磨一烧"，即生料制备、熟料煅烧和水泥粉磨（图 1-6）。生料制备指将石灰质原料、黏土质原料和校正原料破碎磨细和调匀以及预热过程。熟料煅烧指将生料在窑炉内煅烧至熔融得到以硅酸钙为主要成分的熟料。水泥粉磨指将熟料、石膏和工业废渣等混合材料及外加剂混合均匀磨细，产出水泥成品（刘立涛等, 2014）。其中，石灰质原料是指以碳酸钙为主要成分的石灰石、泥灰岩、白垩和贝壳等，而石灰石是水泥生产的主要原料，每生产 1t 熟料约需要 1.3t 石灰石。黏土质原料主要提供水泥熟料中的 SiO_2、Al_2O_3 及少量的 Fe_2O_3。天然黏土质原料有黄土、黏土、页岩、粉砂岩及河泥等，其中黄土和黏土用得最多，此外，还有粉煤灰、煤矸石等工业废渣。当石灰质原料和黏土质原料配合所得生料成分不能满足配料方案要求时，必须根据缺少的组分掺加相应的校正原料，其中硅质校正原料含 80%以上 SiO_2，铝质校正原料含 30%以上 Al_2O_3，铁质校正原料含 50%以上 Fe_2O_3。硅酸盐水泥熟料的矿物主要由硅酸三钙（$3CaO \cdot SiO_2$，简写为 C_3S）、硅酸二钙（$2CaO \cdot SiO_2$，简写为 C_2S）、铝酸三钙（$3CaO \cdot Al_2O_3$，简写为 C_3A）和铁铝酸四钙（$4CaO \cdot Al_2O_3 \cdot Fe_2O_3$，简写为 C_4AF）组成。熟料制备可分为湿法和干法两大类工艺。湿法生料中含 35%的水分，料浆均匀成分稳定，有利于生成高质量的熟料，但蒸发水分需要更多的能量消耗。干法工艺将生料粉在预热器和预分解窑中预煅烧，节省了蒸发水分的热量，通过额外增加的预处理工艺能够保证产品质量的稳定，干法工艺的排放量和能源消耗水平更低。随着水泥工艺水平的发展和我国国内淘汰产能力度的加强，2012 年新型干法工艺生产的水泥占我国国内水泥产量 77%以上（王思博, 2012）。

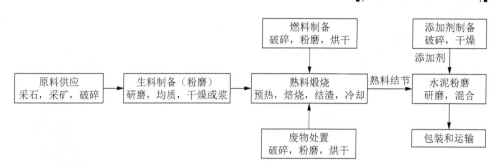

图 1-6　水泥生产工艺流程（刘立涛等, 2014）

作为使用范围最广的建筑材料，水泥的生产和消费量也是巨大的。从全球范围看，全球水泥消费量呈显著递增趋势，从 1930 年的 28.25 Mt 增至 2013 年的 4000 Mt，尤其是 1945 年以后，水泥消费量增加尤为明显（图 1-7）。我国的水泥产量一直在世界水泥产量中占据重要位置，每年以 10%左右的速度呈递增状态，近 30 多年来，我国水泥年产量从 1978 年的 76.68 Mt 增长到 2013 年的约 2416.14 Mt，35 年间净增 2.3 Gt 以上。而 2013 年我国的水泥生产总量达到全世界水泥生产总量的 60.4%。水泥生产过程中会排放大量的 CO_2，占全球人为活动 CO_2 排放量的 7%（Deja et al., 2010; Anand et al., 2006），是除化石能源以外碳排放的重要来源（Benhelal et al., 2013; Xu et al., 2011, 2014; Szabó et al., 2006），占全球工业过程碳排放的 90%，占全球工业过程和化石燃料燃烧总碳排放的 5%（IEA, 2014; Barcelo et al., 2014; Marland et al., 2008）。水泥生产碳排放变化趋势与水泥消费量一致，稳步递增，从 1930 年的 10 Mt 增至 2013 年的 547 Mt，尤其 1960 年以后，增加幅度尤为明显。随着我国水泥产量占世界水泥产量的比例不断增大，我国水泥碳排放占世界水泥生产碳排放的比例也增至 2011 年的 60.6%。而水泥碳排放在我国碳排放总量的比例也从 1990 年的不足 5%迅速提升至 2000 年的 8.7%，2009 年突破 10%，截至 2011 年已达到 11.3%（CDIAC, 2012）。我国水泥工业万元 GDP 碳排放量约为 14.7t，是我国平均万元 GDP 碳排放量的 5.9 倍（昃向祯, 2010）。可以看出，我国水泥工业的碳排放十分巨大，是单位 GDP 碳排放较高的行业。这主要是因为水泥能耗高、附加值低，水泥熟料煅烧主要是用煤作燃料，用石灰石做原料（昃向祯, 2010）。随着发展中国家大规模经济发展和基础建设的需要，预计未来水泥工业排放的 CO_2 将约有 80%来自于发展中国家（史伟等, 2011），考虑技术革新和一系列有效的碳减排措施，水泥的生产效率会不断提高，水泥产品的能源消耗量不断降低，单位熟料和水泥的 CO_2 排放系数会取得很大程度的下降。因此，专家预测 2035 年与 2050 年我国水泥工业 CO_2 排放将分别锐减到 6 亿多吨和 3 亿多吨（高长明, 2010）。

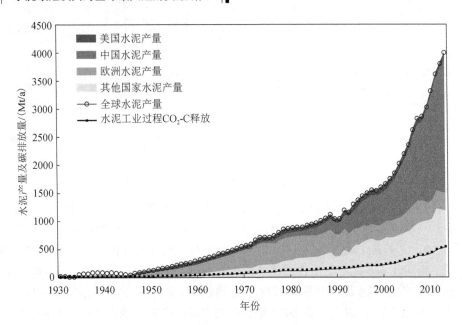

图 1-7　水泥生产和工业过程碳排放

面积图表示美国、中国、欧洲和其他国家水泥产量，折线图代表全球水泥产量和水泥工业过程 CO_2-C 释放

水泥生产焙烧石灰石和黏土质原料生产水泥熟料的过程中，在短时间内就向大气中排放大量 CO_2。水泥行业生产的碳排放主要由两大部分组成（耿元波等，2015；Shen et al.，2014；Wang et al.，2013；Ke et al.，2013；Ali et al.，2011；Worrell et al.，2001）：①能源消耗导致的碳排放，包括熟料烧成过程中燃煤的消耗和水泥生产过程中的电耗，其中熟料烧成过程中燃煤的消耗占水泥生产燃煤消耗的 98%以上，电力消耗产生的 CO_2 量在熟料总排放量中占 6%~7%，主要包括生料制备、熟料煅烧和水泥粉磨过程中所消耗的电能，三者占水泥生产总电耗的 95%以上（庞翠娟，2012）；②水泥原料之一碳酸盐矿物（主要为石灰石）分解所产生的碳排放，方程式为 $CaCO_3 \xrightarrow{\text{高温}} CaO + CO_2 \uparrow$，碳酸盐矿物分解产生的 CO_2 量在熟料总排放量中占比最大，超过 60%。也有研究者将能源消耗碳排放和水泥工业过程的碳酸盐煅烧碳排放归为直接碳排放，而用于原料运输和设备生产的电力消耗归为间接排放（Gao et al.，2015），其中直接碳排放大约占 90%，间接碳排放大约占 10%（Mikulčić et al.，2013）。

为了更明晰水泥生产的不同来源碳排放，将具体的水泥行业的 CO_2 排放归纳为以下几个方面（庞翠娟，2012）：

（1）原料中碳酸盐矿物分解排放的 CO_2。由于水泥原料中（主要为石灰石原料）含有大量的碳酸盐矿物（主要为 $CaCO_3$，含量在 65%左右，还有 $MgCO_3$，含量在 1.5%左右），在水泥熟料的生产过程中，这些碳酸盐矿物会遇热分解释放出 CO_2，是水泥生产碳排放的最大来源。

（2）原料中有机碳燃烧排放的 CO_2。水泥原料中常含有少量有机碳，此部分有机碳在燃烧时也会转化排放出 CO_2，但因含量少，影响也甚小。有机碳的含量随着使用的原料品种和产地的不同而不同，正常情况下，原料中有机碳含量为 0.1%~0.3%（干基）。

（3）水泥生产全过程使用的各种燃料燃烧排放的 CO_2。燃料燃烧排放的 CO_2 量是水泥生产碳排放的第二大来源，排放的 CO_2 量占整个水泥生产过程中碳排放量的 30%左右。在水泥生产过程中，需要用到燃料的生产环节很多，除了主要用于熟料烧成外，还包括原料烘干、设备和现场交通工具、自发电、房间供热和制冷等非烧成燃料的使用。根据调研，目前新型干法水泥生产企业的余热均可满足所有原料烘干的需要，还有剩余可用于余热发电，因此对原料烘干用燃料的碳排放不列入考虑范围内。其他用途的非烧成燃料主要为柴油和煤，主要用于现场交通和运输。用于熟料烧成的燃料种类很多，有传统的烧成燃料，如原煤、焦炭、燃油和天然气等化石燃料，一般水泥企业通常以煤作为主要传统燃料。也有近年来被使用得越来越多的替代性燃料，如废皮革、废轮胎、废塑料等可燃废弃物，也有废木材和污泥等生物质燃料。

（4）外购电力消耗间接产生的 CO_2 排放。电力消耗产生的 CO_2 量在熟料总排放量中占比较小，为 6%~7%，但贯穿整个水泥生产过程，每个水泥生产环节均会有电力消耗，均会产生由电力消耗带来的间接碳排放。

（5）外购熟料和混合材间接产生的 CO_2 排放。部分水泥企业存在外购熟料和混合材的情况，需要考虑外购的熟料和混合材带来的 CO_2 排放。外购熟料的碳排放量按照生产熟料时所包含的碳酸盐矿物分解、有机碳燃烧、燃料燃烧和电力消耗产生的碳排放量，按单位熟料碳排放计。外购混合材产生的 CO_2 排放主要为烘干、破碎、粉磨、分选等热耗和电耗产生的间接 CO_2 排放。

目前，IPCC 认为水泥工业过程碳排放仅包括熟料煅烧过程由碳酸盐矿物分解排放的 CO_2，不包括加热的能源消费的 CO_2 排放。按照《2006 年 IPCC 国家温室气体清单指南》（Eggleston et al., 2006），用于水泥窑加热的能源消费排放计算在能源部门排放里（耿元波等, 2015）。水泥生产工艺的复杂性涉及许多原料和能量流，因此水泥工业过程的碳排放核算也较为复杂，方法较多，如 IPCC 核算方法、水泥可持续发展倡议（Cement Sustainability Initiative, CSI）核算方法、中国建筑材料科学研究总院（China Building Materials Academy, CBMA）方法。目前，IPCC

核算方法应用范围较为广泛，其水泥碳排放因子缺省值为 510kg CO_2/t 熟料，但没有考虑 MgO 的释放。IPCC 核算方法共包括三种。方法一中排放计算是基于从水泥生产数据推断出的熟料生产估算，并按熟料的进出口量进行修正；方法二中排放估算直接依据熟料生产数据（而不是从水泥产量推断出熟料产量）和国家或缺省排放因子，但要注意如果水泥熟料中大量的 CaO 不是来源于碳酸盐的分解而是来自钢渣或煤灰，这部分 CaO 需要在核算中扣除，此方法已被 IPCC 采纳为核算国家温室气体清单的方法（Eggleston et al., 2006）；方法三中排放是根据所有原材料和燃料来源中所有碳酸盐给料的权重和成分、碳酸盐的排放因子和现实煅烧的比例计算。然而，了解所有原料的投入类型、组成、来源以及化学组成的连续监测使此种方法可操作性差（CSI, 2011）。CSI 核算方法基于《2006 年 IPCC 国家温室气体清单指南》，此方法已经应用于超过 100 个国家的主要水泥生产商中。CSI基于水泥熟料组成核算方法与 IPCC 的方法基本相同，但是考虑了水泥生产过程中水泥熟料 MgO、旁边烟尘、水泥窑灰以及来自原料无碳燃料的影响。CSI（2005）认为基于水泥熟料 CaO 和 MgO 含量的碳排放估算，排放因子缺省值应修改为 525 kg CO_2/t 熟料。CBMA 方法是由中国建筑材料科学研究总院、中国可持续发展工商理事会（China Business Council for Sustainable Development, CBCSD）、中国科学院地理科学与自然资源研究所（Institute of Geographic Sciences and Natural Resources Research, IGSNRR, CAS）和中国清洁发展机制基金（China Clean Development Mechanism Fund, CCDMF）联合开发，并 2013 年通过中国国家标准化委员会认证。此种方法给企业提供了一个 CO_2 核算的基础方法，尤其适用利用可代替原料和可代替燃料的生产商，此种方法考虑了水泥熟料粉煤灰的添加影响。然而此种方法是基于水泥熟料中 CaO 和 MgO 的组成而并非是原料中碳酸盐的含量，如果许多生产商利用炉渣和粉煤灰作为原料就会放大排放因子（Gao et al., 2015）。因此，根据数据的可获取性选择不同的核算方法会导致水泥工业过程的碳排放差异较大，这也是导致水泥碳排放核算不确定性的重要原因。值得指出的是，所有的核算方法中，即使是公认的《2006 年 IPCC 国家温室气体清单指南》中的碳排放核算方法，也未考虑水泥材料碳化过程的碳汇作用。IPCC 和相关国际研究机构一直没有水泥使用后碳吸收的核算方法学，这部分碳汇一直没有得到研究和量化。

1.4.2 水泥碳汇

水泥工业过程的大量碳排放受到人们较多的关注，而人们却忽略了水泥使用后的碳吸收功能，水泥的碳汇功能一直没有很好地被揭示和量化。水泥的碳汇功能其实在土木工程领域较为熟知，土木工程领域称之为碳化，是指混凝土所受到的一种化学腐蚀，即混凝土外界环境中 CO_2 渗透到混凝土内部，与其碱性物质起化学反应后生成碳酸盐和水，使混凝土碱度降低的过程，又称作中性化（袁群等，2009）。普通硅酸盐水泥主要化学成分是 CaO、SiO_2、Fe_2O_3、Al_2O_3 等，其中 CaO 含量约占水泥成分的 65%，水泥在使用中，发生水化反应，生成水泥水化物的成分主要是氢氧化钙[$Ca(OH)_2$]、硅酸钙[$x(CaO)_3 \cdot SiO_2$]、铝酸钙[$xCaO \cdot Al_2O_3$]等碱性物质（亦称硅酸盐），这些物质不稳定，会不断与空气、土壤和水中的 CO_2 发生反应，生成碳酸钙和二氧化硅等稳定物质（Pade and Guimaraes, 2007）。根据《联合国气候变化框架公约》碳汇定义"从大气中清除温室气体、气溶胶或温室气体和气溶胶前体的任何过程、活动或机制"，因此水泥材料也是一种重要的碳汇，其在建筑建设、使用、拆除和垃圾处理与回用等过程中具有碳汇功能。水泥的这种碳汇功能可以作为碳捕捉和碳封存技术的一种手段，能够安全稳定地存储 CO_2，对实现碳减排目标具有重要的现实意义。目前，人们已采用废弃的混凝土建筑材料生产具有碳吸收功能的多孔砖、混凝土砌块等产品，不仅实现了废弃物的资源化利用，也起到了碳捕集与封存、减少碳排放的作用（郝彤等，2006；夏群等，2016）。鉴于全球大量的水泥消费，1900～2013 年全球水泥累积消费总量达到 77.9 Gt（USGS, 2015），水泥通过这种无机碳化过程，封存固定的 CO_2 量是巨大的，需要科学揭示和量化水泥这部分碳汇功能。

水泥碳汇功能的研究最早出现在美国波特兰水泥协会（Portland Cement Association, PCA）的两个研究报告中，报告综述了环境对混凝土碳化的影响、水泥成分对碳吸收的影响、碳汇量测试和核算的方法，并估算了美国现有服役建筑的碳汇量（Gajda and Miller, 2000; Gajda, 2001）。由于碳化深度会直接影响混凝土建筑结构的寿命和安全，水泥的碳化问题在土木工程领域研究较为深入（Gajda, 2001）。目前研究发现温度、湿度、暴露条件、孔隙度、水灰比、强度等级、环境 CO_2 浓度、表面涂料等因素对碳化速率有较大影响（对碳化影响因子 k 值的影响），该领域的学者们通过测试和统计分析，量化了不同条件下的混凝土的碳化速率（Fagerlund, 1977; Fukushima, 1987; Liang et al., 2000; Basheer et al., 2001; Engelsen et al., 2005; Chang and Chen, 2006; Monteiro et al., 2012）。Galan 等（2010）利用实验方法，测试了不同条件下混凝土碳化深度的差异，提出了混凝土碳吸收的重要功能。北欧科学家 Pade 和 Guimaraes（2007）、Andersson 等（2013）从建筑生命周期的视角，采用生命周期评价（life cycle assessment, LCA）方法，测试了不同条件下的混凝土碳化参数，将混凝土碳汇功能的核算划分为建筑使用阶段碳汇、建筑拆除阶段碳汇、建筑垃圾处理与回用阶段碳汇，并核算了北欧国家的混凝土碳汇量。Engelsen 等（2005）通过调研和样品实验测试，分析废弃混凝土的粒级分布，估算废弃混凝土的碳汇量，表明不同粒级和处理方式下的碳汇能力差异较大。Pade 和 Guimaraes（2007）、Andersson 等（2013）、Dodoo 等（2009）学者测算了废弃混凝土的碳汇量，结果表明其碳汇量比例占全生命周期内的碳汇总量的比例较大。以往研究对于量化混凝土的碳化功能具有重大贡献，基本建立了核算混凝土碳汇量的方法。拆除破碎过程和废弃混凝土碳汇的量化十分重要，它们的核算将丰富水泥碳汇功能研究。

水泥砂浆是水泥建筑使用的另一种重要形式，主要用于抹灰、黏合、装饰和维修等环节，约占水泥总消费量的 30%（Jonsson and Wallevik, 2005）。由于砂浆碳化不影响建筑结构的寿命和安全，国际上对水泥砂浆的碳汇功能的研究鲜见，但是水泥砂浆与空气接触面积大和孔隙度大导致其碳化速率较快，加上在土木工程应用中抹灰砂浆的厚度一般在 2～20mm，黏合砂浆的应用厚度一般为 8～20mm，装饰和维修的砂浆用量比例较小，厚度不超过 50mm [《预拌砂浆技术规程》（DB21/T 1304—2012）]，因此，与混凝土不同，水泥砂浆在使用后的几年内即可完成碳化，是非常重要的碳汇。但目前，国际上还没有有关水泥砂浆碳汇功能的报道，开展此方面研究工作十分必要。而作为水泥生产过程中产生量较大的废弃物，水泥窑灰（Jonsson and Wallevik, 2005）在处理和回收利用过程中会不断吸收环境中的 CO_2（Bobicki et al., 2012）。但水泥窑灰的碳汇功能研究仍然较少，开展水泥窑灰碳汇量的研究将实现从水泥生产到消费全过程的碳汇分析。

通过国内外学者及机构对混凝土碳汇的大量研究，可知使用后的水泥材料确实可以作为碳捕集和碳封存的一种手段永久存储 CO_2。但目前对于水泥某些过程，如水泥砂浆碳汇功能、掩埋混凝土碳汇功能、水泥窑灰碳汇功能、建筑损失水泥碳汇功能等缺乏研究，水泥材料的碳汇量目前不清楚，通过水泥进行碳封存到底能储存多少 CO_2 目前还不明确。因此，全面、科学地揭示和量化水泥材料的碳汇功能十分必要，有助于明确水泥碳封存手段 CO_2 的固定量，对实现我国到 2020年单位 GDP 碳排放量比 2005 年下降 40%～50%的碳减排目标有重要作用。

1.5　水泥碳汇功能研究意义

水泥碳汇是一个学科交叉的新概念，来源于土木工程学科混凝土水泥的碳化和生态学、全球气候变化学科的碳汇概念。水泥碳汇研究是学科交叉的创新，引起人们对水泥碳汇功能的关注。混凝土的碳化腐蚀在土木工程领域研究已经有百年的历史，但是很少有土木工程的科学家研究水泥碳汇功能究竟有多大，因为他们对全球碳循环问题了解较少；而从事地球化学和生态学的科学家对建筑活动了解较少。因此，由于专业背景、研究方法、专业理论和单一学科限制，水泥碳汇功能在近几年气候变化问题十分突出的背景下，仅得到少部分科学家的关注

（Talukdar et al., 2012; Pade and Guimaraes, 2007; Barnes and Bensted, 2002; Gajda, 2001; Taylor, 1997），但尚未在生态学、地球化学和气候变化领域受到重视。水泥碳汇功能及其对生态系统影响问题，早在生物圈 2 号大型科学实验失败的原因总结中就被提出来了，"氧气浓度降低的原因是植物呼吸出的 CO_2 被生物圈 2 号建筑结构的混凝土逐渐吸收，生成碳酸钙，导致 CO_2 不足，光合作用不足，氧气产生不足，直至整个系统的崩溃"（Severinghaus et al., 2013）。水泥碳汇功能导致生物圈 2 号的失败，充分说明了水泥碳汇功能对生态系统和碳循环有重要影响。但可惜的是生物圈 2 号失败没有引起生态学家关注水泥碳汇对生态系统和碳循环影响的问题。虽然国外有些学者对水泥材料使用过程中的碳汇功能也进行了研究，但一直没有受到国际上的重视，而国内对于水泥碳汇功能的报道更是少之又少（石铁矛等，2015; 郗凤明等，2015; Xi et al., 2013）。目前 IPCC 和相关研究机构一直也没有方法学来核算水泥这部分碳汇。随着水泥材料在全球范围内的大量使用，水泥碳汇功能对碳循环和碳失汇的影响愈加值得关注。开展水泥碳汇研究，应用土木工程领域的理论和方法研究生态学碳失汇的问题，创新意义较大。水泥碳汇功能的研究开展，也为研究人类活动对 CO_2 的影响提供了一个新的视角，使科学家得以关注人类建筑等产业活动对全球碳循环过程的巨大影响。

水泥碳汇功能研究对碳失汇问题的探索具有重要的科学意义。近 30 年来，大气碳收支不平衡，即碳失汇（missing carbon sink, 亦称 residual terrestrial sink），一直是全球碳循环研究的核心问题之一。伍兹霍尔研究中心多年研究结果表明全球碳失汇量从 1850 年以来呈逐渐增大的趋势。人类能源消耗、土地利用变化等活动排放的一部分 CO_2 到底被什么吸收了一直是全球科学家探索碳失汇之谜，尤其是在全球气候变化及大气中温室气体浓度逐年升高受到高度关注的背景下，碳失汇问题研究变得更加重要。寻找失踪碳汇，确定其去向、大小和未来碳吸收潜力和变化规律，对全面理解全球碳循环和预测未来大气 CO_2 浓度变化具有重要的科学意义。水泥生产焙烧石灰质和黏土质原料生产熟料的化学反应排放大量 CO_2，一直是主要人为碳排放源之一（Worrell et al., 2001）。但是研究表明水泥材料在建筑的建设、使用、拆除、垃圾处理与回用过程中也不断吸收环境中的 CO_2（Pade and Guimaraes,2007），而这部分碳汇功能却一直被忽视，在全球碳收支核算方法中，并没有水泥碳汇核算方法，因此，没有考虑到水泥碳汇量及其对全球碳循环的影响。Pade 和 Guimaraes（2007）、Galan 等（2010）、Andersson 等（2013）学者研究发现，在 100 年的生命周期里，34%～57%的水泥工业过程的 CO_2 排放在建筑使用、拆除和建筑垃圾处理与回用过程中被水泥材料吸收回来。因此，在 IPCC 温室效应评价的 100 年评价时间内（Shine et al., 2005; Houghton et al., 2001; Houghton, 2002），水泥的碳汇功能对温室气体排放总量和碳循环的影响较大，不容忽视。科学揭示和量化水泥材料碳汇功能将有助于解释全球碳失汇问题，便于更深入了解人类活动导致的碳汇变化对城市碳循环的影响，对于全面理解全球碳循环和预测未来大气 CO_2 浓度变化具有重要的科学意义。

水泥碳汇功能研究为利用水泥材料作为碳捕捉和碳封存技术提供了理论支持。利用碳封存手段减少 CO_2 气体排放是目前世界各国普遍关注的减缓温室气体排放的重要技术之一，具有较好的发展前景。随着我国现代化建设的推进，在经济快速增长的同时，CO_2 排放量势必将持续增加。面临巨大的 CO_2 减排压力，开展碳封存相关技术研究是我国应对气候变化的必然选择，也是我国发展的一项重要战略。作为碳排放大户，水泥工业可通过减排与末端治理手段使其碳排放量得到有效控制。根据中国建筑材料科学研究总院和欧洲水泥研究院的估算，由于减排措施的实施中国 CO_2 排放将会由 2015 年最高峰的 2.34 Gt 降低到 2050 年的 1.55 Gt，其中 CO_2 分离、捕集、封存和固定将会贡献 56%（马忠诚和汪澜，2011）。水泥材料的碳汇功能也是矿物碳捕集与碳封存减少 CO_2 排放的一种手段，但以往的研究只关注地质碳捕捉与封存手段、生物碳固定手段或是把 CO_2 作为碳资源进行再利用方式来处理水泥工业排放的 CO_2，忽略了水泥矿物碳封存作用。水泥作为建筑材料以及废弃混凝土等建筑垃圾，其水化物在自然状态下就能吸收空气中的 CO_2，因此水泥碳汇功能的深入研究将为废弃混凝土等建筑垃圾作为碳捕捉与碳封存材料提供了一种潜在的方法，为应用建筑垃圾发展碳捕捉和碳封存技术提供理论支持，也为水泥行业乃至我国减少碳排放途径提供一个新的视角。同时，对水泥碳汇量的进一步量化，并将水泥固定的碳量进入碳市场进行交易，使其具有经济价值，从而也会推动企业、行业、国家层面的 CO_2 减排。此外，考虑到水泥工业碳减排潜力巨大，水泥碳汇功能的确定也为我国在国际碳市场交易中发挥主导地位起到积极推动作用。

揭示水泥碳汇功能和核算水泥碳汇量可以为我国应对气候变化国际谈判提供科学依据。水泥是全球消费量最大的建筑材料之一。根据美国标准局（United States Bureau of Standards, USBS）和美国地质调查局（United States Geological Survey, USGS）统计数据，从 1900 年到 2013 年，全球水泥总消费量达到 77.9 Gt。2013 年全球水泥产量达到 4.0 Gt，中国水泥产量达到 2.42 Gt，占世界水泥总产量的 60.5%（Liu et al., 2013）。随着我国城镇化进程的加快，未来水泥的生产和消费量仍然会持续增长，我国水泥工业生产过程的碳排放也会随之持续增加，必然导致我国碳排放总量的增长。在当前《2006 年 IPCC 国家温室气体清单指南》的原则和方法下，我国水泥行业在应对气候变化国际谈判中将处于不利地位。通过开展水泥碳汇功能研究，建立系统的水泥碳汇生命周期评价方法，阐明水泥生命周期碳汇量，及其工业生产过程中碳排放的碳汇抵消比例，完善当前《2006 年 IPCC

国家温室气体清单指南》（Eggleston et al., 2006）的水泥行业碳排放核算方法学，修正全球和国家碳排放基准值，对于我国减少温室气体排放总量具有重要意义。通过研究，争取改变由发达国家主导制定的《2006 年 IPCC 国家温室气体清单指南》水泥行业碳排放的部分原则和方法，以及全球碳排放权的分配原则（Liu et al., 2013），为我国应对气候变化谈判提供基础数据和科技支撑。

参 考 文 献

鲍颖. 2011. 全球碳循环过程的数值模拟与分析. 青岛: 中国海洋大学.

陈泮勤. 2004. 地球系统碳循环. 北京: 科学出版社.

邸月宝, 王辉民, 马泽清, 等. 2012. 亚热带森林生态系统不同重建方式下碳储量及其分配格局. 科学通报, 57(17): 1553-1561.

丁仲礼, 段晓男, 葛全胜, 等. 2009. 2050 年大气 CO_2 浓度控制:各国排放权计算. 中国科学 D 辑: 地球科学, 39: 1009-1027.

董林森, 刘立, 曲希玉, 等. 2010. CO_2 矿物捕获能力的研究进展. 地球科学进展, 25(9): 941-949.

方精云, 郭兆迪. 2007. 寻找失去的陆地碳汇. 自然杂志, 29(01): 1-6.

方精云, 王少鹏, 岳超, 等. 2009. "八国集团" 2009 意大利峰会减排目标下的全球碳排放情景分析. 中国科学 D 辑: 地球科学, 39: 1339-1346.

方精云, 朱江玲, 王少鹏, 等. 2011. 全球变暖、碳排放及不确定性. 中国科学: 地球科学, 41(10): 1385-1395.

高长明. 2010. 2050 年我国水泥工业低碳技术成效的研究. 水泥, 7: 1-6.

葛全胜, 戴君虎, 何凡能, 等. 2008. 过去 300 年中国土地利用, 土地覆被变化与碳循环研究. 中国科学: D 辑, 38: 197-210.

耿元波, 魏军晓, 沈镭, 等. 2015. 水泥生产碳排放分类细节校正的分析和探讨. 科学通报, 60(2): 206-212.

国家发展和改革委员会. 2012. 中华人民共和国气候变化第二次国家信息通报.

郝彤, 刘立新, 王仁义, 等. 2006. 再生混凝土多孔砖砌体抗剪强度试验研究. 新型建筑材料, 7: 51-53.

侯宁, 何继新, 朱学群. 2009. 陆地生态系统碳循环研究评述. 生态环境, 10: 140-143.

蒋忠诚, 袁道先, 曹建华, 等. 2012. 中国岩溶碳汇潜力研究. 地球学报, 33(2): 129-34.

李玉强, 赵哈林, 陈银萍. 2005. 陆地生态系统碳源与碳汇及其影响机制研究进展. 生态学杂志, 24(1): 37-42.

李跃林, 彭少麟, 赵平, 等. 2002. 鹤山几种不同土地利用方式的土壤碳储量研究. 山地学报, 20(5): 548-552.

刘立涛, 张艳, 沈镭, 等. 2014. 水泥生产的碳排放因子研究进展. 资源科学, 36(1): 110-119.

刘再华. 2000. 大气 CO_2 两个重要的汇. 科学通报, 45(21): 2348-2351.

马忠诚, 汪澜. 2011. 水泥工业 CO_2 减排及利用技术进展. 材料导报, 25(10): 150-154.

孟赐福, 姜培坤, 徐秋芳, 等. 2013. 植物生态系统中的植硅体闭蓄有机碳及其在全球土壤碳汇中的重要作用. 浙江农林大学学报, 30(6): 921-929.

潘根兴, 周萍, 李恋卿, 等. 2007. 固碳土壤学的核心科学问题与研究进展. 土壤学报, 44(2): 328-337.

庞翠娟. 2012. 水泥工业碳排放影响因素分析及数学建模. 广州: 华南理工大学.

秦大河. 2014. 气候变化科学与人类可持续发展. 地理科学进展, 33(7): 874-883.

邱冬生, 庄大方, 胡云锋, 等. 2004. 中国岩石风化作用所致的碳汇能力估算. 地球科学-中国地质大学学报, 29(2): 177-190.

佘惠敏. 2014. 我国科学家破解 "碳黑洞". 化工管理, 1: 72-73.

石铁矛, 周诗文, 李绥, 等. 2015. 建筑混凝土全生命周期固碳能力计算方法. 沈阳建筑大学学报, 31(5): 829-837.

史伟, 崔源声, 武夷山. 2011. 国外水泥工业低碳发展技术现状与前景展望. 水泥, (3): 13-16.

宋长春. 2003. 湿地生态系统碳循环研究进展. 地理科学, 23(5): 622-628.

孙军. 2011. 海洋浮游植物与生物碳汇. 生态学报, 1(18): 5372-5378.

谭娟, 沈新勇, 李清泉. 2009. 海洋碳循环与全球气候变化相互反馈的研究进展. 气候研究与应用, 30(1): 33-36.

陶波, 葛全胜, 李克让, 等. 2001. 陆地生态系统碳循环研究进展. 地理研究, 20(5): 564-575.

王少鹏, 朱江玲, 岳超, 等. 2010. 碳排放与社会发展-碳排放与社会经济发展Ⅱ. 北京大学学报(自然科学版), 46(4): 505-509.

王思博. 2012. 水泥行业温室气体排放核算方法研究. 北京: 中国社会科学院研究生院.

王效科, 白艳莹, 欧阳志云, 等. 2002. 全球碳循环中的失汇及其形成原因. 生态学报, 22(1): 94-103.

郗凤明, 石铁矛, 王娇月, 等. 2015. 水泥材料碳汇研究综述. 气候研究变化进展, 11(4): 289-296.

夏群, 谢飞飞, 朱平华. 2016. 道路用无砂透水再生骨料混凝土成型工艺研究. 混凝土, 8: 149-151.

徐小峰, 宋长春. 2004. 全球碳循环研究中"碳失汇"研究进展. 中国科学院研究生院学报, 21(2): 145-152.

徐莹. 2012. 中国与气候变化类国际组织的互动关系. 国际视野, 6: 63-65.

於琍, 朴世龙. 2014. IPCC 第五次评估报告对碳循环及其他生物地球化学循环的最新认识. 气候变化研究进展, 10(1): 33-36.

于贵瑞, 方华军, 伏玉玲, 等. 2011. 区域尺度陆地生态系统碳收支及其循环过程研究进展. 生态学报, 31(19): 5449-5459.

袁道先, 张美良, 姜光辉, 等. 2006. 我国典型地区地质作用与碳循环研究. "十五"重要地质科技成果暨重大找矿成果交流会材料四——"十五"地质行业重要地质科技成果资料汇编.

袁道先. 1999. "岩溶作用与碳循环"研究进展. 地球科学进展, 14(5): 425-432.

袁群, 何芳婵, 李彬. 2009. 混凝土碳化理论与研究. 郑州: 红河水利出版社.

昃向祯. 2010. 中国水泥工业发展状况分析. 中国建材资讯, (5): 30-34.

张兵兵, 王慧敏, 曾尚红, 等. 2012. 二氧化碳矿物封存技术现状及展望. 化工进展, 31(9): 2075-2082.

赵荣钦, 黄贤金, 彭补拙. 2012. 南京城市系统碳循环与碳平衡分析. 地理学报, 67(6): 758-770.

中国气象局气候变化中心. 2017. 中国气候变化监测公报（2016 年）. 北京：科学出版社.

周涛, 史培军. 2006. 土地利用变化对中国土壤碳储量变化的间接影响. 地球科学进展, 21(2): 138-143.

Ajtay G L, Ketner P, Duvigneaud P. 1979. Terrestrial primary production and phytomass//Bolin B, Degens E T, Kempe S,et al. The Global Carbon Cycle. New York: John Wiley.

Ali M B, Saidur R, Hossain M S. 2011. A review on emission analysis in cement industries. Renewable and Sustainable Energy Reviews, 15(5): 2252-2261.

Anand S, Vrat P, Dahiya R P. 2006. Application of a system dynamics approach for assessment and mitigation of CO_2 emissions from the cement industry. Journal of Environmental Management, 79(4): 383-398.

Andersson R, Fridh K, Stripple H, et al. 2013. Calculating CO_2 uptake for existing concrete structures during and after service life. Environmental Science and Technology, 47(20): 11625-11633.

Barcelo L, Kline J, Walenta G, et al. 2014. Cement and carbon emissions. Materials and Structures, 47(6): 1055-1065.

Barnes P, Bensted J. 2002. Structure and performance of cements. London: Spon Press.

Basheer L, Kropp J, Cleland D J.2001. Assessment of the durability of concrete from its permeation properties: a review. Construction and Building Materials, 15(2-3): 93-103.

Beaulieu E, Goddéris Y, Donnadieu Y, et al. 2012. High sensitivity of the continental-weathering carbon dioxide sink to future climate change. Nature Climate Change, 2(5): 346-349.

Benhelal E, Zahedi G, Shamsaei E, et al. 2013. Global strategies and potentials to curb CO_2 emissions in cement industry. Journal of Clean Production, 51(1): 142-161.

Bobicki E R, Liu Q, Xu Z, et al. 2012. Carbon capture and storage using alkaline industrial wastes. Progress in Energy and Combustion Science, 38(2): 302-320.

Bolin B. 1986. How much CO_2 will remain in the atmosphere//Bolin B, Doos B R, Jagar J, et al. The greenhouse effect, climate change and ecosystems. New York: Wiley.

Burgermeister J. 2007. Missing carbon mystery: Case solved? Nature Reports Climate Change, 3: 36-37.

Canadell J G, Ciais P, Dhakal S, et al. 2009. The human perturbation of the carbon cycle: the global carbon cycle II. http://unesdoc.unesco.org/images/0018/001861/186137e.pdf[2015-6-5].

Canadell J G, Mooney H A. 1999. Ecosystem metabolism and the global carbon cycle. Trends in Ecology and Evolution, 14(6): 249.

CDIAC. 2012. Carbon dioxide emissions from fossil-fuel consumption and cement manufacture. http://cdiac.ess-dive.lbl. gov/trends/emis/meth_reg.html[2016-7-3].

Chang C F, Chen J W. 2006. The experimental investigation of concrete carbonation depth. Cement and Concrete Research, 36(9): 1760-1767.

Churkina G. 2008. Modeling the carbon cycle of urban systems. Ecological Modelling, 216(2): 107-113.

Churkina G, Brown D G, Keoleian G. 2010. Carbon stored in human settlements: the conterminous United States. Global Change Biology, 16 (1): 135-143.

Coreau T J. 1990. Balancing atmospheric carbon dioxide. Ambio, 19(5): 230-236.

Davidson E A, Janssens I A. 2006. Temperature sensitivity of soil carbon decomposition and feedbacks to climate change. Nature, 440: 165-173.

Deja J, Uliasz-Bochenczyk A, Mokrzycki E. 2010. CO_2 emissions from Polish cement industry. International Journal of Greenhouse Gas Control, 4(4): 583-588.

Dixon R K, Brown S, Houghton R A, et al. 1994. Carbon pools and flux of global forest ecosystems. Science, 263(5144): 185-190.

Dodoo A, Gustavsson L, Sathre R. 2009. Carbon implications of end-of-life management of building materials. Resources, Conservation and Recycling, 53(5): 276-286.

EDGAR (Emissions Database for Global Atmospheric Research). 2015. Global emissions EDGAR V 4.2 FT 2012(November 2014). http://edgar.jrc.ec.europa.eu/overview.php?v=42FT2012[2017- 11-9].

Editor Nature Geoscience. 2012. Beyond forest carbon. Nature Geoscience, 5(7): 433.

Eggleston S, Buendia L, Miwak, et al. 2006. 2006 IPCC guidelines for national greenhouse gas inventories. Hayama: Institute for Global Environmental Strategies.

Elbert W, Weber B, Burrows S, et al. 2012. Contribution of cryptogamic covers to the global cycles of carbon and nitrogen. Nature Geoscience, 5(7): 459-462.

Engelsen C J, Mehus J, Pade C, et al. 2005. Carbon dioxide uptake in demolished and crushed concrete. Olso: Norwegian Building Research Institute.

Eswaran H, Berg E V D, Reich P. 1993. Organic carbon in soils of the world. Soil Science Society of America Journal, 57(1): 192-194.

Fagerlund G. 1977. The critical degree of saturation method of assessing the freeze/thaw resistance of concrete. Materials and Structures, 10(4): 217-229.

Falkowski P, Scholes R J, Boyle E E A, et al. 2000. The global carbon cycle: a test of our knowledge of earth as a system. Science, 290(5490): 291-296.

Fan S, Gloor M, Mahlman J, et al. 1998. A large terrestrial carbon sink in North America implied by atmospheric and oceanic carbon dioxide data and models. Science, 282 (5388): 442-445.

Fan S, Gloor M, Mahlman J, et al. 1999. North American carbon sink. Science, 283(5409): 1815.

Fang J Y, Chen A P, Peng C H, et al. 2001. Changes in forest biomass carbon storage in China between 1949 and 1998. Science, 292(5525): 2320-2322.

Feng X, Simpson A J, Wilson K, et al. 2008. Increased cuticular carbon sequestration and lignin oxidation in response to soil warming. Nature Geoscience, 1: 836-839.

Field C B, Fung I Y. 1999. The not-so-big U.S. carbon sink. Science, 285(5427): 544-545.

Fourqurean J W, Duarte C M, Kennedy H, et al. 2012. Seagrass ecosystems as a globally significant carbon stock. Nature Geoscience, 5(7): 505-509.

Friedlingstein P, Cox P, Betts R, et al. 2006. Climate-carbon cycle feedback analysis: Results from the C4MIP model intercomparison. Journal of Climate, 19(14): 3337-335.

Fukushima T. 1987. Theoretical investigation on the influence of various factors on carbonation of concrete. The forth International Conference on Durability of Building Materials and Components,Singapore:1662-1670.

Gajda J. 2001. Absorption of atmospheric carbon dioxide by portland cement concrete. Portland Cement Association. Chicago: R&D: Serial no. 2255a.

Gajda J, Miller F M G. 2000. Concrete as a sink for atmospheric carbon dioxide: a literature review and estimation of CO_2 absorption by Portland Cement concrete. Portland Cement Association. Chicago: R&D: Serial no. 2255.

Galan I, Andrade C, Mora P, et al. 2010. Sequestration of CO_2 by concrete carbonation. Environmental Science & Technology, 44(8): 3181-3186.

Gao T M, Shen L, Shen M, et al. 2015. Analysis on differences of carbon dioxide emission from cement production and their major determinants. Journal of Cleaner Production, 103: 160-170.

Gerlach T M. 1991. Etna's greenhouse pump. Nature, 315: 352-353.

Goodale C L, Apps M J, Birdsey R A, et al. 2002. Forest carbon sinks in the Northern Hemisphere. Ecological Applications, 12(3): 891-899.

Goodale C L, Davidson E A. 2002. Carbon cycle: Uncertain sinks in the shrubs. Nature, 418(6898): 593-594.

Guan D B, Liu Z, Geng Y, et al. 2012. The gigatonne gap in China's carbon dioxide inventories. Nature Climate Change, 2: 672-675.

Houghton J T, Ding Y, Griggs D J, et al. 2001. Climate change 2001: the scientific basis. Cambridge: Cambridge University Press.

Houghton R A, Skole D L. 1993. Carbon //Turner II B L, Clark W C, Kates R W, et al. The earth as transformed by human action: Global and Regional Changes in the Biosphere over the Past 300 Years. Cambridge: Cambridge University Press.

Houghton R. 2002. Terrestrial carbon sinks-uncertain. Biologist, 49(4):155-160.

IEA. 2014. CO_2 emissions from fuel combustion 2014. Paris: International Energy Agency.

IPCC. 1994. Climate Change 1994: Radiative Forcing of Climate Change and An Evaluation of The IPCC IS92 Emission Scenarios. Cambridge: Cambridge University Press.

IPCC. 2001. Climate Change 2001: Synthesis Report. Geneva: IPCC: 36-89.

IPCC. 2007. Climate Change 2007: Synthesis Report. Geneva: IPCC: 100-104.

IPCC. 2014. Climate Change 2014: Synthesis Report. Geneva: IPCC: 30-100.

Janssens I A, Freibauer A, Ciais P, et al. 2003. Europe's terrestrial biosphere absorbs 7% to 12% of European anthropogenic CO_2 emissions. Science, 300(5625): 1538-1542.

Jonsson G, Wallevik O. 2005. Information on the use of concrete in Denmark, Sweden, Norway and Iceland. Stensberggata: Nordic Innovation Centre.

Kauppi P E, Mielikäinen K, Kuusela K. 1992. Biomass and carbon budget of European forests, 1971 to 1990. Science, 256(5053): 70-74.

Ke J, McNeil M, Price L, et al. 2013. Estimation of CO_2 emissions from China's cement production: Methodologies and uncertainties. Energy Policy, 57: 172-181.

Keeling C D, Bacastow R B, Carter A F, et al. 1989. A three-dimensional model of atmospheric CO_2 transport based on observed winds, Analysis of observational data// Perterson D H. Aspects of Climate Variability in the Pacific and the Western Americas. Washington: American Geophysical Union.

Keenan T F, Prentice I C, Canadell J G, et al. 2016. Recent pause in the growth rate of atmospheric CO_2 due to enhanced terrestrial carbon uptake. Nature Communications, 15 (690): 1-9.

King A W, Post W M, Wullschleger S D. 1997. The potential response of terrestrial carbon storage to changes in climate and atmospheric CO_2. Climatic Change, 35: 199-227.

Larson C. 2011. An unsung carbon sink. Science, 334(6058): 886-887.

Le Quéré C, Moriarty R, Andrew R M, et al. 2015. Global Carbon Budgets 2015. Earth System Science Data, 7: 349-396.

Le Quéré C, Raupach M R, Canadell J G, et al. 2009. Trends in the sources and sinks of carbon dioxide. Nature Geoscience, 2(12): 831-836.

Lenart M. 2009. An unseen carbon sink. Nature Report Climate Change, 3: 137-138.

Levy P E, Friend A D, White A, et al. 2004. The influence of land use change on global-scale fluxes of carbon from terrestrial ecosystems. Climatic Change, 67(2): 185-209.

Liang M T, Qu W J, Liao Y S. 2000. A study on carbonation in concrete structures at existing cracks. Journal of the Chinese Institute of Engineers, 2000, 23(2): 143-153.

Liu Z H, He D B. 1998. Special speleothems in cement-grouting tunnels and their implications of the atmospheric CO_2 sink. Environmental Geology, 35(4): 258-262.

Liu Z, Guan D B, Wei W, et al. 2015. Reduced carbon emission estimates from fossil fuel combustion and cement production in China. Nature, 524: 335-338.

Liu Z, Xi F M, Guan D B. 2013. Climate negotiations: Tie carbon emissions to consumers. Nature, 493: 304-305.

Lovisa B, Chrisian E, Siegfried F, et al. 2017. On the spot study reveals the missing carbon sink: BIOGEOMON 2017, 9th International Symposium on Ecosystem Behavior. Litomyšl Chateau: 1-2.

Ma J, Zheng X J, Li Y. 2012. The response of CO_2 flux to rain pulses at a saline desert. Hydrological Processes, 26(26): 4029-4037.

Marland G. 2012. China's uncertain CO_2 emissions. Nature Climate Change (news and views), 2: 645-646.

Marland G, Boden T A, Andres R J. 2008. Global, regional, and national fossil fuel CO_2 emissions. http://cdiac. ess-dive. lbl. Gov/trends/emis/overview[2017-9-6].

Matter J M, Stute M, Snæbjörnsdottir S Ó, et al. 2016. Rapid carbon mineralization for permanent disposal of anthropogenic carbon dioxide emissions. Science, 352(6291): 1312-1314.

Mikulčić H, Vujanović M, Duić N. 2013. Reducing the CO_2 emissions in Croation cement industry. Applied Energy, 101: 41-48.

Mohareb E, Kennedy C. 2012. Gross direct and embodied carbon sinks for urban inventories. Journal of Industrial Ecology, 16(3): 302-316.

Monteiro I, Branco F, Brito J D, et al. 2012. Statistical analysis of the carbonation coefficient in open air concrete structures. Construction and Building Materials, 29(4): 263-269.

Norby R. 1997. Carbon cycle: inside the black box. Nature, 388: 522-523.

Olivier J G, Janssens-Maenhout G, Peters J A. 2013. Trends in global CO_2 emissions: 2013 report. Hague:PBL Netherlands Environmental Assessment Agency.

Pacala S W, Hurtt G C, Baker D, et al. 2001. Consistent land-and atmosphere-based U.S. carbon sink estimates. Science, 292(5525): 2316-2320.

Pade C, Guimaraes M. 2007. The CO_2 uptake of concrete in a 100 year perspective. Cement and Concrete Research, 37(9): 1348-1356.

Papadakis V G, Vayenas C G, Fardis M N. 1991. Experimental investigation and mathematical modeling of the concrete carbonation problem. Chemical Engineering Science, 46: 1333-1338.

Piao S L, Ciais P, Friedlingstein P, et al. 2008. Net carbon dioxide losses of northern ecosystems in response to autumn warming. Nature, 451: 49-52.

Piao S L, Fang J Y, Ciais P, et al. 2009. The Carbon balance of terrestrial ecosystems in China. Nature, 458: 1009-1013.

Popkin G. 2015. The hunt for the world's missing carbon. Nature, 523: 20-22.

Post W M, Emanuel W R, Zinke P J, et al. 1982. Soil carbon pools and world life zones. Nature, 298: 156-159.

Prentice K C, Fung I Y. 1990. The sensitivity of terrestrial carbon storage to climate change. Nature, 346(6279): 48-51.

Reiners W A. 1973. Terrestrial detritus and the carbon cycle. Brookhaven Symposia in Biology, 24(30): 303-327.

Schindler D W. 1999. The mysterious missing sink. Nature, 398: 105.

Schlesinger W H. 1995. An overview of the carbon cycle.In: L ai R et al (eds.). Soils and Global Change. Florida, Boca Raton: CRC Press.

Schlesinger W H. 1991. Biogeochemistry: an analysis of global change. San Diego, California: Academic Press.

Severinghaus J P, Broecker W S, Dempster W F, et al.2013.Oxygen loss in Biosphere 2. Eos Transactions American Geophysical Union,75(3): 33-37.

Shen L, Gao T M, Zhao J A, et al. 2014. Factory-level measurements on CO_2 emission factors of cement production in China. Renewable and Sustainable Energy Reviews, 34: 337-349.

Shine K P, Fuglestvedt J S, Hailemariam K, et al. 2005. Alternatives to the global warming potential for comparing climate impacts of emissions of greenhouse gases. Climatic Change, 68(3): 281-302.

Siegenthaler U, Sramiento J L. 1993. Atmospheric carbon dioxide and the ocean. Nature, 365: 119-125.

Solomon S, Qin D, Manning M, et al. 2007. Climate Change 2007: The Physical Science Basis, Contribution of Working Group 1 to the Fourth Assessment Report of the Intergovernmental Panel on Climate Change. New York: Cambridge University Press.

Stephens B B, Gurney K R, Tans P P, et al. 2007. Weak northern and strong tropical land carbon uptake from vertical profiles of atmospheric CO_2. Science, 316(5832): 1732-1735.

Szabó L, Hidalgo I, Ciscar J C, et al. 2006. CO_2 emission trading within the European Union and Annex B countries: The cement industry case. Energy Policy, 34(1): 72-87.

Talukdar S, Banthia N, Grace J, et al. 2012. Carbonation in concrete infrastructure in the context of global climate change: Part 2–Canadian urban simulations. Cement and Concrete Composites, 34(8): 931-935.

Talukdar S, Banthia N. 2013. Crbonation in concrete infrastructure in the context of global climate change: development of a service lifespan model. Construction and Building Materials, 40: 775-782.

Tans P, Fung I P, Takahashi T. 1990. Observational constraints on the global atmospheric CO_2 budget. Science, 247(4949): 1431-1438.

Taylor H F. 1997. Cement chemistry. London: Thomas Telford.

Tian H, Mellilo J M, Kichlighter D W, et al. 1998. Effects of interannual climate variability on carbon storage in Amazonian ecosystems. Nature, 396: 664- 667.

Trabalka J R. 1985. Atmospheric carbon dioxide and the global carbon cycle. Oak Ridge: Oak Ridge National Laboratory.

USGS(U.S.Geological Survey).2015.Minerals yearbook 2015. http://minerals.usgs.gov/minerals/pubs/commodity/myb/index.html[2015-01-04].

Wang Y, Zhu Q, Geng Y. 2013. Trajectory and driving factors for GHG emissions in the Chinese cement industry. Journal of Cleaner Production, 53: 252-260.

White A, Cannell M G R, Friend A D. 2000. The high-latitude terrestrial carbon sink: a model analysis. Global Change Biology, 6(2): 227-245.

Wofsy S C. 2001. Where has all the carbon gone?Science, 292 (5525): 2261-2263.

Woods Hole Research Center. 2000-2008. The Residual Carbon Sink. Falmouth: Woods Hole Research Center.

Woods Hole Research Center. 2013. The Residual Carbon Sink. Falmouth: Woods Hole Research Center.

Woodwell G M, Whittaker R H, Reiners W A, et al. 1978. The biota and the world carbon budget. Science, 199(4325): 141-146.

Worrell E, Price L, Martin N, et al. 2001. Carbon dioxide emissions from the global cement industry. Annual Review of Energy and the Environment, 26(1): 303-329.

Xi F M, Liu Z, Wu R, et al. 2013. The carbon sequestration of Chinese cement consumption and cement kiln dust (CKD) treatment in past 110 years.9th International Carbon Dioxide Conference, Beijing: ICDC.

Xie H P, Yue H R, Zhu J H, et al. 2015. Scientific and engineering progress in CO_2 mineralization using industrial waste and natural minerals. Engineering, 1(1): 150-157.

Xu J H, Fleiter T, Fan Y, et al. 2014. CO_2 emissions reduction potential in China's cement industry compared to IEA's Cement Technology Roadmap up to 2050. Applied Energy, 130(1): 592-602.

Xu Z, Shi C, Tang Y, et al. 2011. Chemical and strontium isotopic compositions of the Hanjiang Basin Rivers in China: Anthropogenic impacts and chemical weathering. Aquatic Geochemistry, 17: 243-264.

第 2 章 水泥碳化

水泥是工程中用量最高、用途最广的一种建筑材料。水泥在使用中首先会发生水化反应生成碱性水化产物，碱性水化产物会与周围的 CO_2 发生碳化反应，使水泥由碱性转为中性状态（袁群等，2009）。用于建筑结构的混凝土中的水泥，由于碳化碱度下降，使钢筋失去保护而锈蚀，引发结构耐久性失效，从而影响建筑物的寿命和安全（黄耿东，2010）。因此，在土木工程领域，专家对混凝土碳化进行了广泛而深入的研究，明确了混凝土的碳化机理（Engelsen et al., 2005; Barnes and Bensted, 2002）和影响因素（郄凤明等，2015; Monteiro et al., 2012; 何智海等，2008; Lagerblad, 2005），并采用不同的方法定性和定量检测水泥的碳化程度和碳化量（徐飞等，2013; Dodoo et al., 2009; 柳俊哲，2005）。近年来，大气中 CO_2 浓度急剧增加，随着经济的发展和城市化进程的加快，水泥的消费量也不断加大，这使得以混凝土结构为主的建筑物暴露在更高 CO_2 浓度的碳化环境下，其耐久性遇到严重的考验（Talukdar et al., 2012; Stewart et al., 2012; Yoon et al., 2007），因此，水泥碳化作为一个不可忽视的问题，正受到越来越多人们的关注（柳俊哲，2005）。

2.1 水泥组成与性质

2.1.1 水泥组成

目前人们使用的水泥其实指的是通用硅酸盐水泥。根据《通用硅酸盐水泥》（GB175—2007）的规定，以硅酸盐水泥熟料、适量的石膏及规定的混合材料制成的水硬性凝胶材料称为通用硅酸盐水泥。通用硅酸盐水泥按混合材料的品种和掺量分为硅酸盐水泥、普通硅酸盐水泥、矿渣硅酸盐水泥、火山灰质硅酸盐水泥、粉煤灰硅酸盐水泥和复合硅酸盐水泥。硅酸盐水泥是指凡以适当成分的生料烧至部分熔融，所得以硅酸钙为主要成分的硅酸盐水泥熟料，加入适量的石膏，磨细制成的水硬性胶凝材料，即国际上所说的波特兰水泥。普通硅酸盐水泥指由硅酸盐水泥熟料掺入不大于 20%的活性混合材料或不大于 8%的非活性混合材料以及适量石膏，经磨细制成的水硬性胶凝材料。将硅酸盐水泥熟料与一定量粒化高炉矿渣或火山灰质材料或粉煤灰混合并掺入适量石膏共同磨细还可以配制成矿渣硅酸盐水泥、火山灰质硅酸盐水泥、粉煤灰硅酸盐水泥等。各种品种的组分见表 2-1。

表2-1 通用硅酸盐水泥的组分

品种	代号	组分/%				
		熟料+石膏	粒化高炉矿渣	火山灰质混合材料	粉煤灰	石灰石
硅酸盐水泥	P·I	100	—	—	—	—
	P·II	≥95	≤5	—	—	—
普通硅酸盐水泥	P·O	≥80 且<95	>5 且≤20			
矿渣硅酸盐水泥	P·S·A	≥50 且<80	>20 且≤50	—	—	—
	P·S·B	≥30 且<50	>20 且≤70	—	—	—
火山灰质硅酸盐水泥	P·P	≥60 且<80	—	>20 且≤40	—	—
粉煤灰硅酸盐水泥	P·F	≥60 且<80	—	—	>20 且≤40	—
复合硅酸盐水泥	P·C	≥50 且<80	>20 且≤50			

资料来源:《通用硅酸盐水泥》(GB175—2007)

普通硅酸盐水泥熟料的矿物组成主要是硅酸三钙（C_3S），硅酸二钙（C_2S），铝酸三钙（C_3A），铁铝酸四钙（C_4AF）。其中，以硅酸钙（包括硅酸三钙与硅酸二钙）为主，占硅酸盐水泥熟料的70%以上。这些矿物主要是依靠原料中提供的CaO、SiO_2、Al_2O_3、Fe_2O_3等氧化物在高温下相互作用形成的。硅酸盐水泥熟料的化学成分和矿物组成的大致范围见表2-2。

表2-2 硅酸盐水泥熟料的主要化学成分与矿物组成

组分与矿物相名称		化学式	质量分数/%
氧化钙	Calcium Oxide	CaO	64～68
二氧化硅	Silicon Dioxide	SiO_2	21～23
氧化铝	Aluminium Oxide	Al_2O_3	5～7
氧化铁	Ferric Oxide	Fe_2O_3	3～5
硅酸三钙	Tricalcium Silicate	$3CaO·SiO_2$	44～62
硅酸二钙	Dicalcium Silicate	$2CaO·SiO_2$	18～30
铝酸三钙	Tricalcium Aluminate	$3CaO·Al_2O_3$	5～12
铁铝酸四钙	Tetracalcium Aluminoferrite	$4CaO·Al_2O_3·Fe_2O_3$	10～18
二水硫酸钙	Calcium Sulfate Dihydrate	$CaSO_4·2H_2O$	3～3.5

资料来源:周崇松, 2012

据研究，水泥中的硅酸钙（包括硅酸二钙和硅酸三钙）矿物的颗粒要大于铝酸三钙和铁铝酸四钙矿物，并且硅酸钙被铝酸三钙和铁铝酸四钙矿物所围绕（图 2-1）。水泥的化学组成也根据水泥熟料、石膏和混合材料的不同有所区别。其中硅酸盐水泥的 CaO 含量较高，为61%～69%，其次是 SiO_2，为18%～24%。

而铝酸盐水泥、高炉矿渣水泥和火山灰水泥 CaO 相对较小，低于 60%，其中铝酸盐水泥的 Al_2O_3 达到了 50%（表 2-3）。此外也有研究发现，水泥中还含有少量的可溶性无机盐、氧化二钠（Na_2O）、重金属等（Bertolini et al., 2013; Taylor, 1997）。通常，我们用以下缩写符号来代表水泥中的化合物：$CaO = C$; $SiO_2 = S$; $Al_2O_3 = A$; $Fe_2O_3 = F$; $H_2O = H$; $SO_3 = S$。

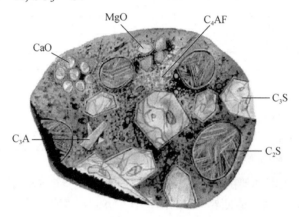

图 2-1　水泥组成示意图（Bishop et al., 2003）

表2-3　水泥的化学组成

类别	含量/%			
	硅酸盐水泥	铝酸盐水泥	高炉矿渣水泥	火山灰水泥
CaO	61～69	39～41	43～60	43～58
SiO_2	18～24	6～7	23～32	25～28
$Al_2O_3+TiO_2$	4～8	48～51	6～14	6～9
$Fe_2O_3(FeO)$	1～4	0.5～1.5	0.5～3	2.5～3.5
$Mn_2O_3(MnO)$	0～0.5	0～0.1	0.1～2.5	0.1～0.3
MgO	0.45～4	0.5～1.5	1.0～9.5	1.0～3.0
SO_3	2.0～3.5	0.2～0.7	1.0～4.5	2.0～3.0

资料来源：缪勇和臧广州，2004

　　硅酸盐水泥的性质主要取决于熟料的矿物组成。在一定的工艺条件下，熟料的矿物组成又主要取决于熟料中各种氧化物的含量。CaO 是水泥熟料中的主要组成成分，它的作用是与酸性氧化物结合生成 C_3S、C_2S、C_3A、C_4AF 等熟料矿物。其中 C_3S 是 C_2S 与 CaO 作用最后形成的，因此，CaO 的含量直接影响 C_3S 的含量（Kurdowski, 2014）。SiO_2 的含量决定了水泥熟料中硅酸钙矿物的数量。当 CaO 含量一定时，SiO_2 的含量又影响 C_3S 和 C_2S 的相对含量，较高含量的 SiO_2 相应地使 C_3S 的生成量较少，因而 SiO_2 的含量直接影响水泥的质量（Bertolini et al., 2013;

周崇松, 2012; 缪勇和臧广州, 2004; Taylor, 1997)。Al_2O_3 和 Fe_2O_3 这两种氧化物与 CaO 作用生产 C_3A 及 C_4AF。当 C_3A 形成后, 如果还有 Fe_2O_3 存在, 则它们要结合形成 C_4AF, 只有当 Fe_2O_3 被结合完了, 才有 C_3A 矿物的存在(周崇松, 2012; 缪勇和臧广州, 2004)。当 MgO 含量不多时, 它可以掺杂的形态存在于其他水泥熟料矿物中, 这时的 MgO 对水泥性能没有不良影响。但是其含量超过一定值时, 它就会以方镁石的形态存在, 使水泥的安定性变差。因此, 水泥中 MgO 含量一般小于 5%(Kurdowski, 2014; 陈立军, 2008)。

2.1.2 水泥性质

水泥的性质主要指水泥的技术性质, 分为物理性质和化学性质。其中, 物理指标主要包括密度、容重、细度、需水量、凝结时间和安定性等; 化学指标主要包括不溶物、烧失量、SO_3、MgO、氯离子等。在《通用硅酸盐水泥》(GB175—2007)和《公路工程材料施工应用与质量检测实用技术手册》中, 水泥在出厂前的各个指标都有相应的规定。

2.1.2.1 水泥的物理指标

(1)凝结时间。水泥与水拌和形成水泥浆体后, 由于水泥的水化, 会使浆体逐渐失去流动性, 由半流体状态转变为固体状态, 此过程称之为水泥的凝结。凝结时间是水泥的一个重要技术指标, 分为初凝时间和终凝时间。为了在水泥使用过程中有足够时间进行搅拌、运输和浇筑, 初凝时间不能过短, 施工完成后, 水泥构件将尽快产生强度, 因此, 终凝时间不能过长(初必旺和赵倩, 2016)。影响水泥凝结时间的因素很多, 除硅酸盐水泥中的石膏掺量及熟料矿物组成外, 还与水泥的细度、拌和时的用水量及温度高低等有关。水灰比越小, 凝结时的温度越高, 凝结越快; 水泥的细度越细, 水化作用越快, 凝结也越快。

(2)安定性。安定性是评价水泥质量的一个重要指标。安定性是水泥硬化后体积变化的均匀性, 体积的不均匀变化将引起膨胀、裂缝或翘曲等现象。影响安定性的主要因素是水泥中游离 CaO、MgO 和 SO_3 的含量(初必旺和赵倩, 2016)。游离 CaO 及 MgO 的含量超过一定数值后, 会对水泥的安定性产生明显不利的影响。游离 CaO 是最常见、影响最严重的因素, 呈死烧状态的 $f\text{-}CaO$ 水化速率很慢, 在硬化水泥石中继续与水生成六方板状的氢氧化钙晶体, 体积膨胀增大 98%, 产生膨胀应力, 以致引起水泥构件强度降低甚至破坏。通常在水泥检测中安定性不合格主要由游离 CaO 过多引起, 故《水泥标准稠度用水量、凝结时间、安定性检验方法》(GB/T 1346—2011)中规定了由游离 CaO 造成体积安定性检验方法, MgO 和 SO_3 含量则是严格控制在水泥的化学指标中。

（3）水泥强度。水泥强度是水泥物理性能中重要的指标（初必旺和赵倩，2016）。水泥强度等级按规定龄期的抗压强度和抗折强度来划分。水泥型号分为普通型和早强型（称 R 型）两个型号。不同品种水泥，其强度等级有所差别。硅酸盐水泥的强度等级分为 42.5、42.5R、52.5、52.5R、62.5、62.5R 六个等级。普通硅酸盐水泥的强度等级分为 42.5、42.5R、52.5、52.5R 四个等级。矿渣硅酸盐水泥、火山灰质硅酸盐水泥、粉煤灰硅酸盐水泥、复合硅酸盐水泥的强度等级分为 32.5、32.5R、42.5、42.5R、52.5、52.5R 六个等级（表2-4）。熟料矿物组成是水泥产生强度的内在因素。目前，采用水泥 28 天的抗压强度来表征水泥强度。

表2-4　通用硅酸盐水泥的强度等级

品种	强度等级	抗压强度/MPa		抗折强度/MPa	
		3 天	28 天	3 天	28 天
硅酸盐水泥	42.5	≥17.0	≥42.5	≥3.5	≥6.5
	42.5R	≥22.0		≥4.0	
	52.5	≥23.0	≥52.5	≥4.0	≥7.0
	52.5R	≥27.0		≥5.0	
	62.5	≥28.0	≥62.5	≥5.0	≥8.0
	62.5R	≥32.0		≥5.5	
普通硅酸盐水泥	42.5	≥17.0	≥42.5	≥3.5	≥6.5
	42.5R	≥22.0		≥4.0	
	52.5	≥23.0	≥52.5	≥4.0	≥7.0
	52.5R	≥27.0		≥5.0	
矿渣硅酸盐水泥 火山灰质硅酸盐水泥 粉煤灰硅酸盐水泥 复合硅酸盐水泥	32.5	≥10.0	≥32.5	≥2.5	≥5.5
	32.5R	≥15.0		≥3.5	
	42.5	≥15.0	≥42.5	≥3.5	≥6.5
	42.5R	≥19.0		≥4.0	
	52.5	≥21.0	≥52.5	≥4.0	≥7.0
	52.5R	≥23.0		≥4.5	

资料来源：《通用硅酸盐水泥》（GB175—2007）

（4）密度及容重。普通硅酸盐水泥的密度一般为 3.05～3.20 g/cm³，其值与熟料矿物组成有关。当熟料中的 C_4AF 含量较多时，水泥的密度就增大。水泥的容重与矿物组成及磨细程度有关，水泥越细其容重越小。硅酸盐水泥的疏松密度一般为 1.0～1.3 g/cm³，紧密密度为 1.5～2.0 g/cm³。

（5）细度。水泥的细度是表示水泥磨细的程度或水泥分散度的指标，它对水泥的水化硬化速度、水泥的需水量、和易性、放热速度及强度都有影响，是一个非常重要的物理特性。目前水泥细度的测定方法有两种：一种是筛分法，另一种是测定比表面积法。水泥的细度过细会引起水泥的需水量增加、和易性降低、水泥制品的收缩增大、抗冻性降低等。许多试验指出，硅酸盐水泥的细度不要超过某一限度，如比表面积不要超过 5000～6000cm²/g。超过此数，不仅水泥生产成本会提高，而且影响水泥的使用品质。当水泥的细度在某一范围内时，如果颗粒大小比较分散，则水泥的各种性能（如和易性、最终强度、收缩性质）都比较好；但当颗粒粒度不分散，都具有同一尺寸，或接近同一尺寸，则会引起水泥的使用品质下降，如可能出现凝结过快，甚至出现假凝，影响水泥和易性等，最终对水泥的各种物理力学性质有不利影响。

（6）需水量。水泥的需水量是水泥为获得一定稠度时所需的水量。硅酸盐水泥的标准稠度需水量一般为25%～28%（占水泥质量）。但水泥水化需要的水量即水泥完全水化后所结合的水量要低于此值。主要影响因素为水泥的细度，水泥越细，需水量越大。水泥的矿物组成对需水量也有一定的影响，C_3A 水化的需水量最大，C_2S 的水化需水量最小。

2.1.2.2 水泥的化学指标

一般来说，物质的化学组成和形态构成决定了其物理性质，但在实际生产过程中，水泥的物理指标对生产的指导作用更为直观，相比之下，水泥化学指标所代表的意义及其对物理指标的影响，并不为许多用户甚至是检测工作者所理解（初必旺和赵倩，2016）。下面将一一介绍化学指标对水泥性能的影响（表2-5）。

表2-5　通用硅酸盐水泥的化学指标（质量分数）

品种	代号	不溶物/%	烧失量/%	SO₃/%	MgO/%	氯离子/%
硅酸盐水泥	P·I	≤0.75	≤3.0	≤3.5	≤5.0ᵃ	
	P·II	≤1.5	≤3.5			
普通硅酸盐水泥	P·O	—	≤5.0			
矿渣硅酸盐水泥	P·S·A			≤4.0	≤6.0ᵇ	≤0.06ᶜ
	P·S·B			—	—	
火山灰质硅酸盐水泥	P·P			≤3.5	≤6.0ᵇ	
粉煤灰硅酸盐水泥	P·F	—	—			
复合硅酸盐水泥	P·C	—	—			

资料来源：《通用硅酸盐水泥》（GB175—2007）
a. 如果水泥压蒸试验合格，则水泥中氧化镁的含量（质量分数）允许宽至 6.0%；
b. 如果水泥中氧化镁的含量（质量分数）大于 6.0%时，需进行水泥压蒸安定性试验并合格；
c. 当有更低要求时，该指标由买卖双方协商确定

（1）不溶物。不溶物可对 P·I 和 P·II 硅酸盐水泥的混合材料品种和掺量起到控制作用。因为 P·I 硅酸盐水泥由熟料和石膏组成，当黏土或石膏品质过差或是煅烧状况不好，就会导致不溶物超标；而 P·II 硅酸盐水泥允许掺入不大于 5%的矿

渣或石灰石，二者不溶物含量很小，当用粉煤灰和火山灰等混合材料代替时，就会导致不溶物指标不合格。《通用硅酸盐水泥》（GB175—2007）规定硅酸盐水泥 P·I 型号的不溶物质量分数不大于 0.75%，P·II 型号的不溶物质量分数不大于 1.50%。

（2）烧失量。烧失量可对 P·I、P·II 和 P·O 硅酸盐水泥的混合材料品种和掺量起到控制作用。因为水泥组分中的熟料、石膏、混合材料都对烧失量指标有贡献，其中熟料烧失量贡献最小，石膏和混合材料贡献较大，当石膏和混合材料掺量过大，或是品质下降，就会造成烧失量偏大甚至超标。《通用硅酸盐水泥》（GB175—2007）规定硅酸盐水泥 P·I 型号的烧失量不大于 3.0%，P·II 的烧失量不大于 3.5%，普通硅酸盐水泥 P·O 型号的烧失量不大于 5.0%。

（3）SO_3 含量。水泥中的 SO_3 主要来源于磨制水泥时加入的石膏，也可能是熟料中掺加矿化物或者原材料带入的。水泥中适当的 SO_3 含量可以有效调节水泥的凝结时间，但如果 SO_3 过多的话，多余的 SO_3 能够在水泥硬化后继续与 C_3A 和水反应生成钙矾石，固相体积比反应物增大约 129%，产生膨胀应力而影响水泥构件强度。在《通用硅酸盐水泥》（GB175—2007）中规定，硅酸盐水泥、普通硅酸盐水泥、火山灰质硅酸盐水泥、粉煤灰硅酸盐水泥和复合硅酸盐水泥 SO_3 的质量分数不大于 3.5%，矿渣硅酸盐水泥 SO_3 的质量分数要求不大于 4.0%。

（4）MgO 含量。MgO 含量是影响水泥安全性的因素之一，主要来源于水泥熟料生产的原料石灰石。MgO 化学亲和力小，高温煅烧时不易与其他氧化物化合而成游离状，成为方镁石，它的水化作用非常缓慢，以至于在水泥硬化几年后才慢慢生成三角片状及板状晶体的氢氧化镁，体积膨胀 148%，导致水泥硬化物强度降低（初必旺和赵倩, 2016）。一般在硅酸盐水泥和普通硅酸盐水泥中，MgO 质量分数不大于 5.0%，矿渣硅酸盐水泥 P·S·A 型号、火山灰质硅酸盐水泥、粉煤灰硅酸盐水泥和复合硅酸盐水泥不大于 6.0%。

（5）氯离子含量。水泥浆体中可溶性氯化物对钢筋有锈蚀作用，严重影响钢筋混凝土的耐久性。水泥中氯离子主要来源于混合材料和氯盐外加剂，因为氯盐外加剂是有效的水泥早强剂，可有效提高水泥早期强度，因此添加水泥早强剂的水泥易成为氯离子含量超标的重灾区（初必旺和赵倩, 2016; 肖惠玉等, 2008）。《通用硅酸盐水泥》（GB175—2007）规定水泥中氯离子含量不大于 0.06%，也就限制了水泥生产中盐类增强剂的使用。

2.2 水泥水化过程

2.2.1 水泥水化机理

水泥在使用中与水搅和后，水泥熟料矿物会与水发生水化反应，生成水泥水化产物。随着时间的推移，初始形成的浆状体经过凝结硬化转为坚固的石状体。对于这个转变过程的机理主要涉及熟料矿物的水化和水泥的硬化两个方面。目前，关于水泥水化的解释，学者持两种观点，一种是液相水化论，即溶解-结晶理论，另一种是固相水化论，也叫局部化学反应理论。液相水化论是由法国科学家 Le Chatelier 于 1887 年提出的（Le Chatelier, 1919），他认为无水化合物先溶于水，并在溶液中产生离子，然后再与水化合生成水化物，生成的水化物由于溶解度小于反应物而结晶沉淀（图 2-2）。固相水化论是由德国科学家 Michaëlis 于 1892 年提出的（Michaëlis, 1909），他认为水化反应是固液相反应，无水化合物无须经过溶解过程，而是固相直接与水就地发生局部化学反应，生成水化产物（图 2-3）。近年来随着人们认识的不断深入，发现水泥的水化过程中既有溶解机理，又有固相反应机理，在水泥水化的早期，溶解机理占主导地位，而水化后期特别是扩散作用更难进行时，主要是固相反应机理起作用（李林香等, 2011; 武华荟和刘宝举, 2009）。

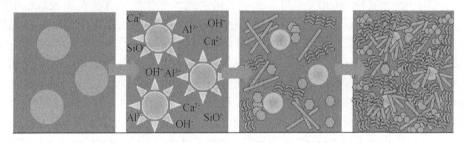

图 2-2 水泥水化溶解-结晶理论示意图（Kurtis, 2016）

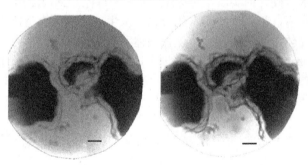

图 2-3 水泥水化局部化学反应理论示意图（Kurtis, 2016）

水泥水化的主要化学反应如式（2-1）～式（2-6）所示：

$$CaO + H_2O \longrightarrow Ca(OH)_2 \tag{2-1}$$

$$2(3CaO \cdot SiO_2) + 6H_2O \longrightarrow 3CaO \cdot 2SiO_2 \cdot 3H_2O + 3Ca(OH)_2 \tag{2-2}$$

$$2(2CaO \cdot SiO_2) + 4H_2O \longrightarrow 3CaO \cdot 2SiO_2 \cdot 3H_2O + Ca(OH)_2 \tag{2-3}$$

$$3CaO \cdot Al_2O_3 + 3CaSO_4 + 32H_2O \longrightarrow 3CaO \cdot Al_2O_3 \cdot 3CaSO_4 \cdot 32H_2O \tag{2-4}$$

$$2(3CaO \cdot Al_2O_3) + 3CaO \cdot Al_2O_3 \cdot 3CaSO_4 \cdot 32H_2O + 4H_2O \longrightarrow$$

$$3(3CaO \cdot Al_2O_3 \cdot CaSO_4 \cdot 12H_2O) \qquad (2\text{-}5)$$

$$4CaO \cdot Al_2O_3 \cdot Fe_2O_3 + 3CaSO_4 + 33H_2O \longrightarrow$$

$$3CaO \cdot (Al_2O_3 \cdot Fe_2O_3) + 3CaSO_4 \cdot 32H_2O + Ca(OH)_2 \qquad (2\text{-}6)$$

$$3CaO \cdot Al_2O_3 + 2Cl^- + Ca(OH)_2 + 10H_2O \longrightarrow$$

$$3CaO \cdot Al_2O_3 \cdot CaCl_2 \cdot 10H_2O + 2OH^- \qquad (2\text{-}7)$$

通过以上水化反应，即 CaO、$3CaO \cdot SiO_2$、$2CaO \cdot SiO_2$、$3CaO \cdot Al_2O_3$、$4CaO \cdot Al_2O_3 \cdot Fe_2O_3$ 与水发生化学反应，生成的水泥水化产物主要有 $Ca(OH)_2$ 或是未水化的 $CaO \cdot H_2O$、$3CaO \cdot 2SiO_2 \cdot 3H_2O$、$3CaO \cdot Al_2O_3 \cdot CaSO_4 \cdot 32H_2O$、$3CaO \cdot Al_2O_3 \cdot CaSO_4 \cdot 12H_2O$、$3CaO \cdot (Al_2O_3 \cdot Fe_2O_3) \cdot 3CaSO_4 \cdot 32H_2O$ 等碱性物质（Barnes and Bensted, 2002）。水泥水化会使水泥在硬化过程及服役过程中形成一定的强碱性环境，pH 为 12～14。除此之外，水泥中的氯离子也会为水泥提供一定的碱性环境。氯离子在水泥中的比例约为 0.4%，氯离子可以与 $3CaO \cdot Al_2O_3$ 反应生成 Friedel 复盐，同时释放 OH（柳俊哲, 2005），化学反应如式（2-7）所示。在水泥水化反应过程中，一部分水参与化学反应，另一部分水蒸发掉，其余的水作为自由水滞留在水泥中。蒸发水外出的过程中会使水泥形成孔隙，能够储存气体。因此，水泥经过水化反应后是固相、液相和气相组成的非均质体（袁群等, 2009）。而且水泥水化产物并不稳定，能够主动与空气中的 CO_2 发生反应（Renforth et al., 2011）。

对于水泥水化硬化的实质，主要有两种理论解释。Le Chatelier 的"结晶理论"认为，水泥拌水后，溶于水的无水化合物与水生成的水化物呈过饱和状态会结晶析出，水化物晶体本身的内聚力，使得晶体间产生较大的黏附力，使水泥具有较高的强度。Michaëlis 提出的"胶体理论"认为水泥水化物凝胶的生产和脱水才是产生凝胶作用的原因，即水泥水化后生产大量胶体，由于干燥或未水化的水泥颗粒继续水化产生内吸作用而失水，从而使胶体凝聚变硬。随着研究的不断深入，两个理论正趋于一致。实际上两个理论各自强调了水泥水化的不同侧面，将两个理论结合起来，能更全面地解释水泥水化硬化的全过程（李林香等, 2011; 武华荟和刘宝举, 2009）。

2.2.2 水泥水化研究方法

目前水泥水化机理的研究方法主要从动态和静态两种角度考虑（李林香等, 2011）。很多研究者通过测定水泥浆体的物理、化学性质随时间的变化来跟踪和纪录水化进程，并分析这些性质与水化进程、反应速率等的相关性，进而对水化特性及机理进行解释，这就是从动态的角度研究水泥水化过程（武华荟和刘宝举, 2009）。它主要包括水化热法（张谦等, 2001）、水化动力学法（Krstulovic and Babic,

2000）、电阻率法（Iviccarter and Brousseau, 1990）、环境扫描电镜法（吕鹏等, 2004）和电化学法（史美伦等, 2000）。水泥水化产物特别是后期的硬化浆体中的水化产物一直是人们研究的焦点。对水泥水化产物的研究，主要集中在微观形貌及化学组成，从而形成静态的角度研究水泥水化过程，主要包括化学结合水法（武华荟和刘宝举, 2009）、CH 定量测试法（Mounanga et al., 2004; Lea, 1971）、X 射线衍射法和扫描电镜法（李香林等, 2011）。

2.2.2.1 水化热法

水泥加水后，会发生一系列的物理化学变化，并释放出大量的热，水化热法是指利用水化热来研究水泥水化的方法。水泥水化反应热和反应速率是水泥重要的水化特性。水泥水化热的大小与放热速率主要取决于水泥的熟料矿物成分。例如，水泥熟料中单矿物完全水化时的总水化热 C_3S 为 669.4 kJ/kg，C_2S 为 351.5 kJ/kg，C_3A 为 1062.7 kJ/kg，C_4AF 为 569.0 kJ/kg，粒化高炉矿渣的总水化热值在 355～440 kJ/kg 范围内，硅灰的水化热值约为 470 kJ/kg（李林香等, 2011）。水泥完全水化（100%水化）时的总水化热可通过式（2-8）或式（2-9）来估算（李林香等, 2011），当掺加了混合材料的凝胶材料时，最终水化热值可用式（2-10）计算（Wang and Yan, 2006; Folliard, 2005）。此法主要用于纯水泥体系的水泥水化进程研究，但此方法不适用于水泥基复合体系中水泥水化程度的测定。这是因为活性掺和料的加入会对水泥水化产生一定的物理化学作用，而到目前为止，人们还不能够量化这种作用。此外，水化热法虽对纯水泥体系早期水化进程起着很好的表征作用，但该法不适用于长龄期水泥水化程度的测试，其原因主要在于水化若干天以后，水泥水化放热量降低，水化热曲线趋于平缓，会造成更大的误差（张谦等, 2001）。

$$Q_{cem} = 500P_{C_3S} + 260P_{C_2S} + 866P_{C_3A} + 420P_{C_3AF} + 624P_{SO_3} + 1186P_{f_{CaO}} + 850P_{MgO} \quad (2\text{-}8)$$

$$Q_{cem} = 510P_{C_3S} + 247P_{C_2S} + 1356P_{C_3A} + 427P_{C_4AF} \quad (2\text{-}9)$$

$$Q = Q_{cem} \cdot P_{CEM} + Q_{SLAG} \cdot P_{SLAG} + Q_{FA} \cdot P_{FA} + Q_{SF} \cdot P_{SF} \quad (2\text{-}10)$$

式中，Q_{cem} 为理论上水泥完全水化时的水化热，kJ/kg；

P_i 为第 i 种组成物质相对于水泥的质量百分比，%；

Q 为 100%水化时凝胶材料的总水化热，kJ/kg；

Q_{SLAG}、Q_{FA}、Q_{SF} 分别为高炉矿渣、粉煤灰和硅灰的水化热，kJ/kg。

2.2.2.2 水化动力学法

水泥和水拌和后，硬化水泥浆体中固、液、气三相同时存在，并发生一系列物理化学变化，为了描述多相体系中物理化学变化特征开发了动力学模型，这个过程称为水化动力学法。Bezjak 等开发了硬化水泥浆体中各主要组分水化的数学模型（Mounanga et al., 2004; Lea, 1971）。基于前人建立的硬化水泥浆体各组分的水化模型，Krstulovic 和 Dabic（2000）进一步研究了水泥的水化过程，认为水泥水化反应包括三个基本过程，即结晶成核与晶体生产、相边界反应、扩散，认为三个过程同时发生，但水化过程整体发展取决于最慢的一个反应过程，并建立数学模型来描述水化程度与水化速率的关系，进而得出水化程度与时间的关系（Berry et al., 1994）。具体方程如下：

结晶成核与晶体生产，NG 过程方程：

$$\mathrm{d}\alpha / \mathrm{d}t = K_{\mathrm{NG}} n(1-\alpha)[-\ln(1-\alpha)]^{(n-1)/n} \qquad (2\text{-}11)$$

相边界反应，I 过程方程：

$$\mathrm{d}\alpha / \mathrm{d}t = 3K_I(1-\alpha)^{2/3} \qquad (2\text{-}12)$$

扩散，D 过程方程：

$$\mathrm{d}\alpha / \mathrm{d}t = \frac{3}{2} K_D(1-\alpha)^{2/3}[1-(1-\alpha)^{1/3}] \qquad (2\text{-}13)$$

2.2.2.3 电阻率法

电阻率法根据水泥水化时间的变化引起水泥基材料的电阻率改变的特征来描述水泥基材料水化过程、判断矿物外加剂和化学外加剂等对水泥水化的影响（Iviccarter and Brousseau, 1990）。通过测定新拌水泥浆、砂浆或混凝土的电阻率，并绘制电阻率随时间变化的特征曲线，可以确定水泥基材料的凝结硬化特征，为水泥水化研究提供了测定手段（李林香等，2011）。魏小胜等（2004）研究指出水泥浆的电阻率随时间变化的特征曲线与水泥水化过程相对应，根据电阻率发展的特征曲线，可将水泥水化过程划分为溶解期、诱导形成期和诱导期、凝结硬化期三个阶段（图2-4）。

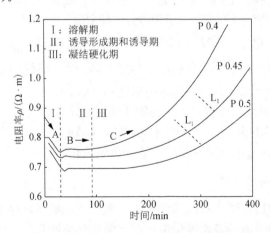

图 2-4　不同水灰比水泥浆的电阻率随时间的变化曲线及阶段划分

（李林香等, 2011; 魏小胜等, 2004）

2.2.2.4 环境扫描电镜法

环境扫描电镜法是利用环境扫描电镜(environment scanning electron microscope, ESEM)仪器对水泥基材料的早期水化过程进行连续观察(图 2-5)。用环境扫描电镜观察样品由于不需要镀导电膜,可以在控制温度、压力、相对湿度和低真空度的条件下进行观察,减少了样品的干燥损伤和真空损伤,尤其适用于微结构对湿度非常敏感的水泥水化早期阶段的观察,而且还可以实现多点连续观察,非常适用于连续观察水泥水化过程(李林香等, 2011)。吕鹏等(2004)采用环境扫描电镜研究了硅酸盐水泥的早期水化过程,发现水泥水化过程分为预诱导期、诱导期、加速期、减速期和稳定期五个阶段。预诱导期阶段水泥开始水解,释放出离子,C_3S 颗粒表面形成低 $n(Ca)/n(Si)$ 层,第一批水化产物产生,水泥颗粒表面生成一层水化物的保护膜,降低水化反应速度。诱导期阶段保护膜逐渐推进直至覆盖整个颗粒表面,膜内外产生渗透压力差,当渗透压力大到足以使薄膜在薄弱处破裂,缺钙的硅酸盐离子就被挤入液相,并和钙离子结合,生成各种不定形的水化硅酸钙(C-S-H)。加速期阶段钙离子和硅酸盐离子浓度相对于 C-S-H 来说达到过饱和,C-S-H 高速生长,在颗粒表面附近形成类似于网状形貌的产物(高密度C-S-H),而在颗粒间的原充水空间里形成近球状形貌的产物(低密度 C-S-H)。减速期阶段水化产物继续生长,由不定形富水的凝胶状转变为不定形的颗粒状,显微结构继续发展。稳定期阶段水化产物颗粒个数几乎保持不变,但单个颗粒均逐渐生长变大,显微结构逐渐致密化。

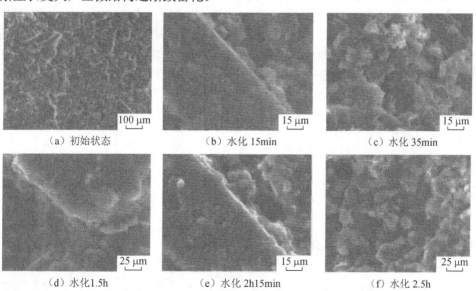

（a）初始状态   （b）水化 15min   （c）水化 35min

（d）水化1.5h   （e）水化 2h15min   （f）水化 2.5h

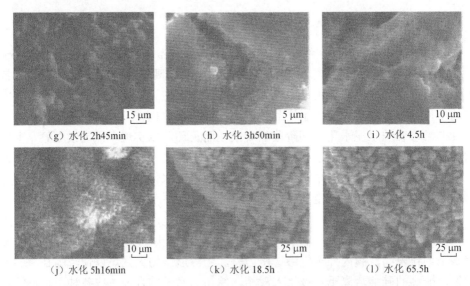

（g）水化 2h45min　　　　（h）水化 3h50min　　　　（i）水化 4.5h

（j）水化 5h16min　　　　（k）水化 18.5h　　　　（l）水化 65.5h

图 2-5　水泥净浆早期水化产物和结构形成过程连续观察的 ESEM 照片（吕鹏等，2004）

2.2.2.5　电化学法

电化学法是利用电化学研究工具中的交流阻抗谱方法来反映水泥水化过程中微结构变化的方法，是研究水泥水化过程的一种很好的方法（刘昌胜，1996）。史美伦等（2000）研究了在直流极化条件下硬化水泥浆体的交流阻抗图，直流极化的电压从零直到水的分解电压以上。对于硬化水泥浆体，当直流极化超过 1V 以后，Nyquist 图的曲线形状就发生了变化，在水化时间小于 7d 时，Nyquist 图呈现一个半圆，水化时间大于 7d 时，Nyquist 图呈现两个半圆。因此，从 Nyquist 图可见，水化过程可以分为两个阶段：7d 以前为第一阶段，7d 以后为第二阶段。7d 前和 7d 后的水化过程机理是不同的。7d 前的水化过程，在直流极化下只能进行一步电化学反应；7d 后的水化过程，在直流极化下可进行两步电化学反应（图 2-6）。

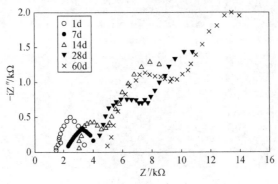

图 2-6　硬化水泥浆体直流极化 1.5V 不同水化时间的 Nyquist 图（史美伦等，2000）

2.2.2.6 化学结合水法

化学结合水法是根据硬化水泥浆体中的化学结合水和非化学结合水的不同性质采用加热的方法来表征水泥水化过程的方法。在相同温度、湿度养护条件下，硬化水泥浆体中的化学结合水量随水化物的增多而增多，随水化程度的提高而增大，因此将所测 t 时刻硬化水泥浆体与完全水化水泥浆体的化学结合水量相比，即可计算出硬化水泥浆体在 t 时刻的水化程度（李林香等，2011），具体公式见式（2-14）。

$$\alpha = Wn_t / Wn_\infty \qquad (2\text{-}14)$$

式中，Wn_t 为水化 t 时刻硬化水泥浆体的化学结合水量；

Wn_∞ 为完全水化水泥浆体的化学结合水量。

化学结合水法为测试水泥水化程度的传统方法，因其测试方便简易而得到了广泛的应用。但该方法仍存在着一定的缺点，在 75℃ 的低温或真空状态下部分水泥水化产物如 C-S-H 凝胶、单硫型水化硫铝酸钙（Al_2O_3-Fe_2O_3-mono，AFm）、高硫型水化硫铝酸钙（AFt，钙矾石）中的部分弱结合水就开始分解，导致所测化学结合水含量较实际偏小，影响了测试的精确性。化学结合水法与水化热法一样，目前只适用于纯水泥体系中水泥水化程度的研究。对于水泥基复合体系而言，化学结合水法只能定性比较水化产物生成量的多少，而其中的水泥及各活性组分的水化程度则无法直接测试得出（武华荟和刘宝举，2009）。

2.2.2.7 CH 定量测试法

CH 定量测试法是根据水泥水化主要产物氢氧化钙（CH）含量与水泥水化程度成正比，来间接确定水泥水化程度。研究表明，普通硅酸盐水泥完全水化需水量为水泥质量的 20%～24%（Mounangap et al.，2004），生成 CH 量为水泥质量的 20%～25%。对于掺有粉煤灰、煤矸石、矿渣等具有火山灰活性混合材的水泥基复合材料来说，由于其中的活性 SiO_2 会与水泥水化产物 CH 进行二次反应生成 C-S-H 凝胶，所以上述理论不能定量应用于复合体系水泥水化程度的研究，但测出的 CH 含量能反映出具有火山灰活性的混合材料对水泥基复合体系的影响。在粉煤灰与水泥的复合体系中，水化 3～7d 内，粉煤灰开始与水泥水化产物 CH 反应，但 3 个月后仍有大量的 CH 与未水化的粉煤灰存在。粉煤灰与水泥水化产物 CH 反应，主要生成 C-S-H 凝胶，但是比水泥水化生成的 C-S-H 凝胶有着低的钙硅比（Mounangap et al.，2004）。CH 含量可通过定量 X 射线衍射，差示扫描量热（differential scanning calorimetry，DSC）或热重（Thermogravimetry，TG）（王培铭和许乾慰，2005）等方法测量得出。由于 CH 的择优取向及无定形 CH 的存在，用定量 X 射线衍射测量出的 CH 含量偏低，因此多采用热分析法测量（图 2-7）。

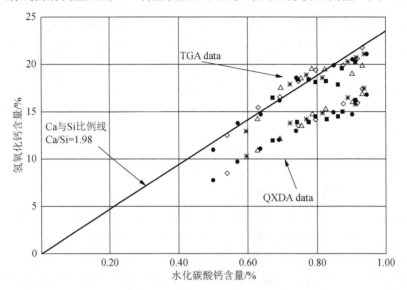

图 2-7　普通硅酸盐水泥 Ca/Si 比例（Escalante-Garcia et al., 1999）

符号代表不同的水解温度, QXDA data 代表定量 X 射线衍射数据，TGA data 代表热重分析数据

2.2.2.8　X 射线衍射法

X 射线衍射（X-ray diffraction, XRD）法是利用 X 射线衍射来分析水泥水化产物的组成（图 2-8），并可根据衍射峰的强度，确定各水泥水化产物的相对含量（武华荟和刘宝举, 2009）。

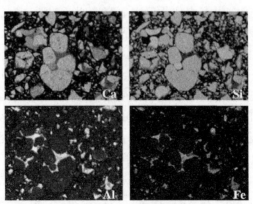

图 2-8　水泥样本中的元素 X 射线图像（Stutzman, 2004）

2.2.2.9 扫描电镜法

扫描电镜（scanning electron microscope, SEM）法是利用扫描电镜来观察水泥水化产物的微观形貌（图 2-9），但是在样品制备过程中需要干燥并在表面镀上导电层，干燥样品时有时会使其微结构失真，而镀导电层则往往会掩盖样品表面的精细结构。此外，在 SEM 观察过程中，样品处于高真空条件下受电子束轰击，样品也可能被破坏，导致结果产生偏差（李林香等，2011）。

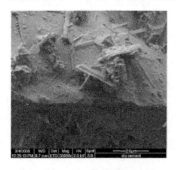

（a）未发生水化的水泥颗粒表面　　　　　　（b）水化发生 480min 时的水泥颗粒表面

图 2-9　水泥扫描电镜图片（Ylmén et al., 2009）

近年来，随着研究的不断深入，出现了研究水泥水化的先进方法和技术，如背散射电子图像（backscatter electron image, BEI）大量应用于水泥基复合体系中水泥和其他活性组分的水化程度研究。它的成像与样品表面原子序数的分布有关，样品表面上平均原子序数较高的区域，产生较强的信号，在背散射电子图像上呈现较亮。如果是纯水泥样品，BEI 图像中原子序数最高的未水化水泥颗粒呈亮白区域，其中 C_4AF 因含有原子序数较大的 Fe 而较 C_3S 和 C_2S 更亮。而 C_3A 因含大量原子序数较 Ca 低的 Al，在未水化水泥颗粒成像区域中稍显暗淡，其次为水化产物，最暗的是孔隙。此外，也有用计算机来模拟水泥的水化过程。Bentz（1998）根据水泥颗粒粒径分布、水灰比以及矿物组成等参数，研究出了以纯水泥水化三维模型 CEMHYD 3D 来模拟纯水泥体系水化的全过程。

2.3　水泥碳化机理

2.3.1　水泥碳化化学机理

在水泥水化过程中，由于化学收缩、自由水蒸发等诸多原因，水泥物料内部会形成许多大小各异的孔隙，大气中的 CO_2 可通过这些孔隙向水泥物料内部扩散，并在水的参与下形成碳酸。碳酸与 $Ca(OH)_2$ 及水泥水化过程中产生的碱性物质 C-S-H、C_2S、C_3S、CAH 和其他水化产物发生反应，生成 $CaCO_3$ 等稳定物质（Fernández et al., 2004）。土木工程领域中用"碳化"来描述水泥水化产物与 CO_2 在有孔隙水的条件下发生的复杂物理化学反应，并最终将碳固定在水泥中（Barnes and Bensted, 2002; Papadakis et al., 1991）。水泥材料的碳化反应首先发生在水泥材料的表面，随着时间的推移逐渐向内扩展（Huang et al., 2012）。最终碳化过程会破坏水泥建筑材料的结构，腐蚀建筑材料，因为碳化反应会溶解混凝土和砂浆中的水泥使其转变为碳酸钙和水化的氧化硅、氧化铝和氧化铁等成分（Gajda and Miller, 2000; Gajda, 2001）。水泥碳化的主要化学反应如下所示：

$$Ca(OH)_2 + CO_2 \xrightarrow{H_2O} CaCO_3 + H_2O \tag{2-15}$$

$$(3CaO \cdot 2SiO_2 \cdot 3H_2O) + 3CO_2 \xrightarrow{H_2O} 3CaCO_3 + 2SiO_2 \cdot 3H_2O \tag{2-16}$$

$$(3CaO \cdot SiO_2) + 3CO_2 + xH_2O \xrightarrow{H_2O} 3CaCO_3 + SiO_2 \cdot xH_2O \tag{2-17}$$

$$(2CaO \cdot SiO_2) + 2CO_2 + xH_2O \xrightarrow{H_2O} 2CaCO_3 + SiO_2 \cdot xH_2O \tag{2-18}$$

$$(3CaO \cdot Al_2O_3 \cdot 6H_2O) + 3CO_2 \xrightarrow{H_2O} 2Al(OH)_3 + 3CaCO_3 + 3H_2O \tag{2-19}$$

目前，现有的研究主要集中在土木工程领域混凝土水泥材料的碳化，且研究较为深入，这是因为混凝土碳化涉及建筑物的寿命和安全。有研究发现，混凝土和水泥砂浆的碳化机理无论是在理论分析和实验结果中都相同（Li and Wu, 1987）。因此我们以混凝土碳化为例来说明水泥碳化过程。普通混凝土是由水泥、砂等材料拌和水而成。随着大型复杂建筑结构的建设需求，对混凝土性能的要求越来越高，为适应这种需求，常加入粉煤灰、硅灰等掺合料以及减水剂、引气剂等外加剂来改善混凝土的性能，使混凝土的组成材料不断扩展。水化后的混凝土由水泥石和骨料组成，水泥石使混凝土成为整体，是影响混凝土性能的关键部分。混凝土一般呈强碱性，pH 为 $12\sim14$（袁群等，2009）。混凝土碳化主要是指水泥石中的水化物与周围环境中的酸性物质（主要指环境中的 CO_2）反应，使混凝土的碱性降低的过程，这也称为混凝土的中性化。在混凝土碳化过程中，CO_2 扩散到孔隙中，溶于孔溶液，生成 H_2CO_3 并发生解离，反应如式（2-20）和式（2-21）所示。孔溶液中的 Ca^{2+} 与解离的 CO_3^{2-} 发生反应生成难溶的 $CaCO_3$ 沉淀，随着 $Ca(OH)_2$ 的逐渐溶解，$CaCO_3$ 沉淀逐渐增多，如图 2-10 所示。

$$H_2CO_3 \rightleftharpoons HCO_3^- + H^+ \tag{2-20}$$

$$HCO_3^- \rightleftharpoons CO_3^{2-} + H^+ \tag{2-21}$$

总体来说，混凝土碳化过程主要由以下几个步骤组成（图 2-11）：①空气中 CO_2 扩散进入混凝土内部孔隙和毛细管中；②CO_2 溶解于混凝土液相形成碳酸，

同时解离出 H^+、CO_3^{2-}；③产生的离子在混凝土孔溶液中扩散传质；④离子在混凝土孔溶液中发生离子反应生成 $CaCO_3$ 沉淀，与此同时 $Ca(OH)_2$ 继续溶解。也可以理解为混凝土碳化主要是 CO_2 的扩散传质、碱性水化产物不断溶解、沉淀不断生成的循环过程。

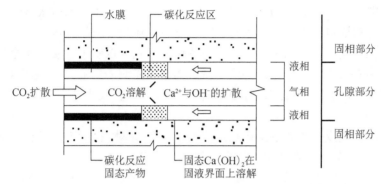

图 2-10 CO_2 气体在混凝土中的扩散传质过程示意图（段平, 2014）

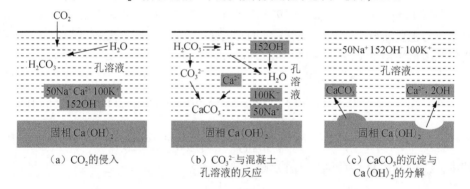

（a）CO_2 的侵入　　　（b）CO_3^{2-} 与混凝土　　　（c）$CaCO_3$ 的沉淀与
　　　　　　　　　　　　孔溶液的反应　　　　　　　　$Ca(OH)_2$ 的分解

图 2-11   混凝土碳化反应过程原理图（袁群等, 2009）

在碳化初期，CO_2 的扩散和反应速率很快，但随着水泥由表及里的碳化过程，先形成的表面碳化层会阻碍内部水泥材料的继续碳化，碳化反应速率降低。此外，$CaCO_3$ 属于非溶解性钙盐，与原反应物相比体积会膨胀 17%，因此，$CaCO_3$ 会阻塞部分水泥孔隙，一定程度上也阻碍了 CO_2 向水泥内部的扩散速度，降低碳化速率。碱性水化产物也不能完全溶解反应，一般有 75%～90% 的水泥水化产物会发生碳化（Andersson et al., 2013; Pade and Guimaraes, 2007）。

2.3.2   水泥碳化热力学机理

混凝土水泥水化后的组成极为复杂，是含有固、液、气三相的不均匀体系。

常用的水泥（硅酸盐水泥、火山灰质硅酸盐水泥、矿渣硅酸盐水泥、粉煤灰硅酸盐水泥等）水化后的产物均为$Ca(OH)_2$、钙矾石、C-S-H 和水化铝酸钙等，主要的差别在于各产物的组成比例不同。

$Ca(OH)_2$、钙矾石、C-S-H 和水化铝酸钙在 298K 下的反应标准吉布斯自由能变ΔG^0分别为：-74.75 kJ/mol、-48.8 kJ/mol、-74.7 kJ/mol 和-63.4 kJ/mol。从热力学角度，吉布斯自由能变化为负且绝对值越大，化学反应越易进行；当自由能为正值时，化学反应则逆向进行。从上述碳化反应式可以看出，暴露于空气中的硬化水泥石中 $Ca(OH)_2$ 与 C-S-H 的碳化反应的自由能变为负值，且绝对值相对较大，因此最易碳化。相关研究证明 $Ca(OH)_2$ 和 C-S-H 的碳化反应几乎最早同时进行（柳俊哲，2005）。

水泥的碳化反应主要发生在孔隙溶液（液相）和水化产物（固相）两部分（叶铭勋，1989）。下面分别介绍液相反应和固相反应。

2.3.2.1　液相反应

根据 Longuet 和 Burglen（1973）、薛君玕等（1983）的测定结果，水泥孔隙溶液中的主要成分为 K_2O、Na_2O、OH^-、CaO 等，水泥碳化反应过程中，CO_2 主要与孔隙溶液中的 Ca^{2+}、OH^- 发生反应，反应式如下：

$$Ca^{2+}_{aq} + 2OH^-_{aq} + CO_{2(气)} = CaCO_{3(固)} + H_2O_{(液)} \quad\quad （2-22）$$

$$\Delta G^0_{反应} = -269.78 - 56.69 + 132.18 + 2 \times 37.595 + 94.26 = -24.84(kcal/mol)$$

$$\log K_p = -\frac{\Delta G^0_{反应}}{2.303RT} = -\frac{-24.84}{1.364} = 18.21$$

其中，$CaCO_3$ 和 H_2O 的活度为 1，则

$$K_p = \frac{1}{\left[Ca^{2+}\right]\left[OH^-\right]^2 \cdot P_{CO_2}}$$

$$\log K_p = -\log\left[Ca^{2+}\right]\left[OH^-\right]^2 - \log P_{CO_2}$$

其中，大气中 CO_2 的分压为 $10^{-3.5}$，再将 $\log K_p$ 值代入，得

$$18.21 = -\log\left[Ca^{2+}\right]\left[OH^-\right]^2 + 3.5$$

从而 $\left[Ca^{2+}\right]\left[OH^-\right]^2 = 10^{-14.71}$，这是与大气中 CO_2 保持平衡时的 $Ca(OH)_2$ 浓度积。根据相关测定结果，水化 28d 以上时期的水泥石，孔隙溶液中 $Ca(OH)_2$ 的溶度积为 $10^{-4} \sim 10^{-3}$，远远高于 $10^{-14.71}$，因此，此液相反应极易发生。

2.3.2.2 固相反应

水泥的水化产物均能与 CO_2 直接反应，现以 $Ca(OH)_2$ 为例进行化学热力学计算：

$$Ca(OH)_{2(固)} + CO_{2(气)} = CaCO_{3(固)} + H_2O_{(液)} \qquad (2\text{-}23)$$

$$\Delta G^0_{反应} = -269.78 - 56.69 + 214.33 + 94.26 = -17.88(\text{kcal/mol})$$

因为 $\Delta G < 0$，该反应能够发生。

$$\log K_p = -\frac{\Delta G^0_{反应}}{2.303RT} = -\frac{-17.88}{1.364} = 13.1$$

其中，液体和固体的活度为 1，则

$$K_p = \frac{1}{P_{CO_2}}$$

$$\log K_p = -\log P_{CO_2}$$

$$13.1 = -\log P_{CO_2}$$

$$P_{CO_2} = 10^{-13.1}$$

此值远远低于大气中的 CO_2 分压($10^{-3.5}$)，因此，$Ca(OH)_2$ 极易与大气中的 CO_2 发生反应，生成 $CaCO_3$。

同法，计算出水泥其他几种水化产物发生碳化反应的最低 CO_2 分压：

$$P_{5CaO \cdot 6SiO_2 \cdot 5H_2O} = 10^{-8.27}$$

$$P_{3CaO \cdot Al_2O_3 \cdot 3CaSO_4 \cdot 31H_2O} = 10^{-12.67}$$

$$P_{4CaO \cdot Al_2O_3 \cdot 19H_2O} = 10^{-11.75}$$

由此可知，水泥水化产物发生碳化反应的最低 CO_2 分压均低于大气中的 CO_2 分压，因此，均易发生碳化反应。

$Ca(OH)_2$ 分别在液相和固相中与 CO_2 反应的差别在于：在液相反应分析中，已得出，

$$\log K_p = -\log\left[Ca^{2+}\right]\left[OH^-\right]^2 - \log P_{CO_2}$$

$$\log K_p = 18.21$$

已知水泥石孔隙溶液中 $Ca(OH)_2$ 的溶度积为 $10^{-3} \sim 10^{-4}$，则

$$\log P_{CO_{2(液)}} = -15.21 \sim -14.21$$

$$P_{CO_{2(液)}} = 10^{-15.21}$$

在固相反应中，$Ca(OH)_2$ 与 CO_2 反应的平衡分压 $P_{CO_{2(固)}} = 10^{-13.1}$，因此，固相反应的平衡分压要高于液相反应 1～2 个数量级，从而得出，大气中 CO_2 与孔隙

溶液中 Ca^{2+}、OH^- 的反应要比固相 $Ca(OH)_2$ 更易发生。

此外，液相和固相反应所产生的效果也是不同的，CO_2 与液相中 Ca^{2+}、OH^- 反应生成的 $CaCO_3$ 晶体颗粒填充在孔隙中，使结构致密，起到阻碍外界介质进一步侵蚀的作用，但随着 Ca^{2+} 和 OH^- 浓度的下降，破坏了固液相之间的平衡，会引起其他水化产物的部分溶解。而固相反应是一种晶体转化和重排的反应，会改变原有的微观结构，导致固相体积发生变化（表2-6），必然会产生较大的影响（叶铭勋，1989）。

表2-6 几种水泥水化物发生碳化反应时固相体积变化的理论计算值

序号	碳化反应方程式	固相体积变化/%
1	$Ca(OH)_{2(固)} + CO_{2(气)} = CaCO_{3(固)} + H_2O_{(液)}$	+11.5
2	$1/5(5CaO \cdot 6SiO_2 \cdot 5H_2O)_{(固)} + CO_{2(气)} = CaCO_{3(固)} + 6/5SiO_2 + H_2O_{(液)}$	−2.4
3	$1/3(3CaO \cdot Al_2O_3 \cdot 3CaSO_4 \cdot 31H_2O)_{(固)} + CO_{2(气)} =$ $CaCO_{3(固)} + CaSO_4 \cdot 2H_2O_{(液)} + 2/3Al(OH)_{3(固)} + 22/3H_2O_{(液)}$	−44.6
4	$1/4(4CaO \cdot Al_2O_3 \cdot 19H_2O)_{(固)} + CO_{2(气)} = CaCO_{3(固)} + 1/2Al(OH)_{3(固)} + 4H_2O_{(液)}$	−43

资料来源：叶铭勋，1989

从土木工程角度来说，水泥材料的碳化影响了建筑的寿命。混凝土碳化造成的碱度降低是钢筋锈蚀的重要前提，钢筋锈蚀又将导致混凝土保护层开裂、钢筋与混凝土之间黏结力被破坏、钢筋受力截面减小、结构耐久性降低，裂缝处的混凝土进一步碳化，特别是裂缝较深和宽度较大时，危害更大。但从生态学角度来说，水泥碳化过程能够固定大气中的 CO_2，是一个碳汇。随着水泥大量生产和使用，水泥材料的碳汇不可忽略。但目前，如何量化水泥材料的碳汇是一个科学难点。

2.4 水泥碳化影响因素

从水泥材料碳化的原理可知，影响碳化的最主要因素是水泥材料本身的密实性和碱性储备的大小，即水泥材料的渗透性及其 $Ca(OH)_2$ 等碱性物质含量的大小。其影响因素十分复杂，各因素间相互作用、相互制约，而且各因素又具有高度不确定性即随机性、灰色性、模糊性及未确知性，难以截然分开，归纳起来主要分为材料因素、环境因素和施工因素 3 大类（郗凤明等，2015；Monteiro et al.，2012；何智海等，2008；Lagerblad，2005；王玉琳，2002）。由于混凝土水泥碳化在土木工程领域研究较为深入和全面（肖佳和勾成福，2010；Pade and Guimaraes，2007；Gajda and Miller，2000），本书主要以混凝土为例来介绍影响水泥碳化的影响因素（郗凤明等，2015）。

2.4.1 材料因素

2.4.1.1 水泥品种

水泥品种决定了单位体积混凝土中可碳化物质的含量，水泥品种不同（硅酸盐水泥、普通硅酸盐水泥、掺混合材料的硅酸盐水泥、高铝水泥等）意味着其中包含的化学成分和矿物成分以及水泥混合材料的品种和掺量有一定差别，尤其是 CaO 的含量直接影响着水泥的活性和混凝土的碱性，对混凝土碳化速率有重要影响（何智海等，2008）。一般认为水泥中 CaO 的含量高，混凝土中 $Ca(OH)_2$ 的含量就高，其吸收 CO_2 的能力就强，其抗碳化能力就强（袁群等，2009）。以矿渣水泥、普通硅酸盐水泥、硅酸盐水泥为例，三种水泥中的 CaO 含量依次增加，相应混凝土的抗碳化能力就依次增强（袁群等，2009）。在同一试验条件下，不同水泥配制的混凝土的碳化速率大小顺序为：硅酸盐水泥<普通硅酸盐水泥<矿渣水泥等其他品种水泥（表 2-7）。对同一熟料的水泥来说，混合材含量越高，其活性混合材越容易与水泥水化产物 $Ca(OH)_2$ 反应，加速其碳化速率（何智海等，2008）。Dunster 等（2000）认为，高铝水泥混凝土的碳化规律同普通硅酸盐水泥混凝土的碳化规律基本相似，但高铝水泥由于碱度很低，抗碳化能力较差，因而在钢筋混凝土结构中使用受到限制。MgO 的作用与 CaO 的作用相同，其含量也会影响水泥的活性和混凝土的碱性，混凝土中的 MgO 与水发生水化反应产生的水化产物 $Mg(OH)_2$，与 $Ca(OH)_2$ 一样具有吸收 CO_2 的能力，但由于 MgO 的含量超过一定值时会影响水泥的安定性，所以水泥生产标准中要求 MgO 的含量一般不大于 5%，因此 MgO 对混凝土碳化速率的影响较 CaO 要小很多。另外，对于同一类水泥，根据不同标号，水泥的矿物组成及活性也会有所差异，进而对碳化产生不同影响。如在其他试验条件相同的情况下，含标号为 P·I 型水泥试件的碳化深度要小于 P·II 型水泥；而含标号为 P·I 425 型的水泥与 P·I 525 型相比，由于 P·I 525 型水泥试件的结构更加密实，强度更高，碳化深度更小（李焦，2015）。

表2-7 不同品种水泥相对碳化速率系数

水泥品种	相对碳化速率系数
硅酸盐水泥	0.6
普通硅酸盐水泥	1.0
矿渣硅酸盐水泥（矿渣掺量30%~40%）	1.4
矿渣硅酸盐水泥（矿渣掺量60%）	2.2
火山灰质硅酸盐水泥及矿渣与粉煤灰双掺水泥	1.7
粉煤灰硅酸盐水泥	1.8

资料来源：李焦，2015；冯乃谦，2002；肖佳和勾成福，2010；苏义彪，2014

注：相对碳化速率系数是指各品种水泥混凝土的碳化深度与同条件下普通硅酸盐水泥混凝土的碳化深度的比值

2.4.1.2 碱含量

碱含量是指水泥中碱物质的含量，用 Na_2O 合计当量表达，即碱含量=Na_2O+ $0.658K_2O$。水泥含碱量越高，孔溶液 pH 就越高，碳化速率就越快（图 2-12）。这是因为一方面水泥碱含量越高，水泥硬化石中的 C-S-H 结构不均匀，毛细孔增多，水泥石中粗大孔隙增多；另一方面含碱量越高，孔溶液中 OH⁻浓度增大，碳化后沉积的 $CaCO_3$ 溶解度减小，即孔溶液中 Ca^{2+} 浓度减小，补充 Ca^{2+} 浓度的 $Ca(OH)_2$ 晶体易溶解，从而加速混凝土碳化（何智海等，2008；柳俊哲，2005）。当混凝土中含有氯化钠时，碳化速率更为明显。这是因为水泥中的 C_3A 与约占水泥质量 0.4% 的 Cl⁻发生反应生成 Fridel 复盐时消耗氯离子的同时生成 OH⁻离子。在一定氯化钠含量范围内单位水泥用量越多，孔溶液 OH⁻浓度越高，碳化速率越快（柳俊哲，2005）。而且含碱量高的混凝土毛细孔溶液存在迁移和浓缩时，暴露于大气中的混凝土表面碳化速率会加快。但不排除有些混凝土即使含碱量较高，但水灰比较小导致碳化生成的 $CaCO_3$ 沉积在孔壁使原本较小的孔径变得更窄，抑制 CO_2 的扩散，从而减缓碳化速率；也有些构筑物即使含碱量较小，但孔隙水通过毛细管现象迁移到暴露于空气中的混凝土表面时产生碱的浓缩，从而加速混凝土碳化（柳俊哲，2005；Orozco and Maji，2004）。

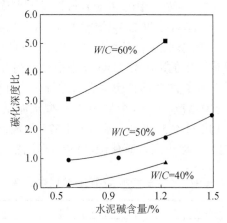

图 2-12 水泥碱含量与碳化速率的关系（柳俊哲，2005）

W/C 为水灰比

2.4.1.3 水泥用量

水泥用量一方面可以改变混凝土的和易性，影响混凝土的密实度；另一方面可以改变混凝土的碱性储备，直接影响混凝土的碳化速率。增加水泥用量会提高混凝土的密实性，增加混凝土的碱性储备，使其抗碳化性能大大增强。混凝土吸收 CO_2 的量取决于水泥用量和混凝土的水化程度，在一定水泥用量前提下，碳化速率与水泥用量成反比，水泥用量越大，水泥密实度越高，CO_2 越不易向水泥内部渗透，故碳化速率越慢（肖佳和勾成福，2010）；但超过一定水泥用量限值后，在水灰比不变的条件下，水泥用量增加较多，用水量也相应增加，导致混凝土孔隙率增加，反而有利于 CO_2 扩散，碳化速率却呈增加状态（图 2-13）。Meyer 等通过试验给出了不同水泥用量的碳化深度比值（吴国坚等，2014）。蒋利学等（1996）通过快速碳化试验，得出碳化深度与水泥用量的平方根的倒数成正比。龚洛书和柳春圃（1990）、吴国坚等（2014）给出了水泥用量对碳化速率的影响系数。

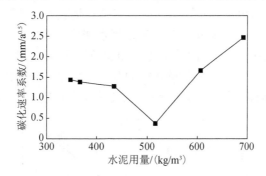

图 2-13　混凝土碳化速率系数随水泥用量的变化曲线（吴国坚等，2014）

针对实际工程中一般采用的水泥用量较少，吴国坚等（2014）以标准试件在标准环境下的碳化速率系数为基准，采用影响系数 k_c 来表征水泥用量对碳化速率系数的影响，给出了水泥用量影响系数公式，求出了不同水泥用量对碳化速率系数的影响系数建议取值（表 2-8）。

$$k_c = 177.35 / C + 0.59 \tag{2-24}$$

式中，k_c 为水泥碳化速率；

C 为水泥用量。

表2-8　不同水泥用量 k_c 的建议取值

水泥用量/（kg/m³）	300	350	400	433	450	500
k_c/(mm/a$^{0.5}$)	1.18	1.09	1.03	1	0.98	0.94

资料来源：吴国坚等，2014

2.4.1.4　水灰比

水灰比（W/C）是决定混凝土性能的重要参数，在一定程度上决定了 CO_2 的扩散系数，会影响混凝土的碳化速率。水灰比基本上决定了混凝土的孔隙结构与孔隙率。当混凝土其他组分相同，只有水灰比不同时，水化生成的 $Ca(OH)_2$ 的量是相同的，此时决定混凝土抗碳化性能的是 CO_2 的扩散能力。一般情况下，水灰比越大，混凝土内部的孔隙就越多，混凝土越不密实，CO_2 的扩散越容易，混凝土碳化速率越快（图 2-14）（吴国坚等，2014；肖佳和勾成福，2010）。当水灰比小时，用于水化反应的水比例高，蒸发排出混凝土的水分少，因而混凝土中遗留的微孔隙量小，混凝土比较密实，CO_2 向混凝土内扩散受到的阻力增加，延缓了混凝土的碳化进度（袁群等，2009）。Ho 和 Lewis（1987）、颜承越（1994）认为混凝土碳化速率与水灰比之间大致呈线性关系，但也有资料表明，碳化深度与水灰比并非呈线性正比关系，而是近似呈指数函数关系（蒋利学，1996）。Houst 等（1994）研究发现当水灰比从 0.4 增长至 0.8 时，气体在混凝土中的扩散系数将增长至少10 倍。方璟等（1993）、杨军（2004）发现水灰比与碳化深度有明显的相关性：水灰比小，则碳化深度小，当水灰比小于 0.65 时，两者之间近乎呈直线关系，水灰比在 0.55 以下时，混凝土的抗碳化能力基本上可以得到保证；混凝土的水灰比大于 0.65 时，其抗碳化能力急剧下降，尤其是大于 0.75 时，碳化深度急剧加大。

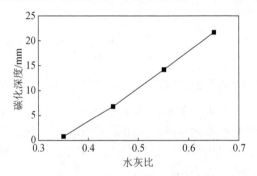

图 2-14　水灰比对混凝土 28d 碳化深度的影响（吴国坚等，2014）

目前，不同学者给出了不同的碳化速率与水灰比的关系式。龚洛书等（1985）通过试验给出了水灰比对碳化速率的影响系数公式。其将混凝土分为轻骨料混凝土和普通混凝土两种，公式分别如下：

轻骨料混凝土：

$$k_c = 0.017 + 2.06W/C \tag{2-25}$$

普通混凝土：

$$k_c = 4.15W/C - 1.02 \tag{2-26}$$

式中，k_c 为水泥碳化速率系数；

W/C 为混凝土的水灰比。

山东省建筑科学研究院在济南、青岛、佛山等地进行了室外长期暴露试验及快速试验，得到碳化速率与水灰比的关系，并根据济南地区暴露试验结果给出了碳化速率系数与水灰比的线性表达式（朱安民，1992）：

$$k_c = 12.1W/C - 3.2 \quad\quad (2\text{-}27)$$

吴国坚等（2014）通过试验研究，给出水灰比小于 0.65 时的水灰比和碳化速率的关系式为

$$k_c = 12.7937W/C - 4.4290 \quad\quad (2\text{-}28)$$

并以标准试件在标准环境下的碳化速率系数为基准，采用影响系数 $k_{W/C}$ 来表征水灰比对碳化速率系数的影响，给出了水灰比影响系数公式，并给出了不同水灰比对碳化速率系数的影响系数建议取值（表2-9）。

$$k_{W/C} = 9.85W/C - 3.41 \quad\quad (2\text{-}29)$$

表2-9　不同水灰比 $k_{W/C}$ 的建议取值

水灰比	0.35	0.40	0.45	0.50	0.55	0.60	0.65
$k_{W/C}$	0.04	0.52	1	1.48	1.96	2.45	2.93

资料来源：吴国坚等，2014

2.4.1.5　混凝土抗压强度

混凝土抗压强度是混凝土基本性能指标之一，也是衡量混凝土品质的综合性参数，并在一定程度上反映了水泥品种、水泥用量、骨料品种、掺和剂以及施工质量与养护方法等对混凝土品质的共同影响，它与混凝土的水灰比存在密切联系。混凝土抗压强度对碳化速率的影响实质是影响 CO_2 的扩散（Kjellsen et al., 2005）。研究发现混凝土的抗压强度越高，混凝土的水灰比越低，混凝土的密实度也越高，CO_2 扩散的阻力越大，混凝土的碳化速率也越小（表 2-10）；反之亦然。并且不同强度的混凝土建筑都随着建筑时间的延长，碳化深度逐渐增加，但由于前期碳化层存在阻碍 CO_2 扩散，后期的碳化深度增加幅度较前期增加幅度小（Monteiro et al., 2012）。

表2-10　不同抗压强度和混凝土暴露环境下碳化速率系数

暴露环境	碳化速率系数/（mm/a$^{0.5}$）			
	≤15MPa	16～22MPa	23～35MPa	>35MPa
暴露	5.00	2.50	1.50	1.00
遮挡	10.00	6.00	4.00	2.50
室内	15.00	9.00	6.00	3.50
潮湿	2.00	1.00	0.75	0.50
埋藏	3.00	1.50	1.00	0.75

资料来源：郜凤明等，2015；肖佳和勾成福，2010；Pade and Guimaraes, 2007；Lagerblad, 2005

目前，对混凝土抗压强度与碳化速率的关系，主要有两种观点：一种以Smolczyk（1968）及苏联学者阿列克谢耶夫（1983）为代表，他们认为碳化速率系数与混凝土抗压强度的平方根的倒数成正比；另一种以日本学者和泉（牛荻涛，2003）、中国建筑材料科学研究总院（邸小坛和周燕，1995）、牛荻涛等（1999）为代表，认为碳化速率系数与混凝土抗压强度的倒数成正比。吴国坚等（2014）分别利用上述两种关系对碳化试验数据进行了拟合分析，发现碳化速率系数与混凝土抗压强度的平方根的倒数成正比的相关系数较好，并采用影响系数 $k_{f_{cu}}$ 来表征棱柱体混凝土抗压强度对碳化速率系数的影响，以基准试件棱柱体混凝土抗压强度对应的碳化速率系数为标准，给出了棱柱体混凝土抗压强度影响碳化速率系数公式，并得出不同强度对碳化系数的影响系数建议取值（表2-11）。

$$k_{f_{cu}} = 65.75 / \sqrt{f_{cu}} - 7.98 \tag{2-30}$$

式中，$k_{f_{cu}}$ 为碳化速率系数；

f_{cu} 为棱柱体抗压强度。

表2-11　不同强度 $k_{f_{cu}}$ 的建议取值

混凝土强度/MPa	60.0	52.6	50.0	40.0	30.0	20.0
$k_{f_{cu}}$	0.47	1	1.21	2.22	3.70	6.17

资料来源：吴国坚等，2014

2.4.1.6　混凝土掺合料

掺合料的掺入方式有内掺法和外掺法以及部分内、外掺三种。内掺法是等量替代水泥的用量。外掺法是不减少水泥的用量，而等体积减少砂子。部分内、外掺是部分替代水泥，部分替代砂子。一般认为，在混凝土中掺入的粉煤灰、矿渣、石灰石粉和硅灰等矿物掺合料具有活性，与 $Ca(OH)_2$ 反应，会降低混凝土的碱度，从而使混凝土抗碳化能力减弱，增加混凝土碳化速率（表2-12），但同时，掺合料的添加在一定程度上改善了混凝土内部孔结构，提高了混凝土的密实性，这对混凝土抵抗碳化作用是有利的。因此，矿物掺合料的掺量对碳化结果影响很大（胡建军，2010）。

表2-12　不同水泥配料添加条件下碳化速率矫正系数

添加类型	配料添加量（质量分数）					
	0～10%	10%～20%	20%～30%	30%～40%	40%～60%	60%～80%
石灰		1.05	1.10			
煤灰		1.05		1.10		

添加类型	配料添加量（质量分数）					
	0~10%	10%~20%	20%~30%	30%~40%	40%~60%	60%~80%
硅灰	1.05	1.10				
炉灰	1.05	1.10	1.15	1.20	1.25	1.30

资料来源：郗凤明等，2015；Pade and Guimaraes，2007

关于粉煤灰掺量与碳化速率的关系，不少学者提出了各自的研究结论。Papadakis 等（1991）研究了砂浆与混凝土中掺加粉煤灰对碳化的影响。结果表明，粉煤灰掺量为 10%、20%、30%的混凝土的碳化速率与不掺粉煤灰的混凝土相比，其碳化速率分别提高了 1.06、1.13、1.19 倍（屈文俊和白文静，2003）。Thomas 和 Matthews（1992）以及 Hobbs（1988）认为粉煤灰掺量不同，混凝土碳化速率不同，掺量在 15%~30%的混凝土其碳化速率与强度相同的普通混凝土碳化速率差别较小。当掺量达 50%以上时，其碳化速率明显高于普通水泥混凝土。杜晋军等（2005）发现，对于低水胶比混凝土而言，粉煤灰掺量小于 30%，将提高其抗碳化能力，当掺量大于 30%后，将降低混凝土的抗碳化能力，掺量为 17%时为最佳。吴克刚等（2008）发现混凝土的碳化速率与粉煤灰掺量成正比，掺量越大，其碳化速率越快（Younsi et al.，2011；阿茹罕，2011；Sisomphon and Franke，2007；王培铭和朱艳芳，2001；秦鸿根和李松泉，2000；沙慧文，1989）。方璟等（1993）采用等量取代和超量取代对掺粉煤灰混凝土进行碳化研究，发现在等量取代条件下，混凝土碳化速率随着粉煤灰掺量的增大而加快。但当超量取代或外掺时，混凝土抗碳化性能可以得到有效提高（单旭辉，2006）。龚洛书和柳春圃（1990）通过试验得出粉煤灰取代水泥量对混凝土碳化的影响系数呈明显的线性关系。吴国坚等（2014）通过试验发现在普通混凝土中掺入粉煤灰后碳化速率明显增加，并且随着掺量的增加一开始增长较缓，但之后增长加快，并给出了粉煤灰掺量对碳化速率系数的影响公式，得出了不同粉煤灰掺量对碳化系数的影响系数建议取值（表2-13）。

$$k_F = 1.07 \exp(2.16 \times m_F / m_{F+C}) \tag{2-31}$$

式中，k_F 为碳化速率系数；

m_F 为混凝土中粉煤灰的质量；

m_{F+C} 为混凝土中总胶凝材料的质量。

表2-13 不同粉煤灰掺量k_F的建议取值

粉煤灰掺量/%	0	10	15	20	25	30	35	40	45	50
k_F /（mm/a$^{0.5}$）	1	1.33	1.48	1.65	1.84	2.04	2.28	2.54	2.82	3.15

资料来源：吴国坚等，2014

关于矿物掺合料复掺对混凝土碳化的影响至今观点并不统一。宋华等（2009）对掺矿物掺合料混凝土碳化性能研究时发现，矿渣掺量一定时，粉煤灰掺量越多，混凝土碳化深度越大；当粉煤灰掺量一定时，随着矿渣粉掺量的增加，混凝土碳化深度先减小后增大；合理双掺或者三掺矿物掺合料，不仅可以提高取代水泥量，还能使混凝土的抗碳化性能满足要求。杜晋军等（2005）、何智海等（2008）发现在一定掺量范围内，复掺矿物掺合料，如粉煤灰与矿渣，可以有效提高混凝土的抗碳化能力。而 Sisomphon 和 Franke（2007）却发现双掺粉煤灰和矿渣粉的混凝土抗碳化能力最差。Khan 和 Lynsdale（2002）也认为在混凝土中双掺粉煤灰和硅灰时，双掺矿物掺合料混凝土的碳化深度要大于单掺粉煤灰混凝土。Dhir 等（1997）对同强度等级的混凝土进行碳化试验，发现双掺粉煤灰、矿渣粉和双掺粉煤灰、硅灰混凝土的抗碳化性能要比单掺粉煤灰和普通混凝土差。罗果（2014）发现在相同的养护条件下，矿物掺合料等量取代水泥时，复掺粉煤灰和矿渣粉的混凝土抗碳化性能介于单掺粉煤灰和单掺矿渣粉之间。

此外，有研究表明废弃物作为掺合料，其某个胶结段和特殊金属的存在可能会影响碳化反应速率（Lange et al., 1996）。一些金属，如 Pb、Cd、Ni 能够增加渗透性和孔隙的分布，降低胶结体的碱性缓冲能力，并加速水化。实验发现沉积在碳化有掺杂金属体处的 $CaCO_3$ 量要大于无掺杂体的 40%（Bonen and Sarkar, 1995）。也有研究发现一些元素如有机物和阴离子能够影响 CO_2 的扩散系数，从而降低碳化（Steinour, 1959）。

2.4.1.7 骨料的品种及粒径

骨料的品种和粒径影响混凝土的密实度，从而影响碳化速率。在水灰比相同时，使用粒径大的骨料比使用粒径小的骨料容易碳化。这是因为骨料的粒径大小对骨料和水泥浆黏结有很大的影响，而骨料和水泥浆的界面有一个过渡层，过渡层内结构疏松，孔隙较多。因此，骨料的粒径大，底部容易产生净浆离析、沉淀，从而增加了渗透性。采用轻砂和轻骨料配制的混凝土的抗碳化能力远比普通混凝土的抗碳化能力弱，这主要与骨料的透气性有关，透气性越大，CO_2 的扩散能力就越强，混凝土碳化速率越快；采用石灰岩骨料配制的混凝土，包裹骨料的砂浆周围碳化后会形成"碳化环"，这是因为石灰岩中的方解石与水泥石中的 C_3A 或 C_4AF 反应生成 $C_3A \cdot CaCO_3 \cdot 11H_2O$（柳俊哲, 2005）。另外，某些具有碱活性的硅质骨料在混凝土的养护过程中会发生碱-骨料反应，消耗 $Ca(OH)_2$，降低碱度，从而使碳化速率加快（何智海等, 2008）。

2.4.1.8 外加剂

外加剂对水泥品种有一定的适应性，不同品种的外加剂对混凝土的抗碳化能力有不同的作用。相同的外加剂对于不同的水泥配制的混凝土抗碳化能力的影响可能有不同的结果（表 2-14），适当的外加剂品种，可以改善混凝土抗碳化性能。一般情况下，混凝土外加剂都兼有减水和引气的作用，减水作用降低了水灰比，增加了混凝土的抗碳化能力；引气作用会增加混凝土的孔隙含量，且由它形成的孔隙孔径一般都大于 1000Å，加剧了 CO_2 气体向混凝土内部的扩散，导致碳化速率加快。但有学者认为，混凝土中加了减水剂或者掺引气剂均能大大降低混凝土的碳化速率。因为减水剂能直接减少用水量，引气剂能使混凝土中的毛细孔形成封闭的互不连通的气孔，切断毛细管的通路，两者都能使 CO_2 的扩散系数显著减小（何智海等，2008）。因此，必须综合考虑才能确定外加剂对混凝土抗碳化的作用。方璟等（1993）对 10 个品种的外加剂进行了同配合比的混凝土碳化试验，试验中外加剂混凝土一律比基准混凝土减水 10%，水灰比不变。与未加外加剂的混凝土相比，FDN、UNF-5 和 UNF-2 这 3 种属消气型的高效减水剂外加剂，可增加混凝土的密实性，提高混凝土的抗碳化能力，其余几种外加剂（Mca 木质素磺酸钙减水剂，NC 早强减水剂，AE 松香热聚物引气减水剂，MF、AF DH_3、SN-Ⅱ高效减水剂）都具有引气作用，虽然可以改善混凝土的孔隙结构，但气泡本身对 CO_2 气体的扩散阻力很小，综合的结果还是降低了混凝土的抗碳化能力。谢东升等（2006）对掺有减水剂和引气剂的混凝土进行了快速碳化试验，结果表明，外加剂在一定程度上改善了混凝土的抗碳化性能。崔东霞等（2010）通过试验研究了外加剂品种对混凝土抗碳化性能的影响，结果表明，外加剂对混凝土的抗碳化性能有一定改善，但外加剂种类的不同对混凝土碳化影响差别不大。

表2-14　不同品种水泥混凝土的相对碳化速率系数

水泥品种	相对碳化速率系数		
	无外加剂	掺引气剂	掺减水剂
硅酸盐水泥	0.6	0.4	0.2
普通硅酸盐水泥	1.0	0.6	0.4
矿渣硅酸盐水泥（矿渣掺量 30%～40%）	1.4	0.8	0.6
矿渣硅酸盐水泥（矿渣掺量 60%）	2.2	1.3	0.9
火山灰质硅酸盐水泥及矿渣与粉煤灰双掺水泥	1.7	1.0	0.8
粉煤灰硅酸盐水泥	1.8	1.1	0.7

资料来源：苏义彪，2014

注：相对碳化速率系数是指各种品种水泥混凝土的碳化深度与同条件下无外加剂的普通硅酸盐水泥混凝土的碳化深度的比值

2.4.1.9 覆盖层和涂层

混凝土表面覆盖层和涂层（cover and coating）对碳化速率的影响取决于覆盖层和涂层材质。分散黏合剂的覆盖层能阻止部分碳化，而扩散硅或硅树脂覆盖层对碳化几乎没有影响（表 2-15）。有些研究表明混凝土建筑物表面附有覆盖层和类似涂料的涂层能够减缓水泥碳化 10%～30%（Lagerblad, 2005; Roy et al., 1996），但也有些研究发现涂料实质不能减少水泥碳化深度（Browner, 1982; Klopfer, 1978）。Monteiro 等（2012）、Park（2008）、Roy 等（1996）通过实际调查发现应用表面涂饰材料能够延迟混凝土碳化，这些涂饰材料包括粉饰用的水泥砂浆、石灰、涂料、合成树脂或其他的聚合材料板材，以及瓦片、瓷砖等装饰材料。这些装饰材料对混凝土碳化在不同程度上起到了一个阻隔保护层的作用，并得到了广泛的应用（Poulsen and Mejlbro, 2006; Seneviratue et al., 2000; Cornet, 1967）。张令茂（1989）通过试验条件发现，石灰浆、水泥浆、106 涂料作为混凝土的表面覆盖，对碳化的延迟作用效果不大；石灰砂浆和水泥砂浆覆盖，对延迟碳化有一定效果；而沥青、沥青防水涂料、马赛克和瓷砖覆盖，对延迟碳化有比较明显的效果。Cornet（1967）指出水泥砂浆涂层的防碳化腐蚀程度取决于水泥的组成、水泥和砂子比例、砂子粒径、水灰比等因素。Smith 和 Evans（1986）发现好质量的水泥砂浆渲染粉刷，其 20 mm 以上保护层厚度的碳化相当于 10 mm 的混凝土碳化深度。Huang 等（2012）在 35 年、Roy 等（1996）在 19 年的建筑上都发现砂子和水泥组成的抹灰保护层有效降低了建筑物混凝土的碳化，当抹灰厚度超过 30 mm 时混凝土没有碳化，并且表面附有高密度瓷砖和不透水材料保护层的建筑物混凝土碳化明显降低。近期研究表明涂层覆盖使混凝土在 28d 的碳化深度减少了 46%（Lo et al., 2016）。Moon 等（2007）在加速碳化试验中发现涂有不透水抗腐蚀的涂层，在 7d、14d、28d 和 56d 的碳化校正系数从 24%变化到 42%。Park（2008）通过研究发现 CO_2 在不同材料涂层的扩散系数不同，表现为丙烯酸材料>环氧基树脂材料>聚氨酯材料>聚氯乙烯材料，并构建了扩散反应碳化模型，发现具有保护涂层的混凝土碳化深度明显降低，且降低程度随着涂层粉刷次数的增加而增加。在 30 年中粉刷 6 次涂层的混凝土的碳化深度只有 8 mm，而没有保护涂层的混凝土碳化深度为 28 mm。这意味着涂层随着时间的增加会不断分解，其抗碳化性能会不断降低。有研究发现，涂料和其他覆盖物抗碳化能力只能维持 1～2 年，如果不进行修复，随着时间的流逝它们的抗碳化能力就会消失（Papadakis, 2000）。但目前还没有学者研究涂层覆盖的碳化程度随着时间的变化。考虑到这些不确定性因素，学者们利用碳化校正系数来评估涂层覆盖对混凝土碳化的影响（Xi et al., 2016; Huang et al., 2012; Roy et al., 1996; 张令茂, 1989）。另外，有些装饰类型的涂层实质上不能减少碳化深度（Browne, 1982; Klopfer, 1978），因此在利用这些涂层时要小心（Sims, 1994）。

表2-15　不同表面覆盖层条件下碳化速率矫正系数

表面覆盖层条件	碳化速率矫正系数
无表面覆盖层	1.00
室内房屋混凝土涂层	0.70
室外房屋混凝土涂层	0.50
有表面覆盖层的基础设施混凝土	1.00

资料来源: Lo et al., 2016; 郗凤明等, 2015; Andersson et al., 2013; Pommer and Pade., 2006; Lagerblad, 2005; Gajda, 2001

2.4.1.10　含水率

水对于提高 CO_2 的反应非常重要，水会参与 CO_2 的溶解和水合作用。有研究认为混凝土或砂浆中的可蒸发水会影响碳化，过多和过少都不利于碳化（图 2-15）。过多时 CO_2 的扩散主要是通过孔溶液中溶解后迁移，因此碳化速率慢；而过少时不足以溶解 CO_2 和 $Ca(OH)_2$ 晶体，此时的碳化速率主要决定于 CO_2 和 $Ca(OH)_2$ 晶体的溶解速度，而不是 CO_2 的扩散速度。Kroone 和 Blakey（1959）通过试验发现只有当可蒸发水约为水泥质量的 12% 时，CO_2 的扩散和液相反应会同时进行，因此碳化速率会加快（柳俊哲, 2005）。

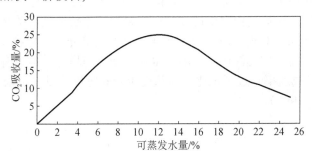

图 2-15　可蒸发水量对碳化程度的影响（柳俊哲, 2005; Kroone and Blakey, 1959）

2.4.1.11　混凝土孔隙

混凝土孔隙是影响混凝土碳化的一个很重要的因素，同时影响离子和 CO_2 的扩散。总体来说，高的水灰比和低的水胶比，孔隙也低，导致碳化过程缓慢。碳化层的孔隙度也决定 $CaCO_3$ 的沉淀，影响碳化速率。当水泥浆具有较少的 C-H 结构时，如添加有硅粉、高炉渣或粉煤灰的混凝土，$CaCO_3$ 的沉淀可能会发生在 C-S-H 结构附近从而影响胶体孔隙度，在碳化层产生粗糙的孔隙系统，增加碳化速率（Engelsen et al., 2005; Bertos et al., 2004）。另外，水化的程度也会影响孔隙度。在大气中相对湿度低会使水化程度低，导致生成多空的水泥浆。

2.4.1.12 黏合剂含量和颗粒粒径

总体来说，在生命周期内，混凝土在相同的水灰比条件下黏合剂的含量不会影响碳化，但是在单位时间内 CO_2 的吸收量是不同的。对于破碎的细小颗粒的混凝土来说，粒径越小含有的水泥浆颗粒越多，如 $1\sim 8$ mm 粒径的破碎混凝土含有的水泥浆颗粒大于同质量的 $8\sim 16$mm 粒径的破碎混凝土。如果混凝土材料含有的黏合剂含量高，此种差别会缩小（Engelsen et al., 2005）。此外，有研究发现混凝土建筑在拆除阶段细颗粒表面积增加，与 CO_2 的接触面积大，导致拆除阶段碎块混凝土的碳化速率比建筑使用期混凝土的碳化速率快，且拆除阶段混凝土碎块的碳化速率随着粒径的减小而加快（Engelsen et al., 2005; Johnson et al., 2003）。

2.4.1.13 裂缝

混凝土的裂化破坏多是各种有害物质从外部向内部渗透和迁移的作用结果。水合热、干燥收缩和不适当的养护也会导致混凝土表面裂缝。研究表明裂缝的存在将直接影响混凝土的渗透性（Gerard and Marchand, 2000）。在混凝土表面存在裂缝的条件下，CO_2 可同时通过裂缝和毛细管以液态和气体状态较快地扩散到混凝土内部（图 2-16），并且裂缝是 CO_2 扩散的主要途径，有研究指出裂缝的存在显著改变了传输系数，会增加混凝土扩散 $2\sim 10$ 个系数，并且在水灰比高的情况下更加明显。因而裂缝处混凝土的碳化深度要大于无裂缝处的碳化深度（何智海等, 2008; Song et al., 2006）。Song 等（2006）针对裂缝处的碳化构建了模型，并发现裂缝的宽度会增加碳化深度，并随着水灰比增加而增加。但也有研究表明裂缝处 $CaCO_3$ 的形成速率超过了水化产物从而引起孔隙度降低（Ishida et al., 2004; Ngala and Page, 1997）。

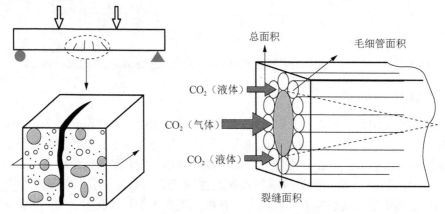

图 2-16 裂缝混凝土 CO_2 扩散（Song et al., 2006）

2.4.2 环境因素

2.4.2.1 CO₂ 浓度

环境中 CO_2 浓度会影响混凝土内外的 CO_2 浓度梯度。根据菲克第一扩散定律可知，环境中的 CO_2 浓度越大，混凝土内外 CO_2 的浓度梯度就越大，CO_2 向混凝土内部扩散的动力也就越大，越容易扩散进混凝土孔隙中，使得混凝土内部的 CO_2 浓度升高，从而加快碳化反应速率（肖佳和勾成福，2010）。因此，CO_2 的浓度也是决定混凝土碳化速率的一个重要因素。研究发现混凝土碳化速率近似与 CO_2 浓度的平方根成正比，其公式如下（王玉琳，2002；Castro et al., 2000；Papadakis et al., 1991）：

$$d = \sqrt{2Dqc/a} \cdot \sqrt{t} \qquad (2\text{-}32)$$

式中，d 为碳化深度；

D 为 CO_2 渗透系数；

qc 为空气中 CO_2 浓度；

a 为单位体积混凝土吸收 CO_2 能力的系数；

t 为碳化时间。

但也有一些学者认为，由于混凝土的非均质性，并不完全符合菲克定律假设的条件，混凝土的碳化速率并不一定与 CO_2 的浓度的平方根成正比（Loo et al., 1994）。谢东升（2005）认为当 CO_2 浓度在一定范围内，碳化深度与其平方根呈正比关系，而当 CO_2 浓度超过某个值后，碳化深度的发展不再遵循此关系。

就 CO_2 浓度对混凝土碳化的影响来说，CO_2 浓度的差异使混凝土碳化存在时空异质性。从空间角度来看，CO_2 浓度分布存在空间垂直性与区域分布差异性。有研究发现 CO_2 浓度随着高度的增加而降低（李燕丽，2014）。因此，受 CO_2 浓度的影响，不同高度的建筑物混凝土碳化可能会存在差别。不同区域在同一年份 CO_2 浓度分布也存在差别。例如，中国的华北及东南沿海地区由于工业活动排放的 CO_2，使得该地区的 CO_2 浓度要高于中国其他地区。南京城区 CO_2 浓度要略低于北京、沈阳等其他城市地区。城市地区由于人类活动剧烈，特别是工业活动和汽车尾气造成的大量 CO_2 排放，使得城市地区的 CO_2 浓度大于乡村和滨海。而且在城市不同区 CO_2 浓度也存在差别，通常城市的工业区和道路 CO_2 浓度较高。李燕丽（2014）对厦门的 CO_2 浓度分布研究发现，CO_2 浓度的空间分布呈现市中心高，沿市中心向边缘呈降低的趋势，且不同功能区 CO_2 空间分布存在差异，主要表现为交通繁华区高于商业居民区，商业居民区高于自然风景区，自然风景区高于耕地，耕地高于山体林地。因此，工业区和道路的混凝土建筑碳化速率较高不难理解（表2-16）。有研究发现在一些近郊区域 CO_2 分压的增加导致碳化速率明显加快（Lagerblad, 2005）。废弃混凝土作为路基或是作为回填材料，CO_2 压力的不同是存在的。有机物的分解会导致土壤中 CO_2 浓度的增加，其碳化速率都存在差别（Johnson et al., 2003）。因此，埋藏条件下混凝土材料的碳化不可忽略。从时间角度来说，大气 CO_2 浓度变化存在日变化、季节变化与年度变化。随着人类活动的不断影响，大气中 CO_2 的浓度在逐年升高，尤其是工业革命以后，人类活动化石燃料燃烧和土地利用变化导致的大量 CO_2 排放，已使空气中 CO_2 的全球平均浓度达到了 $400\mu L/L$，为工业化前的144%。研究发现，随着大气中 CO_2 浓度的升高，混凝土碳化速率系数不再是一个恒定的量，而是随时间延长不断增大（高全全和张虎元, 2007）。因此，处于高浓度 CO_2 环境下的混凝土碳化必然发生变化，大气中 CO_2 浓度的变化对混凝土碳化的影响应引起关注。

表2-16　不同 CO_2 浓度环境下碳化速率矫正系数

地点	CO_2 浓度/（$\mu L/L$）	碳化速率校正系数/（$mm/a^{0.5}$）
城市	625	1.00
乡村	300	0.69
滨海	225	0.60
工业区	1200	1.39
道路	1200	1.39
填埋	3000	1.00

资料来源：郗凤明等, 2015; 肖佳和勾成福, 2010; Yoon et al., 2007; Papadakis et al., 1991

2.4.2.2　相对湿度

环境相对湿度对混凝土的碳化速率有着比较大的影响。相对湿度的变化决定着混凝土孔隙水饱和度的大小。湿度较大时，混凝土的含水率较高，微孔中充满了水，阻碍了 CO_2 气体在混凝土中的扩散，碳化速率也较慢；相对湿度较小时，混凝土处于较干燥或是含水率较低的状态，虽然 CO_2 的扩散速度较快，但是由于碳化反应所需的孔隙水分不足,碳化速率较慢(陈树亮, 2010; Kjellsen et al., 2005)。研究发现碳化速率与相对湿度的关系呈抛物线状（蒋清野等, 1997），在相对湿度为40%～60%时，碳化速率较快，50%时达到最大值（Gajda, 2001）。Kjellsen 等（2005）认为60%～80%的相对湿度碳化速率最适宜，并且在有遮蔽物或是室内条件下能够达到这个相对湿度范围。也有文献指出相对湿度在45%～90%范围内时，混凝土碳化速率随相对湿度的升高而减小（李果等, 2004）。此外，在相同混凝土强度条件下，暴露、遮蔽、室内环境下的碳化速率要大于潮湿和埋藏条件下的碳化速率，这是因为潮湿环境下温度较低，埋藏条件下尽管 CO_2 气体分压通常很高，但是扩散速度较慢（Pade and Guimaraes, 2007; Yoon et al., 2007）。山东省建筑科学研究院通过试验发现在相对湿度为 90%、70% 和 50% 的室内条件下，混凝土碳化速率系数的比值约为 0.6 : 1.0 : 1.4（方璟等，1993）。清华大学在建立混凝土碳化数据库时，给出了环境相对湿度对碳化的影响公式（蒋清野等，1997）：

$$k_{RH1} / k_{RH2} = (1 - RH1)^{1.1} / (1 - RH2)^{1.1} \qquad (2\text{-}33)$$

式中，RH1、RH2 为两种环境的相对湿度。

吴国坚等（2014）以基准试件相对湿度对应的碳化速率系数为标准，给出了相对湿度影响系数公式，并采用影响系数 k_{RH} 来表征相对湿度对碳化速率系数的影响，并得出不同相对湿度对碳化系数的影响系数建议取值（表 2-17）。

$$k_{RH} = -4.24RH^2 + 4.24RH + 0.20 \qquad (2\text{-}34)$$

式中，RH 为相对湿度。

表2-17　不同相对湿度 k_{RH} 的建议取值

相对湿度/%	50	55	60	65	60	75	80	85	90
k_{RH}	1.26	1.25	1.21	1.16	1	0.99	0.87	0.74	0.58

资料来源：吴国坚等，2014

2.4.2.3　温度

温度对气体扩散速度和碳化反应速率影响很大。对于一般的化学反应，温度每升高 10℃，反应速度加快 2～3 倍，但混凝土的碳化过程还受许多其他因素的影响。温度升高将导致 CO_2 气体的扩散速度、离子运动速度和化学反应速度提高，这些都有助于混凝土碳化速率的提高；但温度升高将导致 CO_2 气体溶解度的下降，使混凝土碳化速率下降（王玉琳，2002）。目前，各国学者在对温度变化对混凝土碳化速率的影响方面的意见不太一致。有学者认为混凝土碳化速率对温度变化（20～40℃）不敏感，没有 CO_2 浓度影响显著；也有学者发现在 10～60℃ 范围内，混凝土碳化速率随环境温度的升高而加快（吴国坚等，2014; Monteiro et al., 2012），这也意味着室内的碳化速率大于室外的碳化速率（Kjellsen et al., 2005）。

日本学者鱼本健人通过试验研究给出了温度对碳化的影响系数，如下式所示（陈立亭，2007）：

$$k_T = e^{\left(8.748 - \frac{2563}{T}\right)} \qquad (2\text{-}35)$$

式中，T 为环境绝对温度（K）；

k_T 为温度影响系数。

清华大学在建立混凝土碳化数据时，给出了温度对碳化的影响公式（蒋清野等，1997）：

$$\frac{k_{T_1}}{k_{T_2}} = \left(\frac{T_1}{T_2}\right)^{\frac{1}{4}} \qquad (2\text{-}36)$$

式中，T_1 与 T_2 为两种环境绝对温度（K）。

吴国坚等（2014）通过试验，得到的温度影响系数表达式：

$$k_T = \exp\left[5172\left(\frac{1}{T_{\text{ref}}} - \frac{1}{T}\right)\right] \tag{2-37}$$

式中，T_{ref} 为 19.85℃。同时给出了标准试件碳化速率系数的温度影响系数建议取值（表2-18）。

表2-18 不同温度 k_T 的建议取值

温度/℃	5	10	15	20	25	30	35	40	45
k_T	0.390	0.540	0.740	1.000	1.344	1.794	2.364	3.094	4.010

资料来源：吴国坚等，2014

2.4.2.4 应力的影响

混凝土构件在不同应力状态下碳化速率不同。实际调查结果表明，同一构件的不同部位，由于受力状态不同，碳化速率有很大差别。混凝土施加拉应力后，促进了内部微细裂缝的扩展，使 CO_2 容易扩散，碳化速率加快。施加压应力后，混凝土内大量微细裂缝闭合或宽度减小，抑制了 CO_2 的扩散，碳化速率减缓。当压应力水平超过一定限值时，会引起混凝土内部新的裂纹发展，从而加速碳化(陈立亭，2007)。此外，涂永明和吕志涛（2003）也对应力状态下的混凝土进行碳化试验发现：当压应力不超过 $0.7 f_c$（f_c 为混凝土轴心抗压强度）时，压应力对碳化起延缓作用；压应力为 $0.7 f_c$ 时的碳化速率与无压应力时相当；当压应力超过 $0.7 f_c$ 时，碳化速率会加快。在拉应力作用下，当拉应力不超过 $0.3 f_t$（f_t 为混凝土的抗拉强度）时，应力作用不明显；当拉应力为 $0.7 f_t$ 时，碳化速率增加近 30%。

2.4.2.5 氯离子浓度影响

混凝土的碳化深度随氯离子含量的增加而下降，这是因为氯离子的存在将使混凝土保持较高的湿度，阻碍混凝土碳化的进程（Baweja, 1991）。也有研究表明（柳俊哲，2005），混凝土中的氯离子会与 C_3A 反应生成 Friedel 复盐，同时生成 OH^-，NaCl 含量越高，孔溶液 OH^- 浓度越大，碳化速率越快。在混凝土中掺入 $CaCl_2$ 时，孔溶液中 OH^- 浓度降低，pH 减小，碳化速率减慢，这是因为氯盐虽然与 C_3A 反应生成 OH^-，但生成的 OH^- 被富余的 Ca^{2+} 吸收生成 $Ca(OH)_2$ 晶体析出，同时孔溶液中 Ca^{2+} 浓度的增加降低了 OH^- 浓度，导致孔溶液中总体的 OH^- 浓度减小（Liu et al., 2005）。

2.4.2.6 冻融影响

在寒冷地区，冬季气温较低，雨雪天气频繁，混凝土因此会产生不同程度的冻融损伤。冻融循环会导致混凝土孔结构劣化，使混凝土由密实变疏松，孔隙率逐渐增大，加速 CO_2 在其内部的扩散，从而影响混凝土的抗碳化性能。张鹏等（2007）通过对混凝土先后进行冻融、碳化试验，研究了冻融前后混凝土碳化性能变化情况，结果表明冻融加速了混凝土的碳化，并且循环次数越多，加速作用越大。牛建刚等（2013）对粉煤灰混凝土的冻融与碳化耦合模拟试验发现，掺加粉煤灰之后的混凝土碳化深度均大于普通混凝土的碳化深度，且粉煤灰掺量越大，混凝土碳化深度越大，并引入冻融循环作用对混凝土碳化深度发展的影响系数，得出相同的结果即冻融循环对混凝土碳化有明显的促进效果，且随着冻融次数的增加，促进效果更加明显。陈树东等（2012）研究了不同粉煤灰掺量下高性能混凝土经快速冻融试验后的碳化现象，发现经冻融破坏后混凝土碳化现象和传统碳化现象有所不同，碳化深度测试法已不能表征其新特征，而碳化面积法能较好阐述混凝土冻融破坏后的碳化规律，冻融破坏后的碳化面积与粉煤灰掺量呈二次抛物线关系，碳化面积与冻融破坏程度呈线性相关。

2.4.2.7　水影响

目前，许多建筑的地基或是废弃混凝土处于地下埋藏条件，位于地下水水位线以下。当在饱和状态下，C-H 会溶解到地下水中，与水中的碳酸根离子发生碳化反应。一般认为，水中 CO_2 含量为 2μL/L 或流动水中 CO_2 含量为 10μL/L 时，混凝土就会发生严重的碳化腐蚀（袁群等，2009）。

2.4.3　施工因素

施工因素主要指混凝土的搅拌、振捣和养护条件等，它们主要通过影响混凝土密实性来影响混凝土碳化速率。混凝土施工对混凝土的品质有很大影响。混凝土浇筑、振捣情况不仅影响混凝土的强度，而且直接影响混凝土的密实性（陈立亭，2007）。目前绝大多数施工中竖向混凝土构件侧面及水平构件底面不能严格按规范要求进行养护，再加上外加剂的使用及工程中大模板的推广，使得混凝土中气泡不易排出，导致混凝土成型后构件表面出现气孔，密实度较差。施工现场一般是在混凝土浇筑 5～7d 内拆模，混凝土面层得不到充分养护，在干燥风大的季节，其表面失水过快，将形成一层气干层，致使该区域内的水化反应提前结束，强度不再增长，使得混凝土表面早期碳化速率加快，继而产生混凝土表面碳化加深的现象（陈志江等，2005）。

2.4.3.1　混凝土搅拌与振捣

混凝土搅拌主要是使混凝土获得较好的均质性和流动性，振捣是为了使混凝土浇筑后达到密实，两者对混凝土的密实性有着直接影响，从而影响了混凝土的碳化速率。搅拌不足，振捣不良，都会降低混凝土的密实性，而且使其内部出现蜂窝、麻面和孔洞等质量缺陷，给大气中 CO_2 和水的渗入提供了顺畅的通道，加快了混凝土的碳化（何智海等，2008）。

2.4.3.2 养护条件

养护条件的不同将导致水泥水化程度不同，水化程度对毛细孔体积有着重要影响，而毛细孔体积又直接影响混凝土的渗透性，从而影响混凝土的碳化速率。一般认为，普通混凝土采用蒸汽养护的碳化速率比自然养护提高 1.5 倍左右。而 Thomas 和 Matthews（1992）试验结果表明，在室外养护的混凝土与同一配比在室内养护（20℃，65%相对湿度）的混凝土相比，碳化深度平均下降 40%。混凝土早期的养护状况对其碳化过程有较大的影响。在早期温度适宜、水分充足的环境下凝固的混凝土水泥可以得到充分的水化，生成的水泥石更加密实，因早期养护不良而造成水泥水分不充分的混凝土，其表层渗透性增大，更容易碳化（何智海等，2008）。

2.5 水泥碳化区

2.5.1 水泥碳化区划分

混凝土在碳化过程形成的碳化深度存在不同分区，分为完全碳化区、部分碳化区和未碳化区（Maekawa et al., 1999; Cahyadi,1995）。部分碳化区是由 Parrott 提出的，1994 年 Parrott 在研究混凝土碳化过程时发现在碳化深度还没达到钢筋表面时，混凝土中的钢筋已经开始锈蚀，因此提出了部分碳化区的概念，即混凝土完全碳化区到未碳化区之间的过渡区域。从碳化机理来看，部分碳化产生的原因是混凝土的碳化反应速率落后于 CO_2 的扩散速率。当外界相对湿度较大时，由于混凝土孔隙水较多，CO_2 的扩散速率滞后于碳化反应速率，从外界扩散进入孔隙的 CO_2 能够迅速被吸收参与碳化反应，部分碳化现象不明显。但随着相对湿度的降低，混凝土孔隙水减少，CO_2 的扩散速率加快，而碳化反应速率越来越慢，部分 CO_2 未能被及时吸收参与碳化反应，部分碳化现象越来越明显（金巧兰等，2008）。很多研究也表明，混凝土碳化过程中，pH 由外至内逐渐升高的阶段（即部分碳化区）是客观存在的，尤其是当环境湿度较低时，部分碳化区在整个碳化区域中占主导地位（鲍丙峰，2015；李焦，2015；金巧兰等，2008；蒋利学和张誉，1999a）。从理论上讲，未碳化混凝土的 pH 约为 12.5，但由于混凝土中还含有少量 K^+、Na^+

等，实际 pH 可达 13 左右。完全碳化的混凝土的 pH 为 7。因此可以通过 pH 来划分不同的碳化区域，pH≥12.5 的区段为未碳化区，只有 $Ca(OH)_2$ 存在；pH = 7 的区段为完全碳化区，只有 $CaCO_3$ 存在；而 7<pH<12.5 的过渡区段则为部分碳化区，同时存在 $Ca(OH)_2$ 和 $CaCO_3$（图 2-17）。但从碳化对钢筋锈蚀速度影响的角度看，9<pH<11.5 作为部分碳化区更具有现实意义（蒋利学和张誉，1999a）。因此，考虑到碳化对钢筋锈蚀的影响，混凝土完全碳化区对应的 pH<9.0，此区内混凝土完全碳化或碳化程度恒定，钢筋在此区将会被锈蚀；未碳化区，对应的 pH>11.5，即钢筋钝化膜稳定所要求的 pH，钢筋在此区不会锈蚀；部分碳化区，对应的 pH 在 9.0～11.5，此区内混凝土的碳化程度随着深度的增加而逐渐变小，若钢筋处在此区域，其表面的钝化膜也将失去稳定性而被锈蚀（黄利频和郑建岚，2012）。

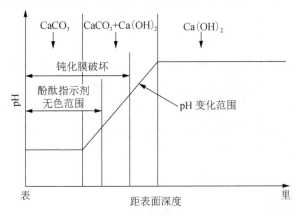

图 2-17 混凝土碳化区划分（Maekawa et al., 1999; Cahyadi,1995）

Papadakis 等（1991）、蒋利学和张誉（1999b）利用碳化模型计算了部分碳化区的长度，认为环境相对湿度对部分碳化区长度有决定性的影响，当环境相对湿度很高时，部分碳化区长度可忽略不计，在低湿度条件下部分碳化现象十分明显。在低湿度条件下，水灰比和水泥用量对部分碳化区长度也有一定影响，但 CO_2 浓度和碳化时间基本上不影响部分碳化区的长度（袁群等，2009）。针对部分碳化区存在的客观事实，宋守波等（2016）利用显色 pH 不同的百里酚酞试剂、pH 试剂、酚酞试剂测量碳化深度差值，可以近似地得到混凝土部分碳化区的大小，发现部分碳化区大小与碳化龄期存在关系，部分碳化区大小与碳化深度的比值高达 20%（图 2-18）。黄利频和郑建岚（2012）利用混凝土孔溶液的表观 pH 测试法结合酚酞溶液测试结果发现，部分碳化区的长度是完全碳化区的 2 倍。李焦（2015）研究结果表明不论是净浆还是砂浆，完全碳化、部分碳化区长度均随水灰比增大而增大。水泥净浆的部分碳化区尺寸随碳化龄期的延长而增大。水灰比越大，其

pH 变化区越长，且 pH 变化区尺寸与完全碳化区尺寸间比值越大。

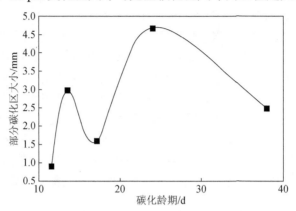

图 2-18　混凝土样品部分碳化大小与碳化龄期的关系图像（宋守波等, 2016）

　　但也有研究（李焦, 2015; 鲍丙峰, 2015; 姬永生等, 2012）发现，混凝土碳化的 pH 变化规律和混凝土中的碳化反应物质变化规律并不完全一致，并认为混凝土碳化的范围应由混凝土中碳化反应物质变化的范围所决定，而不是局限在 pH 变化的区域内进行。碳化反应物质变化所决定的混凝土部分碳化区的长度远大于 pH 变化区域的长度（图 2-19）。苏义彪（2014）通过试验也发现酚酞测试的混凝

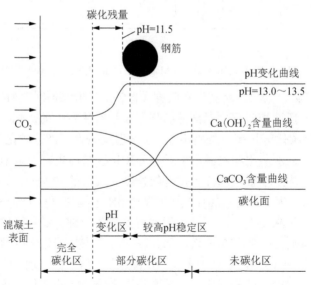

图 2-19　混凝土碳化深度 pH 和碳化物质的变化规律（Ji et al., 2014）

土碳化深度与以碳酸盐含量确定的碳化深度范围不一致。贾耀东（2010）的研究也证明了上述结论，并认为即使混凝土的孔溶液被碳化，但浆体中依然存在一定量的碱储备，并未被完全碳化，孔溶液的碳化和浆体的碳化并不一定会同时进行。基于碳化反应物质变化所确定的碳化分布区，李焦（2015）发现采用 TG 法测得的部分碳化区的长度大于 pH 变化区长度。鲍丙峰（2015）采用 X 射线断层扫描法检测出了水泥净浆碳化之后完全碳化区、部分碳化区和未碳化区的分布，且发现 X 射线断层扫描法与热重分析试验测得的完全碳化区、部分碳化区范围基本一致。

2.5.2 水泥碳化区理化性质变化

2.5.2.1 孔结构变化

碳化生成的 $CaCO_3$ 在毛细孔中沉积，会堵塞毛细孔或将大的毛细孔分割成小孔，从而导致水泥石和水泥砂浆总孔隙率降低，孔径细化，孔径小于 100 nm 的小孔的孔隙率和孔分数均增大，而孔径大于 100 nm 的孔隙率均减小。由于碳化后水泥石和水泥砂浆总孔隙率降低，孔径细化，将会降低水泥石和水泥砂浆的渗透性（方永浩等，2005；赵铁军和李淑进，2003）。方永浩（2003）研究表明，水灰比为 0.53 的净浆，碳化使孔隙率从 20.3%降至 14.9%，水灰比为 0.35 的净浆，碳化使孔隙率从 14.8%降至 6.3%，但水灰比为 0.23 的净浆，碳化 14d 后，孔隙率从 5.5%升到 7.9%，碳化 28d 后又降为 7.9%。这是因为碳化后，$Ca(OH)_2$ 生成 $CaCO_3$ 体积增加了大约 11.5%，孔隙很小时，会对孔壁产生压力，破坏其结构，故碳化 14d，孔隙率会上升，碳化 28d 后，碳化产生的固相又会重新填充结构破坏产生的孔，孔隙率又有所下降。韩建德（2012）采用 XRD 法、环境扫描电镜-能谱和压汞方法研究了水泥基材料碳化反应过程的孔相结构的演变规律，发现碳化反应后，水泥基材料的孔隙率下降，堆积密度和表观密度增大，从而结构更为密实，水灰比越大，碳化反应后孔隙率下降越明显。孔尺度分布也有明显的变化，10～45 nm 和 45～450 nm 区域的孔隙率下降比例最为显著，因此 Knudsen 扩散和过渡区扩散为 CO_2 气体扩散的主要模式，菲克扩散次之。碳化反应后，最可几孔径明显减小，平均孔径也明显减小，而临界孔径却明显增大，这说明碳化反应后，孔道的连通性下降，曲折度相应增大，从而传输能力下降。鲍丙峰（2015）采用物理吸附和压汞方法发现水泥净浆碳化之后，总孔隙率由未碳化的 13.8%逐渐减小到 8.2%，并且沿着碳化方向上孔结构变化存在明显的过渡区。完全碳化区，孔径细化程度高，孔隙率最小；部分碳化区，孔径细化程度较完全碳化区小，孔隙率较完全碳化区大；未碳化区，孔隙率最大。李焦（2015）研究发现无论是砂浆还是净浆，试件总孔隙率、最可几孔径随着碳化方向深度的加深而变大，即碳化程度越大，总孔隙率、最可几孔径越小，而且水泥净浆的部分碳化区的总孔隙率及孔饱和度均大于同水灰比的砂浆。

2.5.2.2　C-S-H 变化

在无 CO_2 侵入时，C-S-H 与 $Ca(OH)_2$ 在混凝土中是稳定存在的，当有 CO_2 侵入时，$Ca(OH)_2$ 和 C-S-H 几乎同时发生碳化反应（鲍丙峰等，2015），并且 C/S 比不同，会使 C-S-H 的结构不同，引起碳化的不同（钟白茜等，1982）。郭斌等（1984）认为由于碳化过程是渐变的连续过程，在某一龄期时，有些 C-S-H 已经碳化了，有的正在碳化，有的尚未碳化，因此整个体系的组成是不均匀的，存在着一个从高 C/S 比到低 C/S 比直至 C/S 比为零的连续变化，即随着水化硅酸钙碳化的进行，C-S-H 的平均 C/S 比近似直线下降。样品碳化可能生成一个残留的无定形硅酸盐形式，它比 C-S-H 凝胶有较高的聚合度。C-S-H 很容易跟空气中的 CO_2 反应从而被碳化。碱度增加有利于凝胶碳化，碳化有助于提升硅酸盐聚合度。当 C-S-H 发生碳化反应后，C-S-H 本身聚合度降低。但是也有人认为碳化程度足以使 C-S-H 凝胶 C/S 比降至 1.25 甚至更低（Lodeiro et al., 2009）。水泥浆碳化会引起脱钙作用及 C-S-H 的聚合作用，但是不会产生明显的结构改变。碳化收缩，尤其是由于 C-S-H 的碳化作用，绝大部分是由于高密度 C-S-H 的诱导聚合脱钙收缩引起的。在复合水泥浆系统中，尤其当 C/S 较低时，脱钙收缩对引起碳化的应力变化很重要，甚至起决定作用。Han 等（2012）应用纳米压痕表征碳化反应前后水泥净浆弹性模量的变化，发现碳化反应后 LD C-S-H（11～20 GPa）和 HD C-S-H（21～30 GPa）凝胶的弹性模量频率值分别下降了 85.4% 和 55.5%，说明 LD C-S-H 凝胶要比 HD C-S-H 凝胶更容易被碳化反应分解。王宇东（2012）采用核磁共振对不同水灰比试样在碳化过程中 C-S-H 结构聚合度的演变进行了分析，发现适度的碳化会促使 C-S-H 从低聚合度向高聚合度转变。当 0.53 水灰比的试样在碳化 28d 时，C-S-H 已基本碳化完全，而 0.23 水灰比的试样，C-S-H 结构基本没有变化。鲍丙峰（2015）采用热重分析、核磁共振法研究 0.35 水灰比净浆碳化 28d 之后不同深度 C-H 和 C-S-H 的碳化程度，发现不同碳化区内的 C-H 和 C-S-H 碳化程度不同。完全碳化区内 C-S-H 的碳化程度高于 C-H 的，部分碳化区内 C-S-H 的碳化程度小于 C-H。同时，配合纳米压痕法分析了不同深度固相体积分数，分析结果也体现了不同碳化深度固相组成的渐变牲。由表及里 LD C-S-H 和 HD C-S-H 的体积分数逐渐增加，且 LD C-S-H 碳化速率大于 HD C-S-H 的碳化速率。

2.5.2.3　未水化水泥的变化

未水化水泥颗粒中的 C_3S 和 C_2S 会发生碳化反应。Han 等（2012）应用纳米压痕方法研究了 0.53 水灰比的水泥浆体在加速碳化反应前后的弹性模量变化，发现碳化前未水化水泥颗粒的尺寸为 15～30 μm，水化产物以未水化水泥颗粒为中心向周围扩散生长，弹性模量和硬度值随距离（未水化水泥颗粒中心）增大而减小。碳化反应后，未水化水泥颗粒的数目减少，同时尺寸减小为 $5\sim20\,\mu m$。在自然碳化条件下，未水化水泥颗粒的 C_3S 和 C_2S 只能发生微量的碳化反应。只有加速碳化条件下，大量的未水化水泥颗粒的 C_3S 和 C_2S 才会发生明显的碳化反应，且这种反应对总碳化反应速率的影响很小（鲍丙峰，2015）。Peter 等（2008）也发现相对于 C-S-H 的碳化速率，增加或减少 $20\% C_3S$ 或 C_2S 均没有对总碳化速率造成明显影响，并且后期未水化水泥颗粒再水化对碳化速率的影响也很小。因此，C_3S、C_2S 对碳化反应速率的影响可以忽略不计。

2.5.2.4 孔溶液组成的变化

水泥净浆的典型化学组成为主要阳离子 Na^+、K^+，主要阴离子 OH^-，而 Ca^{2+} 的质量分数很低。碳化反应过程中，空气中的 CO_2 先渗透到混凝土内部充满空气的孔隙和毛细管中溶解形成碳酸，然后碳酸进行一级电离和二级电离反应，分别生成碳酸氢根离子和碳酸根离子。电离出来的碳酸根离子会与 Ca^{2+} 结合生成溶解度很小的 $CaCO_3$ 晶体沉淀在孔结构表面。由于碳酸盐中 $CaCO_3$ 的溶解度较低，所以 $CaCO_3$ 首先有选择性地沉淀，为了补充孔隙液中 Ca^{2+} 的不足，固相 C-H 溶解使混凝土孔隙液中 Ca^{2+} 与 OH^- 质量分数保持不变。由于与 Na^+、K^+ 结合的 OH^- 浓度没有因碳化反应而降低，所以混凝土的 pH 维持在较高的水平（13.0 左右），直到固态 C-H 被耗尽为止。随后混凝土孔隙液中的 OH^- 因不再有固相补充而不断为碳化所消耗，混凝土的 pH 随之降低（姬永生等，2012）。当 C-H 碳化反应消耗较多时，pH 则大幅下降，C-S-H 在低 pH 作用下不稳定，并开始分解，溶于水溶液并与碳酸发生碳化反应生成 $CaCO_3$ 和硅胶。然而，由于 C-H 的溶解度积为 5.02×10^{-6}，而 C-S-H 的溶解度积为 5.5×10^{-49}，所以碳化反应中孔隙溶液的 Ca^{2+} 离子主要来源于 C-H 的溶解和电离，来自 C-S-H 的较少（Ishida and Li, 2008）。

2.5.2.5 pH 和 CO_2 浓度变化规律

从碳化反应的化学过程看，碳化就是 CO_2 气体入侵，混凝土中 $Ca(OH)_2$ 含量减少，$CaCO_3$ 含量增加，pH 降低的过程。任一时刻任一深度的 pH 与相应的 $Ca(OH)_2$ 浓度的关系如下所示：

$$pH = 14 + \lg\left(4.32\times10^{-2}\left[Ca(OH)_2\right]/\left[Ca(OH)_2\right]^0\right)$$

式中，$\left[Ca(OH)_2\right]$ 为碳化混凝土中 $Ca(OH)_2$ 的摩尔浓度，mol/m^3；

$\left[Ca(OH)_2\right]^0$ 为未碳化混凝土中 $Ca(OH)_2$ 的摩尔浓度，mol/m^3。

Papadakis 等（1991）建立的碳化模型探讨了碳化区 CO_2 浓度、$Ca(OH)_2$ 浓度及 pH 的变化规律。具体的化学反应方程式如下：

$$\frac{\partial}{\partial \chi}\left(D_e \frac{[CO_2]}{\partial \chi}\right) = [CO_2](K_{CH}[Ca(OH)_2] + 3K_{CSH}[CSH])$$

$$\frac{\partial}{\partial \chi}[Ca(OH)_2] = -K_{CH}[Ca(OH)_2] \cdot [CO_2]$$

$$\frac{\partial}{\partial \chi}[CSH] = -K_{CSH}[CSH] \cdot [CO_2]$$

式中，χ 为碳化区某点到混凝土表面的距离，m；

t 为碳化时间，s；

D_e 为 CO_2 气体在混凝土孔隙中的有效扩散系数，m^2/s；

$[CO_2]$、$[Ca(OH)_2]$、$[CSH]$ 分别为混凝土中 CO_2、$Ca(OH)_2$、水化硅酸钙的摩尔浓度，mol/m^3；

K_{CH}、K_{CSH} 分别为 $Ca(OH)_2$、水化硅酸钙的碳化反应速率常数，$m^3/(mol \cdot s)$。

上述三个偏微分方程组的边界条件为

当 χ 为 0 时，$[CO_2] = [CO_2]^0$，

在构件中轴处，$\dfrac{\partial[CO_2]}{\partial \chi} = 0$。

初始条件为

$t = 0$ 时，$[CO_2] = 0$

$[Ca(OH)_2] = [Ca(OH)_2]^0$

$[CSH] = [CSH]^0$

式中，$[CO_2]^0$ 为环境中 CO_2 的摩尔浓度，mol/m^3；

$[Ca(OH)_2]^0$、$[CSH]^0$ 分别为未碳化混凝土中 $Ca(OH)_2$、水化硅酸钙的摩尔浓度，mol/m^3。

蒋利学和张誉（1999b）利用差分方法对上述偏微分方程进行了求解，编制了计算程序，发现 pH 的非线性长度也即部分碳化区的长度与整个碳化区长度的比率随环境湿度的下降而增大，当相对湿度大于 70% 时，部分碳化区长度很小。在浅层混凝土中，CO_2 的相对浓度呈线性分布，随着深度的增加，CO_2 的相对浓度以非线性规律衰减至 0，且环境湿度越小，非线性程度越明显。当环境湿度大于 70% 时，CO_2 相对浓度的分布基本上是线性的（图 2-20）。黄利频和郑建岚（2012）的研究也发现由于碳化从混凝土表面开始，表层的 pH 均比混凝土内部的 pH 低得多，随着深度的增加，pH 降低幅度逐步趋缓，说明越到混凝土内部，扩散至此的 CO_2 量越少，混凝土碳化程度也相应低，且当达到一定深度时，pH 则恒定下来（赵

冬兵，2006）。Chang 和 Chen（2006）通过实测数据发现，混凝土孔隙溶液中的 pH 与混凝土碳化比例存在密切联系，当混凝土孔隙溶液中的 pH 小于 7.5 时，混凝土的碳化比例为 100%；当混凝土孔隙溶液中的 pH 介于 7.5 至 9.0 之间，混凝土的碳化比例为 50%～100%；当混凝土孔隙溶液中的 pH 介于 9.0 至 11.5 之间，混凝土的碳化比例为 0～50%；当混凝土孔隙溶液中的 pH 大于 11.5 时，混凝土没有发生碳化。鲍丙峰（2015）采用核磁共振和物理吸附法发现不同深度孔结构参数不同，传输性能不同，CO_2 的扩散系数大小顺序为：完全碳化区<部分碳化区<未碳化区。李焦（2015）研究发现 CO_2 浓度越高，净浆试件部分碳化区尺寸越长，测得 pH 变化区尺寸越大。CO_2 浓度越低，碳化越充分，碳化生成的 $CaCO_3$ 含量越多，且碳化后部分碳化区、完全碳化区的孔隙率越小、饱和度越大，部分碳化区孔径细化越明显。

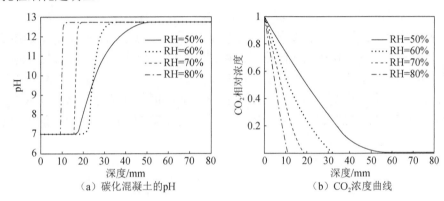

图 2-20　碳化混凝土的 pH 与 CO_2 浓度曲线（蒋利学和张誉，1999b）

2.5.2.6　$Ca(OH)_2$ 和 $CaCO_3$ 变化

混凝土在碳化过程中会使 $Ca(OH)_2$ 不断减少，产生的 $CaCO_3$ 不断增多（图 2-21）（王青等，2016）。姬永生等（2012）通过试验发现，在完全碳化区，水泥砂浆中 $Ca(OH)_2$ 的含量趋于 0，碳化产生的 $CaCO_3$ 含量最高，达到水泥砂浆的 16%；从完全碳化区向内，$Ca(OH)_2$ 含量随深度的增加而增大，至约 75 mm 深度处达到最大，为水泥砂浆的 9.6%，对应的深度范围，$CaCO_3$ 含量随深度的增加不断下降，至 75 mm 深度处达到最低。超过这一范围 $Ca(OH)_2$ 和 $CaCO_3$ 含量沿深度的分布基本稳定。此外，由于 C-S-H 凝胶等物质的碳化导致完全碳化区碳化产生的 $CaCO_3$ 含量明显大于未碳化区全部 $Ca(OH)_2$ 完全碳化的生成量（姬永生等，2012）。C-S-H 凝胶物随碳化深度的增加，变化规律与 $CaCO_3$ 一致（赵冬兵，2006）。

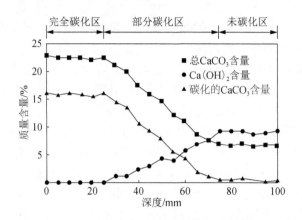

图 2-21 碳化混凝土 CaCO₃ 和 Ca(OH)₂ 含量沿深度分布（Ji et al., 2014）

利用 X 衍射分别分析碳化混凝土的完全碳化区、部分碳化区、未碳化区并结合热重试验分析结果也可以看出，距混凝土表面越近，CaCO₃ 的衍射强度越高，CaCO₃ 的含量越高，且在完全碳化区只存在 CaCO₃；相反，距混凝土表面越远，Ca(OH)₂ 的含量越高，在未碳化区只存在 Ca(OH)₂。在某一个位置二者的衍射强度达到相同，存在一个交叉点，即混凝土的部分碳化区，在部分碳化区 CaCO₃ 和 Ca(OH)₂ 并存（图 2-22）（Chang and Chen, 2006; 袁群等, 2009）。另外，韩建德（2012）

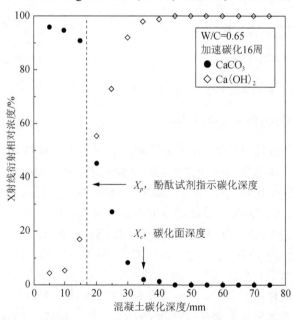

图 2-22 酚酞指示剂测定的碳化混凝土 X 衍射 Ca(OH)₂ 与 CaCO₃ 关系图（Chang and Chen, 2006）

采用 X 射线衍射、热重-差示扫描量热、环境扫描电镜-能谱和压汞方法研究了水泥基材料碳化反应过程的固相组成，发现 $Ca(OH)_2$ 明显减少，但没有完全耗尽，尚有少量残余，$CaCO_3$ 明显增加；$CaCO_3$ 的 3 种矿物形式中，方解石（Calcite）的增加量最为显著，同时有少量的球霞石（Vaterite）生成，但未发现有文石（Aragonite）生成。碳化反应生成的 $CaCO_3$ 不只是 $Ca(OH)_2$ 一种物质碳化反应的结果，而且还有其他可碳化物质（C-S-H 凝胶，C_3S 和 C_2S）参与碳化反应生成了 $CaCO_3$。

2.6 水泥碳化检测方法

水泥的应用主要分为两大类：混凝土和砂浆。鉴于水泥碳化的研究主要集中在混凝土水泥，且研究较为深入，因此，我们主要以混凝土为例来说明水泥的碳化检测方法。目前，常用的混凝土碳化检测方法有：酚酞指示剂法、热分析法、X 射线物相分析法、扫描电镜法、电子探针显微分析法、红外光谱法、X 射线断层扫描法、核磁共振法、化学反应法等（徐飞等，2013；柳俊哲，2005）。下面我们将一一介绍各种方法。

2.6.1 酚酞指示剂法

利用酚酞指示剂测定混凝土的碳化深度是判定混凝土碳化深度最简便和常用的方法，可结合肉眼观察进行结果判定，是检测水泥碳化的国家标准试验方法（柳俊哲，2005）。水泥水化后的产物为 $Ca(OH)_2$、水化硅酸钙、水化铝酸钙、水化硫铝酸钙等，它们稳定存在的 pH 分别为 12.23、10.4、11.43、10.17（徐飞等，2013；何智海等，2008；柳俊哲，2005）。未发生碳化时，混凝土的孔隙水为 $Ca(OH)_2$ 饱和液，常温时 $Ca(OH)_2$ 在纯水中的溶解度为 1350μL/L，其 pH 为 12～13，呈强碱性。碳化后，碱性物质与 CO_2 生成 $CaCO_3$，混凝土中的碱性物质被消耗，而生成的 $CaCO_3$ 的溶解度仅为 63μL/L，使 pH 降低到 8.5～9.0（施清亮，2008）。由于 1%酚酞指示剂在 pH>9.0 时显红色，pH<9.0 时显无色（Neves et al.，2013），通过酚酞指示剂的颜色变化可以测定混凝土的碳化深度（图 2-23）（李永芳等，2006；柳俊哲，2005）。

通常，酚酞指示剂常为 1%酚酞乙醚（或酒精）溶液。检测混凝土碳化深度时，将酚酞溶液均匀喷洒到清洁干净的混凝土劈裂面。根据酚酞变色原理，酚酞在完全碳化区中呈现无色，在未碳化或 $CaCO_3$ 与 $Ca(OH)_2$ 共同存在的部分碳化区中呈现紫红色，因此在碳化区与未碳化区之间会有明显的呈色界线。混凝土表面到呈色界线的平均距离为碳化深度。但在使用酚酞指示剂测定混凝土的碳化深度时应注意，取岩芯或切割时的冷却水将未碳化区的 $Ca(OH)_2$ 溶解后会溅向碳化区，从而影响碳化深度的测定结果。劈裂面呈色后经 24h 褪色时，该区域也认为是碳化

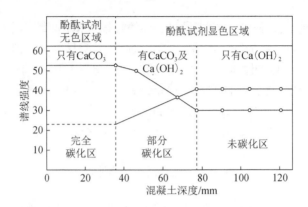

图2-23　酚酞试剂检测碳化过程示意图（李永芳等, 2006）

区。多数情况下测定碳化深度时试件表面不洒水便可辨别出指示剂的呈色界线，但处于干燥环境的试件有时喷水稍湿润时才能辨清呈色界线（Ril, 1984）。由于其操作简便，且有研究发现砂浆的碳化原理与混凝土碳化原理相同，所以中国科学院沈阳应用生态研究所采用此种方法测量了砂浆的碳化深度（图2-24）。近年来，随着大家对产品安全的关注，酚酞试剂被界定为是有毒的、可能导致癌症的物质。因此，有研究者利用无害的姜黄色素（curcumin）来代替酚酞。研究发现姜黄色素的pH检测范围与酚酞相似，在pH约为12时显示红色，在碳化区pH≤9时显示黄色（图2-24），且姜黄色素是天然染料，来自姜黄根。在欧洲，姜黄色素被用于食品添加剂。因此可以利用姜黄色素替代酚酞试剂来检测混凝土的碳化深度，且更安全（Chinchón-payá et al., 2016），但目前应用范围并不广泛。

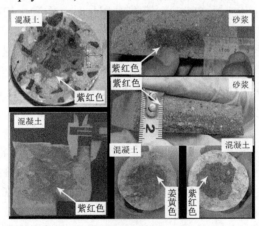

图2-24　碳化深度测量［左侧混凝土碳化图来自苏义彪（2014）；右下角混凝土碳化图来自
Chinchón-payá 等（2016）］

但有学者（Chang and Chen, 2006）指出，此种方法虽然操作简便但测定的碳化深度并不准确，在完全碳化区，酚酞指示剂呈无色，但是仍然含有微量未碳化的 $Ca(OH)_2$，且对于部分碳化区也无法界定，难以辨认。宋守波等（2016）认为，虽然酚酞试剂测量混凝土的碳化深度为国标方法，但是这种方法不能很好地表征出混凝土的部分碳化区，而且不同显色 pH 的试剂测得的碳化深度存在较大差异，显色 pH 越高的试剂，其测得的碳化深度值越大，从保护钢筋角度来说酚酞测试法将导致混凝土碳化深度被低估（黄利频和郑建岚，2012）。王青等（2016）却认为虽然酚酞试剂不能很好表征部分碳化区，但酚酞测试的混凝土碳化深度值介于完全和未完全碳化深度之间，其值约为完全碳化区长度的 2 倍（图 2-25）。

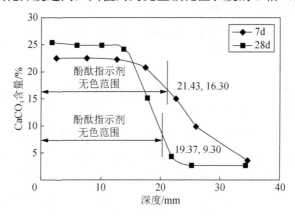

图 2-25　碳酸盐含量与酚酞测试结果对比图（王青等, 2016）

随着测试方法的不断发展，目前已采用一种精细测量方法来计算混凝土碳化深度（唐明等, 2013）。常规测量混凝土碳化深度的过程为：劈裂试样—滴定酚酞—游标卡尺测量—计算平均碳化深度。而精细测量方法为：劈裂试样—滴定酚酞—绘制网格和统计网格数—计算碳化深度—计算分形维数。具体操作为在混凝土横截面的碳化边界线，以 1cm，0.5cm，0.25cm，0.125cm 为尺寸分别测试出混凝土的碳化深度，并计算碳化边界边缘的分形维数 D。研究发现，通过 1cm，0.5cm，0.25cm，0.125cm 网格的计算，得到的混凝土碳化深度，仍然与实际测量的碳化深度变化规律相符合，而且得到的碳化深度更加精确，并且精细测量过程中，尺寸越小，混凝土的真实碳化深度越小。混凝土断面的二维碳化边界轮廓具有显著的多重分形的特征，碳化边界轮廓的分形维数越小，相应的碳化深度也越小（图 2-26）。

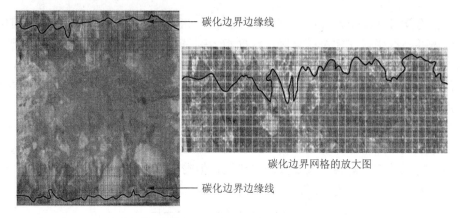

碳化边界边缘线

碳化边界网格的放大图

碳化边界边缘线

图 2-26　单掺矿粉的混凝土横截面的碳化程度图（唐明等, 2013）

2.6.2　热分析法

利用热分析法可以定量检测不同深度处 $Ca(OH)_2$ 和 $CaCO_3$ 的含量，明确未碳化区、部分碳化区和完全碳化区。当按一定升温速度加热混凝土时，混凝土中的水化产物在不同温度范围内发生物理化学反应，造成混凝土质量的变化，并伴随着吸热与放热现象。通常，失重是由于吸附水、层间水、结构水或其他组分的分解所引起，增重则是由于在加热过程中的氧化，氧化物的还原所造成。混凝土的 $Ca(OH)_2$ 和 $CaCO_3$ 在一定温度下会发生如下热分解反应（柳俊哲, 2005）：

$$Ca(OH)_2 \xrightarrow{400\sim500°C} CaO + H_2O \uparrow$$
$$CaCO_3 \xrightarrow{650\sim900°C} CaO + CO_2 \uparrow$$

关于分解反应的温度，目前没有一致的观点。Short 等（2001）认为 $Ca(OH)_2$ 的分解温度是 $500\sim550°C$，$CaCO_3$ 的分解温度为 $700\sim900°C$，Chang 和 Chen（2006）认为 $Ca(OH)_2$ 的分解温度是 $425\sim550°C$，$CaCO_3$ 的分解温度为 $550\sim950°C$，虽然不同学者对两种物质的具体分解温度划分存在差别，但采用热分解法仍可明显区分出 $Ca(OH)_2$ 和 $CaCO_3$ 这两种物质。目前，检测水泥碳化深度的热分析法主要有差热分析法、热重分析法和示差扫描量热法（杨南如, 1990; Villain et al., 2007）。差热分析（differential thermal analysis, DTA）法是把混凝土试样和热中性体参比物置于相同温度下，分析两者的温度差与温度或时间关系的方法。热差曲线的纵坐标表示参比物与样品间温度差，横坐标表示温度或时间，以此横纵坐标获得的曲线，称为 DTA 曲线。曲线向下表示为吸热反应，向上则为放热反应。热重分析（thermogravitity analysis, TGA）法是把混凝土试样置于可控的加热或冷却的环境中，分析试样质量变化与温度或时间关系的方法。热重曲线的纵坐标表示试样质量的变化，通常把差热分析和热重分析联合使用，可以获得有关碳化更完整的有用数据和资料（图 2-27）。差示扫描量热法是把混凝土样品与参比物置于等温条件下，分析输入到样品和参比物的功率差（如以热的形式）与温度关系的方法。DSC 曲线的纵坐标为样品吸热或放热的速率，即热流率 dH/dt（单位 mJ/s），横坐标为温度或时间，将曲线峰面积与相同条件下参比物的 DSC 曲线峰面积进行对比，可定量计算混凝土样品中 $Ca(OH)_2$ 和 $CaCO_3$ 的含量。

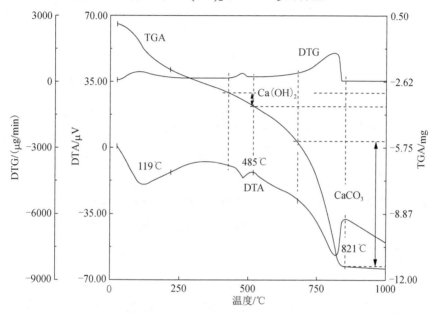

图 2-27　混凝土碳化的 TGA 和 DTG 图谱（Chang and Chen, 2006）

2.6.3　X 射线物相分析法

XRD 是通过晶体对波长 λ 的 X 射线的衍射特征 $2\sin\theta$ 来定性和定量分析混凝土样品中的物质，通过 X 射线物相分析可以准确判定碳化深度，测定混凝土从表面向内部碳化深度范围的 $Ca(OH)_2$、$CaCO_3$ 的衍射强度，从而判断 $Ca(OH)_2$、$CaCO_3$ 含量的变化，并可确定酚酞指示剂呈无色的碳化深度和 $Ca(OH)_2$—$CaCO_3$ 浓度分布，即完全碳化区和部分碳化区（柳俊哲，2005；廉慧珍等，1995）。定性相分析是将样品用粉晶法或衍射仪法测定各衍射线条的衍射角，将其转换成 $Ca(OH)_2$、C-S-H 和 $CaCO_3$ 等晶面间距 d，再用纤维黑度计、计数管或肉眼估计等方法，测出各条衍射线的相对强度，然后与 $Ca(OH)_2$、C-S-H 和 $CaCO_3$ 等结晶物质的标准衍射图谱进行分析比较。其中，水泥水化与碳化过程中使用 $CuK\alpha$ 射线时，$Ca(OH)_2$ 的最强峰为 $2\theta = 18.1°$（$d = 4.90 \text{ Å}$），方解石（$CaCO_3$）的最强峰为 $2\theta = 29.3°$

（$d = 3.04\,\text{Å}$），文石（$CaCO_3$）的最强峰为 $2\theta = 26.2°$（$d = 3.396\,\text{Å}$），球霞石（$CaCO_3$）的最强峰为 $2\theta = 24.8°$（$d = 3.57\,\text{Å}$）。定量分析是根据混合相样品中 $Ca(OH)_2$、C-S-H 和 $CaCO_3$ 等各相物质的衍射线的强度来确定各相物质的相对含量，从而判断该样品的碳化区域（图 2-28）（Chang and Chen, 2006; Geoffrey et al., 1991; 杨南如, 1990）。

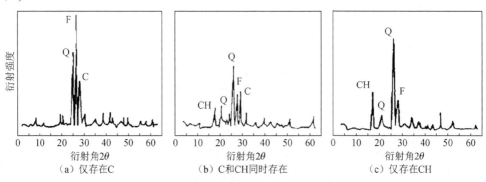

图 2-28　加速碳化试验 X 射线衍射结果（Chang and Chen, 2006）

CH: Ca(OH)₂, Q: Quarta, F: Feldspar, C: CaCO₃

2.6.4　扫描电镜法

SEM 是目前应用较为广泛的观测微观世界的有力工具。它的工作原理是扫描电镜的电子枪发射出电子束，电子在电场的作用下加速，经过两三个电磁透镜的作用后在样品表面聚焦成极细的电子束。该细小的电子束在末透镜的上方的双偏转线圈作用下在样品表面进行扫描，被加速的电子与样品相互作用，激发出各种信号，如二次电子、背散射电子、吸收电子、X 射线、俄歇电子、阴极发光等。这些信号被按顺序、成比例地交换成视频信号，检测放大处理成像，从而在荧光屏上观察到样品表面的各种特征图像。SEM 的本质是追求得到高分辨的样品图像，同时可接配多种信号探测器，对固体材料的表面形貌、微区化学成分分布、材料晶体结构进行分析，是各种类型电子显微分析的基础平台。由于扫描电镜有较高的放大倍数，能在 2 万至 20 万倍之间连续可调；有很大的景深，视野大，成像富有立体感，可直接观察各种试样凹凸不平的表面的细微结构；以及试样制备简单等优点，已经广泛应用于碳化混凝土的微观结构研究中，并能形象地表征碳化混凝土的物质结构（图 2-29）。目前的扫描电镜都配有 X 射线能谱仪装置，这样可以同时进行显微组织结构的观察和微区成分分析（图 2-30），应用更为广泛。

图 2-29 碳化混凝土物质结构特征

（a）SEM 图像

图 2-30 碳化 28d 混凝土的 SEM 图像和能谱分析（Rostami et al., 2012）

2.6.5　电子探针显微分析法

电子探针显微分析仪（electron probe micro analyzer, EPMA），简称电子探针，是一种现代成分分析仪器。利用试样表面照射电子束时的二次电子和反射电子来观察试样表面状态，并利用此时所产生的元素特有 X 射线来获取微区表面状态、化学元素的浓度及其空间分布的一种装置。电子探针的主要组成部分包括电子光学系统、X 射线谱仪系统、试样室、计算机、扫描显示系统、真空系统等。由于它可以获得矿物微米量级微区内的化学成分，并且无需分离和破坏样品，费用也不高，尤其是为那些含量少、颗粒微小以及成分不均匀样品的成分分析，提供了有效的分析方法，目前在矿物成分研究中应用最广。它除了可以给出一个微区的成分外，还可以对矿物进行成分的线扫描和面扫描，从而得出矿物的成分分布特征。与扫描电镜相比，两者都可以得到二次电子图像 BSE（图 2-31），用于寻找分析区域，但电子探针打在样品表面的电流比扫描电镜大几个数量级，对于点扫描模式下精度很高，这也造成了线扫描和面扫描效果不佳，空间分辨率差，即二次电子和背散射电子分辨率差。但 EPMA 扫描图像的目的是为了更加精确地进行微区成分分析。目前，在分析混凝土碳化时，EPMA 可以使微区元素分布的面分析结果以彩图形式表示，从而清楚地反映 C、S、Na、K、Cl、Ca 等各种元素在混凝土碳化时的存在和迁移行为，是对微区成分进行定性或定量分析的一种材料物理试验（图 2-32）（柳俊哲，2005; Katayama, 2004）。

（a）未碳化　　　　　　　　　　　　　　（b）加速碳化

图 2-31　水灰比为 0.45 的高炉矿渣水泥浆体的未碳化和加速碳化背散射图像
（Copuroğlu et al., 2006）

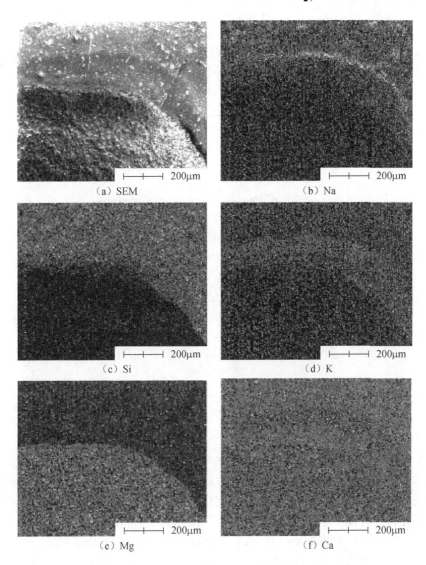

图 2-32 碳化混凝土的元素分析图（Katayama, 2004）

2.6.6 红外光谱法

红外光谱（Fourier transform infrared spectroscopy, FTIR）法又称"红外分光光度分析法"，是分子吸收光谱的一种。它根据不同物质会有选择性地吸收红外光区的电磁辐射来进行结构分析，是对各种吸收红外光的化合物的定量和定性分析的一种方法。物质是由不断振动状态的原子构成，当连续的红外光与分子相互作用时，若分子中原子间的振动频率恰好与红外光的某一频率相等，就会引起共振吸收，使光的透射强度减弱，通过作光波波长（或波数）相对于光的透过率图即光谱图就可获得待测物的含量。对于混凝土碳化，红外光谱法通过测定 CO_2 中的 C═O 键和 $CaCO_3$ 中的 C—O 键来确定两种物质的含量（图2-33）（Chang and Chen, 2006; 徐飞等, 2013; Lo and Lee, 2002; 杨南如, 1990）。

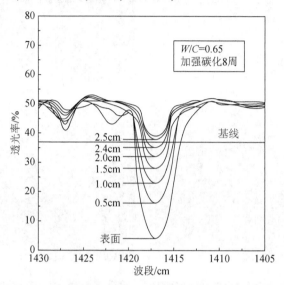

图 2-33　FTIR 法测量的碳化深度（Chang and Chen, 2006）

2.6.7　X 射线断层扫描法

X 射线断层扫描（X-ray computerized tomography, X-CT）技术是一种无损检测技术，它克服了传统测试方法在制样过程会破坏水泥基材料微观结构的缺点，且不需要专门的制样处理，就可以对水泥基材料试样的微结构进行测试，在实际的测试过程中样品不断旋转，以便采集到样品在不同角度上的多次投影，之后由计算机软件对多次投影数据进行分析，最终，运用加权 Feldkamp 算法和几何补偿法重构出三维图像。X-CT 的测试原理是利用样品对 X 射线的衰减系数值来表征物体样品结构与组成特征的。X-CT 测试结果常采用灰度值来表征相应体素衰减系数大小，灰度值越大，表示体素的衰减系数越小；灰度值越小，相应的体素衰减系数便越大。因此，可根据二维的断面灰度分布情况来判断水泥碳化前后不同深度衰减系数差异，进而分析部分碳化区的情况（图2-34）（鲍丙峰, 2015; Wan et al., 2014）。

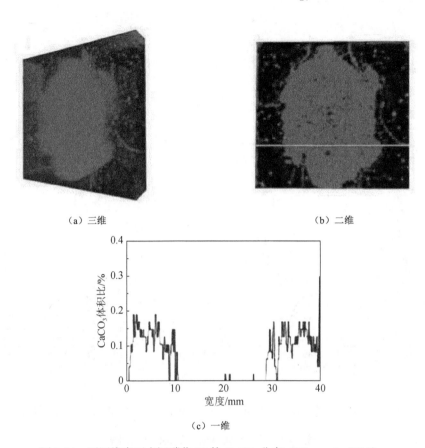

（a）三维 （b）二维

（c）一维

图 2-34　不同维度下水泥碳化 7d 的 $CaCO_3$ 分布（Wan et al., 2014）

2.6.8　核磁共振法

用电磁波照射处于磁场中的样品，若所选电磁波的频率适当，使得电磁波的能量恰好等于该核的两个相邻能级的差，那么被照射样品的原子核就会从低能级到相邻高能级跃迁，这种原子核能级的跃迁就是核磁共振（nuclear magnetic resonance, NMR）。由于 NMR 谱上信号峰的强度正比于峰下的面积，而每一信号峰都是核外化学环境相同的自旋核的共振信号叠加形成的，因此，NMR 谱上信号峰下面积的大小就表征了该类化学环境核的含量，可以用来定量分析化合物的相对含量（方永浩，2003）。在 C-S-H 中硅氧四面体 $[SiO_4]^{4-}$ 中心的 Si 原子受到邻近的氧原子以及氧原子连接的硅原子数的不同影响产生不同的化学位移，根据化学位移数据特征可以研究 C-S-H 的结构特征（Becker, 1999）。通过计算，可以确定碳化区 C-S-H 的碳化程度（图 2-35，表 2-19）。

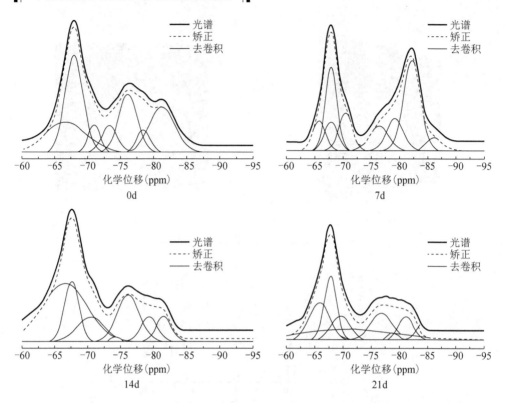

图 2-35　水灰比 0.53 净浆不同碳化天数 5～10 mm 层 Si 原子 NMR 谱（鲍丙峰，2015）

表2-19　不同碳化龄期的C-S-H碳化程度

碳化龄期/d	W/C=0.35			W/C=0.53		
	$n_{CSH}^{Ca^{2+}}$	$n_{CaCO_3}^{CSH}$	Ψ_{CSH}	$n_{CSH}^{Ca^{2+}}$	$n_{CaCO_3}^{CSH}$	Ψ_{CSH}
	$(10^{-3} mol)$	$(10^{-3} mol)$		$(10^{-3} mol)$	$(10^{-3} mol)$	
0	2.62	0	0	3.05	0	0
7	2.67	0.44	16.5%	3.09	2.75	88.7%
14	2.78	0.68	24.5%	3.21	2.72	85.0%
28	2.84	1.02	36.0%	3.31	2.90	87.8%

注：$n_{CSH}^{Ca^{2+}}$ 为 C_3S、C_2S 水化之后生成的 C-S-H 中含有的 Ca^{2+} 物质的量，$n_{CaCO_3}^{CSH}$ 为实际 C-S-H 碳化生成的 $CaCO_3$ 物质的量，Ψ_{CSH} 为 C-S-H 的碳化程度

2.6.9　化学反应法

化学反应法是利用碳化水泥中的 $CaCO_3$、$Ca(OH)_2$ 与盐酸发生化学反应来推算这两种物质的质量。$CaCO_3$ 的确定是通过测定反应方程式中 $CaCO_3+2HCl \longrightarrow CaCl_2+CO_2+H_2O$ 的 CO_2 的压力值或体积，进而推算 $CaCO_3$ 质量。具体步骤为：

将碳化的水泥粉末与过量稀盐酸放入下图装置中（图 2-36），使其充分反应，通过去除 CO_2 气体中 HCl 杂质和水汽，并通过液体排压法获得产生的 CO_2 气体体积，根据反应公式，推算碳化水泥的 $CaCO_3$ 质量。通过对照未碳化区域（即较深位置处）$CaCO_3$ 含量，可计算出因表层混凝土碳化而增加的 $CaCO_3$ 含量。$Ca(OH)_2$ 的测量，用浓度为 0.1 mol/L 的 HCl 滴定，记录 HCl 的用量，根据方程式 $Ca(OH)_2 + 2HCl \longrightarrow CaCl_2 + 2H_2O$，计算 $Ca(OH)_2$ 的含量（何娟，2011）。

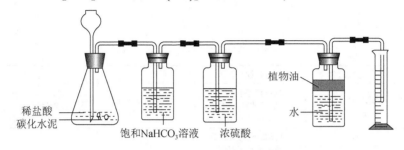

图 2-36　CO_2 气体测量示意图

除了上述方法外，还有 $CaCO_3$ 晶体的偏光镜观察法、C-S-H 的定量分析法、C-S-H 碳化时含水二氧化硅（$SiO_2 \cdot H_2O$）的测定方法，以及测量不同深度孔结构参数的压汞测孔仪法和物理吸附测试法等（鲍丙峰，2015；徐飞等，2013；柳俊哲，2005）。

总体来说，各种检测方法各有优缺点（表 2-20）。比较 9 种测定碳化深度的方法发现，酚酞指示剂法能够方便快捷地得到近似的碳化深度，然而，在获取劈裂面时会对构筑物有一定的损伤，并且也不能确定混凝土中性化的原因，不能确定碳化程度。热分析法可以直接反映水化矿物的碳化程度，并评价部分碳化区的碳化程度，然而，在评价的过程中，只能识别 $Ca(OH)_2$ 的碳化，对于 C-S-H 的碳化还不能做出判断，使用石灰岩类骨料或混合材料时，难以确定碳化生产的 $CaCO_3$。X 射线物相分析法也可以很好地评价碳化区和部分碳化区，但定量分析的精度不高，且对非晶质的鉴别和分析较为困难。扫描电镜法能够直接观察样品表面的结构，样品制备过程简单，图像的放大范围广，分辨率较高，但由于荷电效应，二次电子发射受到不规则影响，造成图像一部分异常亮，另一部分变暗，又由于静电场作用使电子束不规则偏转，造成图像畸变或出现阶段差。电子探针显微分析法适用于截面尺寸小于 5 cm 的样品，在样品表面浸渍树脂研磨时，测定的碳含量也包括树脂中的碳量，应加以注意（Lo and Lee, 2002; Fam, 1997）。红外光谱法检测碳化深度时不受样品物理状态的影响，且特征性较高，但对样品质量的要求较高（徐飞等，2013）。X 射线断层扫描能够提供样品完整的三维信息，但会出现伪像，样品尺寸要求有限制。核磁共振能够获得多方位图像，对微观结构有很好的表征，但不适用于含有磁金属的样品。气密性成为化学反应方法准确测量的最大障碍。就测定的碳化深度来说，热分析法、X 射线物相分析法和红外光谱法检测的碳化深度均是基于混凝土内部成分的定量测定得到的，因此，得出的碳化深度值非常接近。然而，热分析法、X 射线物相分析法和红外光谱法分析得到的碳化深度往往会大于酚酞指示剂法测得的碳化深度（徐飞等，2013; Chang and Chen, 2006）。

表2-20 不同碳化试验方法的比较

试验方法	测试对象	测试机理	优点	缺点
酚酞指示剂法	测定 pH 在 8.2～10 的区域	1%酚酞溶液在碱性条件下显示紫色，测定碳化区的长度	方便快捷得到近似碳化深度	碳化锋面不够明显，得到的是近似碳化深度，而非真实碳化深度
热分析法	测定 $Ca(OH)_2$ 和 $CaCO_3$ 的含量	将样品加热到 900℃，通过加热前后的 $Ca(OH)_2$ 和 $CaCO_3$ 含量或热量的变化来计算出两者的含量	可以评价部分碳化区	只能判断 $Ca(OH)_2$ 的碳化，不能判断 C-S-H 的碳化
X 射线物相分析法	测定碳化前后的矿物种类	对试样进行 X 衍射，得到衍射图，对照标准衍射图，判断碳化前后矿物的结构和名称	可以评价部分碳化区	对非晶质的鉴别和分析存在困难，定量分析的精度不高
扫描电镜法	样品的表面微观形态，结合能谱，元素定性，定量分析	主要是利用二次电子信号成像来观察样品的表面形态	能够直接观察样品表面的碳化结构，样品制备过程简单，图像的放大范围广，分辨率较高	图像会出现一部分异常亮，另一部分变暗，图像畸变或出现阶段差，结果图像中出现不规则的亮点和亮线
电子探针显微分析法	测定微区碳化状态，结合能谱，元素定性，定量分析	以聚焦的高速电子来激发出试样表面组成元素的特征 X 射线，对微区成分进行定性或定量分析	彩图表示碳元素的分布状态，可测定微区碳化状态	适用于尺寸小于 5cm 样品，要考虑样品表面浸渍树脂研磨时碳元素影响
红外光谱法	测定 CO_2 和 $CaCO_3$ 的含量	用红外光谱测 CO_2 中的 C＝O 键和 $CaCO_3$ 中的 C—O 键来确定两种物质的量	特征性高，不受试验样品物理状态的影响	对样品质量要求高
X 射线断层扫描	测定 $CaCO_3$	利用样品对 X 射线的衰减系数值来表征物体样品结构与组成特征	不需专门的制样处理，能重构出三维图像，能测试完全碳化区、部分碳化区和未碳化区的空间分布	会出现伪像，空间分辨率有限，难以区分有着相似吸收系数的物相，样品尺寸要求几个厘米

续表

试验方法	测试对象	测试机理	优点	缺点
核磁共振	测定物质结构	根据C-S-H中硅氧四面体中心的Si原子不同的化学位移数据特征，确定C-S-H的结构特征，进而推算出碳化区C-S-H的碳化程度	多方位成像，探测微观结构	扫描时间长，空间分辨力不够理想，由于磁场的原因，含有磁金属的样品不适用
化学反应	测定$Ca(OH)_2$和$CaCO_3$的含量	利用化学反应方程式，物质守恒定律	简单、便宜的操作方法	装置的气密性易出现问题

资料来源：徐飞等，2013；柳俊哲，2005

参 考 文 献

阿列克谢耶夫. 1983. 钢筋混凝土结构中钢筋腐蚀与保护. 黄可信译. 北京：中国建筑工业出版社.

阿茹罕. 2011. 大掺量矿物掺合料混凝土的碳化评价方法及影响因素研究. 北京：清华大学.

鲍丙峰. 2015. 水泥基材料微结构特征与碳化模型关系的研究. 南京：东南大学.

陈立军. 2008. 水泥化学组成对混凝土使用寿命的影响. 混凝土，7:78-79.

陈立亭. 2007. 混凝土碳化模型及其参数研究. 西安：西安建筑科技大学.

陈树东，孙伟，余红发，等. 2012. 冻融循环作用下粉煤灰混凝土碳化规律研究. 工业建筑，42(1):133-136.

陈树亮. 2010. 混凝土碳化机理、影响因素及预测模型. 华北水利水电学院学报，31:35-39.

陈志江，尹红宇，陈川亮. 2005. 混凝土碳化深度灰色关联分析. 广西大学学报（自然科学版），30(2):147.

初必旺，赵倩. 2016. 水泥化学组分对物性的影响及意义探讨. 四川建材，42(9): 5-7.

崔东霞，秦鸿根，张云升，等. 2010. 不同品种外加剂对混凝土耐久性的影响. 商品混凝土，3:51-55.

邱小坛，周燕. 1995. 混凝土碳化规律研究. 北京：中国建筑科学研究院.

杜晋军，金祖权，蒋金洋. 2005. 粉煤灰混凝土的碳化研究. 粉煤灰，17(6):9-11.

段平. 2014. 层状双氢氧化物改善混凝土耐久性能的机理及其应用研究. 武汉：武汉理工大学.

方璟，梅国兴，陆采荣. 1993. 影响混凝土碳化主要因素及钢锈因素试验研究. 混凝土，2:35-43.

方永浩，张亦涛，莫祥银，等. 2005. 碳化对水泥石和砂浆的结构及砂浆渗透性的影响. 河海大学学报（自然科学版），33:104-107.

方永浩. 2003. 固体高分辨核磁共振在水泥化学研究中的应用. 建筑材料学报，6(1):54-60.

冯乃谦. 2002. 实用混凝土大全. 北京：科学出版社.

高全全，张虎元. 2007. 大气二氧化碳浓度升高对混凝土碳化的影响. 混凝土，(4): 17-19.

龚洛书，柳春圃. 1990. 混凝土的耐久性及其防护修补. 北京：中国建筑工业出版社.

龚洛书，苏曼青，王洪琳. 1985. 混凝土多系数碳化方程及其应用. 混凝土及加筋混凝土，(6):10-16.

郭斌，闵盘荣，王国宾. 1984. 水化硅酸钙的碳化作用. 硅酸盐学报，3:287-295.

韩建德. 2012. 荷载与碳化耦合作用下水泥基材料的损伤机理和寿命预测. 南京：东南大学.

何娟. 2011. 碱矿渣水泥石碳化行为及机理研究. 重庆：重庆大学.

何智海，刘运华，白轲，等. 2008. 混凝土碳化研究进展. 材料导报，22:353-357.

胡建军. 2010. 掺粉煤灰和矿渣粉混凝土的碳化行为及其影响因素的研究. 北京：清华大学.

黄耿东. 2010. 混凝土结构的碳化深度与寿命预测方法研究. 开封：河南大学.

黄利频，郑建岚. 2012. 测试混凝土孔溶液的pH值研究混凝土的碳化性能. 福州大学学报（自然科学版），40(6): 794-799.

姬永生,张领雷,马会荣,等.2012.混凝土碳化反应区域界定的试验研究及机理分析.建筑材料学报,15(5):624-628.

贾耀东.2010.大掺量矿物掺合料混凝土的碳化特性研究.北京:清华大学.

蒋利学.1996.混凝土碳化深度的计算模型及实验研究.上海:同济大学.

蒋利学,张誉.1999a.混凝土部分碳化区长度的分析与计算.工业建筑,29(1):4-7.

蒋利学,张誉.1999b.混凝土部分碳化区物质含量变化规律的数值分析.工业建筑,29(1):8-11.

蒋利学,张誉,刘亚芹,等.1996.混凝土碳化深度的计算与试验研究.混凝土,4:12-16.

蒋清野,王洪深,路新瀛.1997.混凝土碳化数据库与混凝土碳化分析.攀登计划-钢筋锈蚀与混凝土冻融破坏的预测模型,1997年度研究报告,12.

金巧兰,李红伟,张彬.2008.混凝土部分碳化区长度计算模型参数的探讨.建筑与工程,36:127.

李果,袁迎曙,耿欧.2004.气候条件对混凝土碳化速度的影响.混凝土,11:49-53.

李焦.2015.碳化过程中水泥基材料微结构演化的比较研究.南京:东南大学.

李林香,谢永江,冯仲伟,等.2011.水泥水化机理及其研究方法.混凝土,6:76-80.

李燕丽.2014.城市二氧化碳浓度三维分布特征研究.厦门:中国科学院城市环境研究所.

李永芳,李丽艳,董经付.2006.混凝土结构碳化模型及耐久性分析.铁道建筑技术,2:69-72.

廉慧珍,童良,陈恩义.1995.建筑材料物相研究基础.北京:清华大学出版社:77-87.

刘昌胜.1996.新型骨修复材料——磷酸钙骨水泥的制备及其应用基础研究.上海:华东理工大学.

柳俊哲.2005.混凝土碳化研究与进展——碳化机理及碳化程度评价.混凝土,11:11-23.

罗果.2014.养护条件对复掺矿物掺合料混凝土碳化性能的影响.长沙:中南大学.

吕鹏,翟建平,聂荣,等.2004.环境扫描电镜用于硅酸盐水泥早期水化的研究.硅酸盐学报,2(4):530-536.

缪勇,臧广州.2004.公路工程材料施工应用与质量检测实用技术手册.沈阳:辽宁电子出版社.

牛荻涛,董振平,浦聿修.1999.预测混凝土碳化深度的随机模型.工业建筑,29(9):41-45.

牛荻涛.2003.混凝土结构耐久性与寿命预测.北京:科学出版社:10-18.

牛建刚,闫梁,翟海涛.2013.冻融对粉煤灰混凝土碳化性能影响规律研究.混凝土与水泥制品,12:17-19.

秦鸿根,李松泉.2000.掺粉煤灰高性能混凝土耐久性研究.混凝土与水泥制品,5:11-13.

屈文俊,白文静.2003.风压加速混凝土碳化的计算模型.同济大学学报,31(11):1280-1284.

沙慧文.1989.粉煤灰混凝土碳化和钢筋锈蚀原因及防止措施.工业建筑,1(6):7-10.

单旭辉.2006.高性能混凝土试验研究.北京:北京交通大学.

施清亮.2008.应力状态下混凝土碳化耐久性试验研究.长沙:中南大学.

史美伦,陈志源,孙剑,等.2000.水泥水化过程的电化学研究(II).建筑材料学报,3(3):218-222.

宋华,牛荻涛,李春晖.2009.矿物掺合料混凝土碳化性能试验研究.硅酸盐学报,37(12):2066-2070.

宋守波,朱国飞,崔宏志.2016.不同显示试剂测量混凝土碳化深度的研究.混凝土,7:142-144.

苏义彪.2014.混凝土碳化区域分布特征及模型研究.宜昌:三峡大学.

唐明,李婧琦,姜明,等.2013.混凝土碳化深度的精细测量与分形特征.沈阳建筑大学学报(自然科学版),29(2):313-319.

涂永明,吕志涛.2003.应力状态下混凝土的碳化试验研究.东南大学学报,33(5):573-576.

王培铭,许乾慰.2005.材料研究方法.北京:科学出版社.

王培铭,朱艳芳.2001.掺粉煤灰和矿渣粉大流动度混凝土的碳化性能.建筑材料学报,4(4):305-310.

王青,刘星,徐港,等.2016.混凝土碳化深度酚酞与pH测试值的相关性研究.混凝土,4:13-16.

王宇东.2012.水泥混凝土碳化过程中微结构演化的研究.南京:东南大学.

王玉琳.2002.混凝土碳化影响因素研究综述.连云港化工高等专科学校学报,15(2):42-48.

魏小胜,肖莲珍,李宗津.2004.采用电阻率法研究水泥水化过程.硅酸盐学报,32(1):34-38.

吴国坚,翁杰,俞素春,等.2014.混凝土碳化速率多因素影响试验研究.新型建筑材料,6:33-40.

吴克刚,谢友均,丁巍巍,等.2008.粉煤灰混凝土的抗碳化性能.腐蚀与防护,29(10):596-598.

武华荟,刘宝举.2009.硅酸盐水泥水化机理研究方法.粉煤灰,1:33-36.

郗凤明, 石铁矛, 王娇月, 等. 2015. 水泥材料碳汇研究综述. 气候研究变化进展, 11(4):289-296.

肖惠玉, 周昭程, 邓文红. 2008. 我省水泥氯离子质量情况报告. 广东建材, 5:28-29.

肖佳, 勾成福. 2010. 混凝土碳化研究综述. 混凝土, 243(1):40-52.

谢东升, 高伟, 陈宇风. 2006. 外加剂和粉煤灰对混凝土碳化性能影响的试验研究. 南通大学学报, (2):51-54.

谢东升. 2005. 高性能混凝土碳化特性及相关性能的研究. 南京: 河海大学.

徐飞, 陈正, 莫林. 2013. 混凝土碳化试验与碳化深度测定方法的对比分析. 工程与试验, 53(4):27-35.

薛君玕, 许温葭, 叶铭勋. 1983. 硬化水泥浆体孔隙中液相的分离和研究. 硅酸盐学报, 3:334-340.

颜承越. 1994. 水灰比-碳化方程与抗压强度-碳化方程的比较. 混凝土, 1:46-49.

杨军. 2004. 混凝土的碳化性能与气渗性能研究. 青岛: 山东科技大学.

杨南如. 1990. 无机非金属材料测试方法. 武汉: 武汉工业出版社.

叶铭勋. 1989. 混凝土碳化反应的热力学计算. 硅酸盐通报, 2:15-19.

袁群, 何芳婵, 李彬. 2009. 混凝土碳化理论与研究. 郑州: 红河水利出版社.

张令茂. 1989. 混凝土表面覆盖的碳化延迟系数研究. 西安冶金建筑学院学报, 21(1):34-40.

张鹏, 赵铁军, 杨进波, 等. 2007. 冻融前后混凝土碳化性能试验研究. 混凝土, (5):6-8.

张谦, 宋亮, 李家和. 2001. 水泥水化热测定方法的探讨. 哈尔滨师范大学自然科学学报, 17(6):8-9.

赵冬兵. 2006. 混凝土碳化速度及碳化区物质含量分布的有限元数值模拟. 混凝土与水泥制品, 2:5-7.

赵铁军, 李淑进. 2003. 碳化对混凝土渗透性及孔隙率的影响. 工业建筑, 33(1):46-47.

钟白茜, 程麟, 郭斌. 1982. 用 IR 方法研究硅酸钙水化产物的碳化. 南京工业大学学报(自然科学版), 2:39-43.

周崇松. 2012. 水化硅酸钙 (C-S-H) 分子结构与力学性能的理论研究. 武汉: 武汉大学.

朱安民. 1992. 混凝土碳化与钢筋混凝土耐久性. 混凝土, 6:18-22.

Andersson R, Fridh K, Stripple H, et al. 2013. Calculating CO_2 uptake for existing concrete structures during and after service life. Environmental Science and Technology, 47(20): 11625-11633.

Barnes P, Bensted J. 2002. Structure and performance of cements. New York: Taylor and Francis.

Baweja R D. 1991. Carbonation-chloride interactions and their influence on corrosion rates of steel in concrete. Second International Concrete Conference on Durability of Concrete SP-126 ACI. Montreal: 295-315.

Becker E D. 1999. High resolution NMR: theory and chemical application.pittsburgh: Academic Press.

Bentz D P. 1998. Three-dimension computer simulation of Portland cement hydration and microstructural model. Cement and Concrete Research, 28(5): 285-297.

Berry E E, Hemmings R T, Zhang M H. 1994. Hydration in high-volume fly ash binders. ACI Materials Journal, 91(4): 382-389.

Bertolini L, Elsener B, Pedeferri P, et al. 2013. Corrosion of steel in concrete(second version). Weinheim: Wily-WCH.

Bertos M F, Simons S J R, Hills C D, et al. 2004. A review of accelerated carbonation technology in the treatment of cement-based materials and sequestration of CO_2. Journal of Hazardous Materials, B112: 193-205.

Bishop M, Bott S G, Barron A R. 2003. A new mechanism for cement hydration inhibition: solid-state chemistry of calcium nitrilotis (methylene) triphosphonate. Chemistry of Materials, 15(15): 3074-3088.

Bonen D, Sarkar S. 1995. The effects of simulated environmental attack on immobilization of heavy metals doped in cement-based materials. Journal of Hazardous Materials, 40(3): 321-335.

Browne R D. 1982. Design prediction of the life for reinforced concrete in marine and other chloride environments. Durability Build Mater, 1(2):113-125.

Cahyadi J H. 1995. Effect of carbonation on pore structure and strength characteristics of mortar. Tokyo: University of Tokyo.

Castro P, Moreno E T, Genesca J. 2000. Influence of marine micro-climates on carbonation of reinforced concrete buildings. Cement and Concrete Research, 30 (10): 1565-1571.

Chang C F, Chen J W. 2006. The experimental investigation of concrete carbonation depth. Cement and Concrete

Research, 36: 1760-1767.

Chinchón-payá S, Andrade G, Chinchón S. 2016. Indicator of carbonation front in concrete as substitute to phenolphthalein. Cement and Concrete Research, 82: 87-91.

Copuroğlu O, Fraaij A L A, Bijen J M. 2006. Effect of sodium monofluorophosphate treatment on microstructure and frost salt scaling durability of slag cement paste. Cement and Concrete Research, 36(8): 1475-1482.

Cornet I. 1967. Protection with mortar coatings. Materials Protection, 6: 56-58.

Dhir R K, Jones M R, Magee B J. 1997. Concrete containing ternary blended binders: resistance to chloride ingress and carbonation . Cement and Concrete Research, 27(6): 825-831.

Dodoo A, Gustavsson L, Sathre R. 2009. Carbon implications of end-of-life management of building materials. Cement and Concrete Research, 53(5): 276-289.

Dunster A M, Bigland D J, Holtoon L R. 2000. Studies of carbonation and reinforcement corrosion in high alumina cement concrete. Magazine of Concrete Research, 52(6): 433-441.

Engelsen C J, Mehus J, Pade C, et al. 2005. Carbon dioxide uptake in demolished and crushed concrete. Oslo: Nordic Innovation Centre:1-38.

Escalante-garcia J I, Mendoza G, Sharp J H. 1999. Indirect determination of the Ca/Si ratio of the C-S-H gel in Portland cements. Cement and Concrete Research, 29(12): 1999-2003.

Fam A Z. 1997. Behaviors of CFRP for prestressing and shear reinforcement of concrete highway bridges. ACI Structural Journal, 94(1): 23-27.

Fernández M, Bertos S J R, Simons C D, et al. 2004. A review of accelerated carbonation technology in the treatment of cement-based materials and sequestration of CO_2. Journal of Hazardous Materials, B112: 193-205.

Folliard K J. 2005. Heat of hydration models for cementitious materials. ACI Materials Journal, 102(1): 24-33.

Gajda J, Miller F M G. 2000. Concrete as a sink for atmospheric carbon dioxide: A literature review and estimation of CO_2 absorption by Portland Cement concrete. Portland Cement Association. Chicago: R&D: Serial no. 2255.

Gajda J. 2001. Absorption of atmospheric carbon dioxide by Portland cement concrete. Portland Cement Association. Chicago: R&D: Serial no. 2255a.

Geoffrey W G, Brough A, Richardson I G, et al. 1991. Progressive changes in the structure of hardened C_3S cement paste due to carbonation. Journal of the American Ceramic Society, 11(74): 2891-2896.

Gerard B, Marchand J. 2000. Influence of cracking on the diffusion properties of cement-based materials: Part I. Influence of continuous cracks on the steady state regime. Cement and Concrete Research, 30 (1): 37-43.

Han J, Pan G, Sun W, et al. 2012. Application of nanoindentation to investigate chemomechanical properties change of cement paste in the carbonation reaction. Science China Technological Sciences, 55(3): 616-612.

Ho D W S, Lewis R K. 1987. Carbonation of concrete and its prediction. Cement and Concrete Research, 17: 489-504.

Hobbs D W. 1988. Carbonation of concrete containing PFA. Magazine of Concrete Research, 40(143): 69-78.

Houst Y F, Folker R H, Wittmann. 1994. Influence of porosity and water content on the diffusivity of CO_2 and O_2 through hydrated cement paste. Cement and Concrete Research, 24(6): 1165-1176.

Huang N M, Chang J J, Liang M T. 2012. Effect of plastering on the carbonation of a 35-year-old reinforced concrete building. Construction and Building Materials, 29: 206-214.

Ishida T, Li C H. 2008. Modeling of carbonation based on thermos-hygro physics with strong coupling of mass transport and equilibrium in mico-pore structure of concrete. Journal of Advanced Concrete Technology, 6(2): 303-316.

Ishida T, Soltani M, Maekawa K. 2004. Influential parameters on the theoretical prediction of concrete carbonation process. Proc. 4th International Conference on Concrete Under Severe Conditions. Seoul, Korea: 205-212.

Iviccarter W J, Brousseau R. 1990. The AC response measurements on cement paste. Cement and Concrete Research, 20(6): 891-900.

Ji Y S, Wu M, Ding B D, et al. 2014. The experimental investigation of width of semi-carbonation zone in carbonated concrete. Construction and Building Materials, 65: 67-75.

Johnson D C, MacLeod C L, Carey P J, et al. 2003. Solidification of stainless steel slag by accelerated carbonation. Environmental Technology, 24: 671.

Katayama T. 2004. How to identify carbonate rock reactions in concrete. Materials Characterization, 53: 85-104.

Khan M I, Lynsdale C J. 2002. Strength, permeability, and carbonation of high Performance concrete . Cement and Concrete Research, 32(1): 123-131.

Kjellsen K O, Guimaraes M, Nilsson Å. 2005. The CO_2 balance of concrete in a life cycle perspective. Olso: Nordic Innovation Centre: 1-22.

Klopfer H. 1978. The carbonation of external concrete and how to combat it. Betontechnische Berichte, 1(3): 86-87.

Kroone B, Blakey F A. 1959. Reaction between carbon dioxide gas and mortar. Journal Proceedings, 56: 497-510.

Krstulovic R, Dabic P. 2000. A conceptual model of the cement hydration process. Cement and Concrete Research, 30(5): 693-698.

Kurdowski W. 2014. Cement and Concrete Chemistry. Berlin: Springer Netherlands.

Kurtis D K. 2016. Portland cement hydration. http://www.doc88.com/p-9169700800740.html[2018-1-15].

Lagerblad B. 2005. Carbon dioxide uptake during concrete life cycle: state of the art. Olso: Swedish Cement and Concrete Research Institute: 1-48.

Lange L C, Hills C D, Poole A B. 1996. The influence of mix parameters and binder choice on the carbonation of cement solidified wastes. Waste Manage, 16: 749.

Le Chatelier H. 1919. Crystalloids against colloids in the theory of cements. Transactions of the Faraday Society, 14: 8-11.

Lea F M. 1971. Chemistry of cement and concrete. 3rd eds. New York: Chemical Publishing: 177-249.

Li Y U, Wu Q D. 1987. Mechanism of carbonation of mortars and the dependence of carbonation on pore structure. American Concrete Institute, 100: 1915-1944.

Liu J Z, Li Y S, Lv L H. 2005. Effect of anti-freezing admixtures on alkali-silica reaction in mortars. Journal of Wuhan University of Technology (Material Science Edition), 20(2): 80-82.

Lodeiro I G, Macphee D E, Palomo A, et al. 2009. Effect of alkalis on fresh C-S-H gels. FTIR analysis. Cement and Concrete Research, 39(3): 147-153.

Lo T Y, Liao W K, Wong C, et al. 2016. Evaluation of carbonation resistance of paint coated concrete for buildings. Construction and Building Materials, 107: 299-306.

Lo Y, Lee H M. 2002. Curing effects on carbonation of concrete using a phenolphthalein indicator and Fourier-transform infrared spectroscopy. Building and Environment, 37: 507-514.

Longuet P, Burglen A Z. 1973. The liquid phase of hydrated cement. Revue Des Matériaux, 676: 35-41.

Loo Y H, Chin M S, Tam C T, et al. 1994. A carbonation prediction model for accelerated carbonation testing of concrete. Magazine of Concrete Research, 88(4): 191-200.

Maekawa K, Chaube R, Kishi T. 1999. Modeling of concrete performance: hydration, microstructure formation and mass transport. London: Routledge: 2017-2023.

Michaëlis W. 1909. Der Erhärtungsproze\der kalkhaltigen hydraulischen Bindemittel. Colliod and Polymer Science, 5(1): 9-22.

Monteiro I, Branco F, Brito J D, et al. 2012. Statistical analysis of the carbonationcoefficient in open air concrete structures. Construction and Building Materials, 29: 263-269.

Moon H Y, Shin D G, Choi D S. 2007. Evaluation of the durability of mortar and concrete applied with inorganic coating material and surface treatment system. Construction and Building Materials, 21: 362-369.

Mounanga P, Khelidj A, Baroghel-bouny A, et al. 2004. Predicting $Ca(OH)_2$ content and chemical shrinkage of hydra-ting cement pastes using analytical approach. Cement and Concrete Research, 34(2): 255-265.

Neves R, Branco F, de Brito J. 2013. Field assessment of the relationship between natural and accelerated concrete carbonation resistance. Cement and Concrete Composites, 41: 9-13.

Ngala V T, Page C L. 1997. Effects of carbonation on pore structure and diffusional properties of hydrated cement paste. Cement and Concrete Research, 27 (7): 995-1007.

Orozco A L, Maji A K. 2004. Energy release in fiber-reinforced plastic reinforced concrete beams. Journal of Composites For Construction, 8(1): 52 -58 .

Pade C, Guimaraes M. 2007. The CO_2 uptake of concrete in a 100 year perspective. Cement and Concrete Research, 37: 1348-1356.

Papadakis V G, Vayenas C G, Fardis M N. 1991. Experimental investigation and mathematical modeling of the concrete carbonation problem. Chemical Engineering Science, 46: 1333-1338.

Papadakis V G. 2000. Effect of supplementary cementing materials on concrete resistance against carbonation and chloride ingress. Cement and Concrete Research, 30: 291-299.

Park D C. 2008. Carbonation of concrete in relation to CO_2 permeability and degradation of coatings. Construction and Building Materials, 22: 2260-2268.

Peter M, Muntean A, Meier S, et al. 2008. Competition of several carbonation reactions in concrete: a parametric study. Cement and Concrete Research, 38(12): 1385-1393.

Pommer K, Pade C. 2006. Guidelines-uptake of carbon dioxide in the life cycle inventory of concrete. Oslo: Nordic Innovation Centre.

Poulsen E, Mejlbro L. 2006. Diffusion of chloride in concrete. London: Taylor & Francis: 352-372.

Renforth P, Washbourne C L, Taylder J, et al. 2011. Silicate production and availability for mineral carbonation. Environmental Science & Technology, 45: 2035-2041.

Ril E M. 1984. Draft recommendation CPC-18. Measurement of hardened concrete carbonation depth. Materials and Structures, 17(102): 437-440.

Rostami V, Shao Y X, Boyd A, et al. 2012. Microstructure of cement paste subject to early carbonation curing. Cement and Concrete Research, 42(1): 186-193.

Roy S K, Northwood D O, Poh K B. 1996. Effect of plastering on the carbonation of a 19-year-old reinforced concrete building. Construct Build Mater, 10(4): 267-272.

Seneviratue A M G, Sergi G, Page C L. 2000. Performance characteristics of surface coatings applied to concrete for control of reinforcement corrosion. Construct Build Mater, 14:55-59.

Short N R, Purnell P, Page C L. 2001. Preliminary investigations into the supercritical carbonation of cement pastes. Journal of Materials Science, 36: 35-41.

Sims I. 1994. The assessment of concrete for carbonation. Concrete, 28(6): 33-38.

Sisomphon K, Franke L. 2007. Carbonation rates of concretes containing high volume of pozzolanic materials. Cement and Concrete Research, 37(12):1647-1653.

Smith D G E, Evans A R. 1986. A Purple concrete in a Middle East town. Concrete, 20(2): 36-41.

Smolczyk H G. 1968. Proceedings of 5th international symposium on chemistry of cement.Tokyo: 343-368.

Song H W, Kwon S J, Byun K J, et al. 2006. Predicting carbonation in early-aged cracked concrete. Cement and Concrete Research, 36: 979-989.

Steinour H H. 1959. Some effects of carbon dioxide on mortars and concrete discussion. Journal of American Concrete Institute, 30: 905-905.

Stewart M G, Wang X M, Nguyen M N. 2012. Climate change adaptation for corrosion control of concrete infrastructutre. Structural Safety, 35: 29-39.

Stutzman P. 2004. Scanning electron microscopy imaging of hydraulic cement microstructure. Cement and Concrete Composites, 26(8): 957-966.

Talukdar S, Banthia N, Grace J R. 2012. Carbonation in concrete infrastructure in the context of global climate change-Part 1: Experimental results and model development. Cement and Concrete Composites, 34: 924-930.

Taylor H F W. 1997. Cement chemistry. (second version). London: Thomas Telford.

Thomas M D A, Matthews J D. 1992. Carbonation of fly ash concrete. Magazine Concrete Research, 44(160): 127.

Villain G, Thiery M, Platret G. 2007. Measurement methods of carbonation profiles in concrete: thermogravimetry, chemical analysis and gammadensimetry. Cement and Concrete Research, (37): 1182-1192.

Wan K S, Xu Q, Wang Y D, et al. 2014. 3D spatial distribution of the calcium carbonate caused by carbonation of cement paste. Cement and Concrete Composites, 45: 255-263.

Wang J C, Yan P Y. 2006. Influence of initial casting temperature and dosage of fly ash on hydration heat evolution of concrete under adiabatic condition. Journal of Thermal Analysis and Calorimetry, 85(3): 755-760.

Xi F M, Davis S J, Ciais P, et al. 2016. Substantial global carbon uptake by cement carbonation. Nature Geoscience, 9: 880-883.

Ylmén R, Jäglid U, Steenari B M, et al. 2009. Early hydration and setting of portland cement monitored by IR, SEM and vicat techniques. Cement and Concrete Research, 39: 433-439.

Yoon I S, Çopuroğlu O, Park K B. 2007. Effect of global climatic change on carbonation progress of concrete. Atmospheric Environment, 41: 7274-7285.

Younsi A, Turcry P, Roziere E, et al. 2011. Performance-based design and carbonation of concrete with high fly ash content. Cement and Concrete Composites, 33(10): 993-1000.

第3章 水泥碳汇核算方法

水泥作为建筑材料广泛应用于建筑中，主要以混凝土和砂浆等形式存在于各式建筑里。研究表明无论是水泥混凝土还是水泥砂浆，在建筑建设、使用或是建筑拆除后废弃混凝土的处置，甚至是水泥生产过程中的废弃物水泥窑灰处置阶段有碳汇功能（Xi et al., 2013; Huang et al., 2012; Huntzinger et al., 2009a; Pade and Guimaraes, 2007; Pommer and Pade, 2006）。目前，学术界对于混凝土水泥碳汇核算的研究较为深入。学者们根据菲克第二扩散定律，开发出混凝土碳化吸收计算公式（Galan et al., 2010; Pade and Guimaraes, 2007），并采用生命周期评价方法开展了混凝土水泥的碳汇核算研究，已有的研究主要集中在欧美等部分国家（Andersson et al., 2013; Pade and Guimaraes, 2007; Gajda, 2001; Gajda and Miller, 2000），但难点在于如何科学量化建筑拆除和垃圾处理与回用阶段混凝土的碳化量。水泥砂浆、水泥窑灰、建筑损失水泥碳汇量目前还没有核算方法。混凝土建筑拆除和垃圾处理与回用阶段碳汇量化困难及一些水泥利用碳汇没有核算等问题，是造成目前水泥碳汇核算方法体系不完善的主要原因。因此，本章在综合国内外碳汇核算研究基础上，基于水泥使用和废弃物的处置类型提出了一套全面而系统的水泥碳汇核算方法体系，为系统开展全球、区域尺度的水泥碳汇核算研究提供方法基础和技术支撑。

3.1 水泥碳汇核算研究进展

3.1.1 混凝土水泥碳汇

混凝土碳化是混凝土结构寿命预测和耐久性研究的重要内容（黄耿东, 2010; 王新友和李宗津, 1999）。碳化过程能够影响建筑物的寿命和安全，所以在土木工程领域，专家们在建筑物设计时充分考虑了混凝土碳化的影响因素，相应地，混凝土水泥碳汇量的核算研究相对较多。研究表明混凝土碳化速率和深度的计算公式满足菲克第二扩散定律，公式表现为碳化深度等于碳化速率与暴露时间平方根的乘积，见式（3-1）（Ali and Dunster, 1998; Currie, 1986; Wierig, 1984）。土木工程领域的学者通过测试和统计分析，量化了不同温度、湿度、暴露条件、孔隙度、水灰比、强度等级、环境 CO_2 浓度、表面覆盖层、混凝土外加剂等影响因素下的混凝土碳化深度和碳化速率（Chang and Chen, 2006; Engelsen et al., 2005）。专家们基于菲克第二扩散定律，开发出了混凝土碳化吸收模型，见式（3-2）和式（3-3）（郗凤明等, 2015; Andersson et al., 2013; Pade and Guimaraes, 2007），即通过式（3-1）确定混凝土碳化深度 d；通过碳化深度和暴露表面积 A_i 确定混凝土碳化体积，见式（3-2），一般，暴露表面根据建筑构件类型划分为基础、梁、板、柱、墙、楼梯、阳台、散水等；通过混凝土碳化体积及不同混凝土强度下的水泥量、水泥中 CaO 比例、CaO 碳化转化成 $CaCO_3$ 的比例参数获得混凝土的碳吸收量，见式（3-3），进而提出了混凝土碳吸收的重要功能（Galan et al., 2010）。

$$d = k \times \sqrt{t} \tag{3-1}$$

$$V = \sum [(d \times A_{slabs}) + (d \times A_{walls}) + (d \times A_{foundations}) + \cdots] \tag{3-2}$$

$$C^{absorb} = C \times R \times \gamma \times V \times M_r \tag{3-3}$$

式中，d 为碳化深度；

k 为碳化速率系数；

t 为暴露时间；

V 为混凝土碳化体积；

A_{slabs}，A_{walls}，$A_{foundations}$，$\cdots$ 为不同构件类型混凝土表面积；

C^{absorb} 为混凝土的碳吸收量；

C 为每立方米混凝土含有的水泥量；

R 为水泥中 CaO 的比例；

γ 是 CaO 完全碳化转化成 $CaCO_3$ 的比例；

M_r 是碳元素与 CaO 的摩尔比例。

Gajda 在 PCA 的两个研究报告指出美国典型混凝土建筑在建设一年后，外表面暴露建筑物大约吸收 0.20 Mt CO_2（Gajda and Miller, 2000），整体建筑吸收 0.27 Mt CO_2，并且混凝土建筑物将持续发挥 CO_2 吸收功能，如果建筑物的寿命为 100 年，这种典型建筑物将会吸收 2.91 Mt CO_2（Gajda, 2001），相当于对应水泥工业生产过程 CO_2 排放的 7.6%，但是该报告没有分析核算建筑拆除和垃圾处理与回用的碳汇功能。Engelsen 等（2005）指出目前现有的混凝土碳化模型缺乏建筑拆除和垃圾处理与回用阶段的核算。北欧科学家 Pade 和 Guimaraes（2007）、Andersson 等（2013）提出了应采用生命周期评价方法核算混凝土碳化量，包括混凝土建筑使用阶段碳化、建筑拆除阶段碳化、建筑垃圾处理与回用阶段碳化。通过核算发现北欧国家的混凝土在建筑使用 70 年内，混凝土碳化了 28%～37%，当建筑物拆除、建筑垃圾处理与回用 30 年后，混凝土碳化达到了 37%～86%；以 2003 年水泥使用量为例，在 100 年的生命周期里，丹麦吸收 0.34 Mt CO_2，挪威吸收 0.22 Mt CO$_2$，瑞士吸收 0.24 Mt CO$_2$，冰岛吸收 0.02 Mt CO$_2$，分别相当于相应水泥生产年份工业生产过程 CO$_2$ 释放量的 57%、33%、33% 和 36%（Andersson et al., 2013; Pade and Guimaraes, 2007）。Yang 等（2014）认为 Pade 和 Guimaraes（2007）、Andersson 等（2013）的研究采用的碳化计算模型是建立在普通硅酸盐水泥完全水化，建筑拆除后破碎混凝土碳化发生在所有颗粒表面，无论混凝土建筑和废弃物处置处于何种条件，CO$_2$ 的扩散浓度是恒定的假设基础条件上，导致实际混凝土碳吸收的偏差。Yang 等（2014）考虑了以上影响因素，改进模型并核算了韩国一栋公寓和办公建筑的碳吸收量，发现在 40 年的建筑使用期其分别吸收了 36.4 t CO$_2$ 和 69.6 t CO$_2$。当建筑拆除后假设混凝土废弃物全部回收利用，在 60 年时间里，公寓和办公室建筑物将分别吸收 65.708 t CO$_2$ 和 144.7 t CO$_2$。因此在 100 年的生命周期，所研究公寓和办公建筑的 CO$_2$ 吸收量相当于对应普通硅酸盐水泥生产释放的 18%~21%。这些研究基本建立了混凝土碳汇量的核算方法，对于量化混凝土的碳化功能具有重大贡献。但目前关于处在埋藏条件下的混凝土的碳化研究较少，可能是在土木工程领域传统上认为不发生碳化或碳化速率很慢（Chang and Chen, 2006），可忽略。但从生态学角度，实际土壤呼吸会有大量的 CO$_2$ 排放，掩埋混凝土也会不断地吸收土壤中的 CO$_2$。掩埋的混凝土碳化部分取决于土壤的 CO$_2$ 浓度、土壤或地面的孔隙度和埋藏时间（Lagerblad, 2005; Fujiwara et al., 1992）。Lee（2009）指出地面以下 CO$_2$ 扩散速率相当于暴露空气条件的 65%，但是由于土壤有机质分解，CO$_2$ 浓度会随着土壤深度的增加而增加。例如在韩国，地下 5 cm、10 cm、20 cm 处 CO$_2$ 浓度分别是露天环境的 1.09 倍、1.18 倍和 1.27 倍（Yang et al., 2014）。因此，掩埋混凝土碳化不可忽视，并且要考虑 CO$_2$ 扩散速度和浓度影响。

现存的研究已经表明破碎混凝土会吸收大量的 CO$_2$（Yang et al., 2014; Dodoo et al., 2009; Pade and Guimaraes, 2007）。但实际上破碎混凝土的碳吸收主要发生在短暂的建筑拆除阶段（图 3-1）。在大多数国家，为了回收钢铁和便于建筑垃圾运输，混凝土结构在拆除过程中会被打成碎块，其暴露面积迅速增大。有研究表明，如果 10 m×10 m×10 m 的混凝土被打碎成 0.01 m×0.01 m×0.01 m 的碎块，其暴露面积会增加 1000 倍（Dodoo et al., 2009; Engelsen et al., 2005）。Engelsen 等（2005）通过调研和样品实验测试，分析发现不同粒级混凝土碎块的碳汇作用差异较大，在相同环境下，1~8 mm 粒径的碳化要大于 8~16 mm 粒径的碳化。在水灰比为 0.6 或更高条件下的 1~8 mm 破碎混凝土粒径在 20~35d 的暴露条件下会吸收 60%~80% 的相应水泥工业过程排放的 CO$_2$。虽然混凝土在拆除阶段暴露在空气中的时间仅为 0.5~6 个月，但是其较大的暴露面积导致此阶段混凝土碳吸收量较大，不容忽视（Pade and Guimaraes, 2007）。但目前关于混凝土在拆除阶段的碳化研究仍然有限（Yang et al., 2014; Andersson et al., 2013; Pade and Guimaraes, 2007; Gajda, 2001），并且一些学者将建筑拆除阶段归为垃圾处理与回用阶段（Yang et al., 2014）。因此，突显不出拆除阶段的碳汇重要性。对于混凝土建筑拆除阶段暴露面积迅速增加所导致的碳吸收到底有多大，如何科学量化此阶段的碳汇量，仍有待进一步研究。

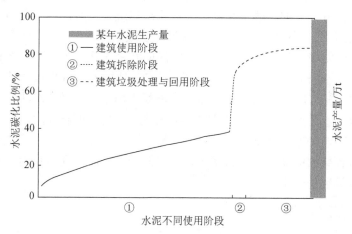

图 3-1　混凝土水泥不同阶段碳化量示意图（郗凤明等，2015）

　　建筑拆除后，废弃的混凝土主要被填埋、露天堆放或是回收利用（用于混凝土骨料、路基和工程回填料）处理（Engelsen et al., 2005; Kelly, 1978）。混凝土在处理和回收利用阶段未碳化的部分仍会继续固定环境中的 CO_2（Kikuchi and Kuroda, 2011）。由于暴露面积与粒径分布存在密切联系，粒径的大小会显著影响废弃混凝土的碳汇（Pade and Guimaraes, 2007）。有研究发现处于露天堆积和埋藏处理条件下的废弃混凝土粒径要大于用于再生混凝土骨料、路基和工程回填料回收利用条件下的粒径（Collins, 2010; Kapur et al., 2008; Pade and Guimaraes, 2007; Jonsson and Wallevik, 2005），这意味着废弃混凝土不同的处理方式会影响碳的固定。废弃混凝土回收利用率越高，其被粉碎为碎块的粒径越小，从而具有的暴露面积就越大，固定的碳也越多。Yang 等（2014）将建筑垃圾处理与回用阶段的破碎混凝土颗粒近视为球体，并以碎块完全平铺和堆积状态来理想化破碎混凝土最大和最小表面积，发现假设废弃混凝土完全被回收再利用，在 60 年间里其碳化吸收量相当于对应水泥工业生产过程 CO_2 排放的 10.2%～11.5%。此外，从图 3-1 可以得知，由于废弃的混凝土碎块主要处于埋藏条件，其碳化速率要明显低于暴露在空气中的碳化速率，所以其碳化量也低于建筑使用阶段和建筑拆除阶段。由于废弃混凝土在不同处理及回用阶段的碳汇核算方法并未完全建立，关于掩埋废弃混凝土的碳化参数仍未确定，急需开展此方面研究。

但也有学者指出，从生命周期角度考虑混凝土碳汇也应包括建筑建设阶段，即混凝土在施工过程中，与空气接触，吸收 CO_2 的量（石铁矛等，2015）。由于传统观点认为建筑在其生命周期内，混凝土的碳汇大多集中于建筑的使用阶段，所以往往忽略了建筑施工阶段所带来的碳汇量及其在建筑生命周期中所占比例。现如今每年都有大量的新建筑在施工，在我国建筑施工所需的时间为几个月至一年，施工阶段所带来的碳汇量虽小，但每年的总碳汇量不容忽视。石铁矛等（2015）提出对于建设阶段的混凝土碳汇量计算方法的两种思路：①施工程序碳汇量估算法，通过获取不同建筑施工工艺的单位面积 CO_2 吸收量，并根据建筑的总建筑面积估算其建设施工阶段 CO_2 总吸收量；②混凝土用量碳汇量估算法，通过获取不同型号等级的水泥及石灰单位用量的 CO_2 吸收量，再根据建筑的水泥及石灰总用量，可估算其建设施工阶段 CO_2 的总吸收量。但由于施工过程中的 CO_2 吸收量及计算方法统计数据的缺乏，建造施工过程中混凝土碳汇研究体系尚未完善，相关碳汇量的核算也处于空白。

3.1.2　水泥砂浆碳汇

水泥砂浆主要用于抹灰、黏合、装饰和维修等环节。水泥砂浆的碳化速率研究相对较少，这是因为土木工程领域砂浆不用于工程结构，不会影响建筑结构寿命和安全，而且砂浆碳化还会增强砂浆的强度（Gajda, 2001），有利于建筑安全。有研究发现水泥砂浆的碳化速率较快，要高于混凝土，这是因为水泥砂浆与空气的接触面积和孔隙度较大（尹红宇等，2009）。研究发现，水灰比在 0.40～0.45 的水泥砂浆 65d 的碳化深度为 18.5 mm（Lu et al., 2011）；碱矿渣水泥砂浆在不同的碱组分和水胶比条件下 28d 的碳化深度最高可达 41.6 mm（杨长辉等，2009）。如果采用低强度混凝土的碳化速率系数计算，水泥砂浆在室内和室外暴露环境下的平均碳化速率系数将分别为 9 mm/a$^{0.5}$ 和 6 mm/a$^{0.5}$。根据野外调查和实验数据发现，在温带气候区，室内和室外暴露环境下的水泥砂浆平均碳化速率系数分别为 13 mm/a$^{0.5}$ 和 7 mm/a$^{0.5}$。在中国北温带气候区，矿渣硅酸盐水泥砂浆的碳化速率随着水泥强度的增加而减小，且室内砂浆的碳化速率系数大于室外暴露环境下的碳化速率系数，即在室外条件下，M15 强度砂浆的碳化速率为 17.7 mm/a$^{0.5}$，大于 M20 强度砂浆的碳化速率（17.0 mm/a$^{0.5}$），大于 M25 强度砂浆的碳化速率（15.6 mm/a$^{0.5}$），大于 M30 强度砂浆的碳化速率（14.1 mm/a$^{0.5}$）；在室内条件下，M15 强度砂浆的碳化速率为 32.2 mm/a$^{0.5}$，大于 M20 强度砂浆的碳化速率（27.9 mm/a$^{0.5}$），大于 M25 强度砂浆的碳化速率（27.2 mm/a$^{0.5}$），大于 M30 强度砂浆的碳化速率（24.0 mm/a$^{0.5}$）。如果水泥含有更多的添加配料，其碳化深度就会增加，但是如果外部存在表面覆盖层，其碳化的深度就会降低，水泥砂浆表面的覆盖层将会减少 10%～50% 的碳吸收（Pade and Guimaraes, 2007; Gajda, 2001）。目前国际上对水泥砂浆碳汇的研究鲜见，但是水泥砂浆的碳汇不容忽视（郗凤明等，2015）。据统计，用于砂浆的水泥约占水泥总消费量的 30%（Jonsson and Wallevik, 2005）。从水泥砂浆在土木工程中的应用来看，抹灰砂浆的厚度一般为 10～30 mm，黏合砂浆的厚度一般为 8～20 mm，装饰和维修砂浆厚度不超过 50 mm。因此，与混凝土不同，水泥砂浆在使用后的几年内即可完成碳化，是非常重要的碳汇。鉴于目前水泥砂浆碳汇的研究在国际上还没有报道，因此急需开展此方面的研究工作。

此外，根据建筑预算标准（周晖，2003）和调查数据（Lu et al., 2011），在建筑过程中损失的水泥占建筑项目水泥消耗总量的 1%～3%。与混凝土水泥和水泥砂浆实际使用量相比，建筑损失的水泥碳化量很小。损失的混凝土和水泥砂浆主要以碎片形式存在，在建筑项目完成后用于回填料或被垃圾填埋。研究表明建筑损失的水泥约 45% 为混凝土损失，55% 为水泥砂浆损失。建筑损失的混凝土水泥，大部分会在 5 年内完成碳化；水泥砂浆只需 1 年就完成了碳化（Huang et al., 2013; Bossink and Brouwers, 1996）。但目前还没有关于建筑损失水泥的碳汇量核算。

3.1.3 水泥窑灰碳汇

水泥窑灰是水泥生产过程中产生量较大的废弃物（Qian, 2010）。水泥窑灰的产生量约为水泥熟料产量的 4.1%～10%，其中约有 65% 重新用于水泥熟料生产，35% 作为废弃物处理（USEPA, 1993）。水泥窑灰作为废弃物的处理方式，各个国家基本相似，80% 被填埋处理，20% 被回收用于土壤及黏土稳定和固化、废物稳定化和固化、水泥添加剂和混合剂、矿山复垦、农业土壤改良剂、废水中和与稳定、铺路材料制造等（Huntzinger et al., 2009b）。水泥窑灰 CaO 平均含量约为 44%，在处理和回收利用过程中会不断吸收环境中的 CO_2（Bobicki et al., 2012）。水泥窑灰碳化的程度是相当可观的，填埋处理的水泥窑灰 80% 碳化发生在反应的前 2 天（Bobicki et al., 2012）。然而，目前有关水泥窑灰碳汇的研究仍然较少，迫切需要开展其碳汇的核算研究，从而实现从水泥生产到消费全过程的碳汇分析。

综上所述，水泥材料碳汇功能研究在国际上刚刚起步，中国水泥碳汇功能的研究报道鲜见（郗凤明等，2015; 石铁矛等，2015; Xi et al., 2013）。目前关于水泥碳汇核算现有的研究主要集中在混凝土碳汇，且方法较为成熟，利用菲克第二扩散定律，衍生了混凝土碳化吸收模型，采用生命周期评价方法以 100～200 年的尺度来估算碳吸收量（Andrsson et al., 2013; Dodoo et al., 2009; Pade and Guimaraes, 2007），但难点是量化建筑拆除阶段与垃圾处理与回用阶段废弃混凝土碳化体积、碳化参数，量化方法研究仍然不足。并且这些研究只局限于个别地区，也没有考虑建筑建设应用过程中其他类型水泥材料，如水泥砂浆、建筑水泥废弃物和水泥窑灰的碳吸收。目前针对水泥砂浆、建筑损失水泥、水泥窑灰的碳汇核算方法仍然空白（Xi et al., 2016; 郗凤明等, 2015）。因此，水泥材料的碳汇核算方法体系仍未完整建立，急需加强此方面的研究。

3.2 水泥碳汇核算方法建立

3.2.1 方法学基础

结合目前国内外水泥碳汇核算的研究及存在的空白点，本书以生命周期评价方法、菲克第二扩散定律、《2006 年 IPCC 国家温室气体清单指南》为基础，建立了一套完整的水泥碳汇核算方法体系。

生命周期评价方法通常又被称为"从摇篮到坟墓"的分析。关于生命周期评价的准确定义，目前还存在一些争论，但核心都是"对材料或产品从制造、使用、回收、废弃与处置等全过程中的环境影响进行综合评价"（王长波等, 2015）。国际环境毒理学和化学学会（The Society for Environmental Toxicology and Chemistry, SETAC）对生命周期的定义是某产品、某工艺或某活动的整个生命周期，即包括产品的原材料开采和加工、生产、运输、分配、使用与再生、维护、再循环及最终处置（Udo de Haes, 1996）。国际标准化组织（International Organization for Standardization, ISO）在 ISO14041 标准中对生命周期评价的定义是对某产品或服务系统的整个生命周期过程中与该产品或服务系统功能直接相关的环境影响物质和能量的投入产出进行汇集和测定的一套系统的方法。由于生命周期评价方法具有针对性强，评价完整，能够精确地分析具体产品或服务的全生命周期的环境负荷等优势，得到了广泛的应用（Bilec, 2007; Sharrard, 2007）。因此，本书在研究水泥碳汇的核算时引入了生命周期评价的思路，具体分析水泥产品"从摇篮到坟墓"过程的碳吸收过程。水泥的生命周期为水泥的生产制造、水泥的使用及水泥使用后的废弃物处置。水泥在生产制造过程中不吸收 CO_2，但水泥在生产过程产生的水泥窑灰的处置却具有碳汇功能（Huntzinger et al., 2009b），因此，本书所研究的水泥碳汇核算包括水泥生产碳汇（其实是水泥窑灰的碳汇）、水泥使用过程碳汇和水泥使用后废弃物处置碳汇，从而实现了水泥从生产到消费及处置的全过程碳汇分析。

菲克第二扩散定律是土木工程领域研究混凝土碳化深度较为常用的方法，即混凝土的碳化深度等于碳化速率系数与时间平方根的乘积，见式（3-1）。其中，

碳化速率系数 k 也称为碳化影响因子,具体数值受上章所提的水泥材料本身因素、环境因素及施工因素影响,需要进行校正后使用。总体来说,在同一暴露条件和水化程度下,混凝土的碳化速率系数实质由物质组成或毛细管孔隙度决定,即很大部分取决于混凝土强度。混凝土的抗压强度越高,混凝土的碳化速率越小(Kjellsen et al., 2005)。不同品种的水泥所形成的混凝土含有的可碳化物质的含量不同,一般是掺混合材料的硅酸盐水泥的碳化速率系数大于普通硅酸盐水泥(何智海等, 2008)。对于同一品种水泥,混凝土中水泥量越大,碳化速率系数越小(肖佳和勾成福, 2010)。相同水泥用量前提下,水灰比越大,混凝土碳化速率越快(肖佳和勾成福, 2010)。在水灰比相同时,使用大粒径骨料的混凝土比使用小粒径骨料混凝土容易碳化(柳俊哲, 2005)。外加剂和大部分的覆盖层通常会降低混凝土的碳化速率系数(Park, 2008; 苏义彪, 2014)。混凝土碳化速率系数对相对湿度较敏感(Pade and Guimaraes, 2007; Tuutti, 1982),过高或过低都会影响碳化速率系数(Kjellsen et al., 2005)。环境中高浓度的 CO_2 会加快碳化反应速率(Yoon et al., 2007)。在 10~60℃范围内,混凝土碳化速率随环境温度的升高而加快(吴国坚等, 2014; Monteiro et al., 2012),通常表现为室内环境混凝土碳化速率系数大于室外暴露条件(Ali and Dunster, 1998; Currie, 1986; Wierig, 1984)。碳化时间 t 是指混凝土的暴露时间,从生命周期角度考虑一般分为建筑使用阶段时间,建筑拆除阶段时间和建筑垃圾处理与回用阶段时间。建筑拆除与垃圾处理与回用阶段的碳化深度假设破碎混凝土颗粒近似为球体,采用菲克第二扩散定律的变形公式即 $D = 2d = 2k_i \times \sqrt{t}$,基于变形公式获得的碳化深度,提出了通过确定不同等级粒径的破碎混凝土碳化体积比例来确定混凝土碳化量的方法,从而解决了建筑拆除和垃圾处理与回用阶段的碳化量化难点问题。砂浆的碳汇核算与混凝土一样也应用了菲克第二扩散定律来确定碳化深度,从而解决量化砂浆碳化的空白问题。由于砂浆与空气的接触面积和孔隙度较大,它的碳化速率较快,要高于混凝土(尹红宇等, 2009)。在土木工程领域,抹灰砂浆的厚度一般为 10~30 mm,黏合砂浆的厚度一般为 8~20 mm,装饰和维修砂浆厚度不超过 50 mm(预拌砂浆应用技术规程, 2005),一般在建筑使用期就会完成碳化。

《2006 年 IPCC 国家温室气体清单指南》指明了温室气体排放和吸收的状况,是制定与衡量应对气候变化政策和措施的基础。此方法能够清晰展示各个核算过程,一目了然,便于核查。本书采用《2006 年 IPCC 国家温室气体清单指南》(Eggleston et al., 2006)自上而下和自下而上相结合的方法,通过活动水平数据和吸收因子逐一编制不同区域、不同水泥利用类型、不同年份的水泥使用及处置过程中碳吸收清单。活动水平数据通过国家统计机构出版的年鉴、国际统计机构、著作、期刊文献、实际调查等方式获得。吸收因子通过期刊文献、实际测量方式获得。对于混凝土而言，活动水平数据指不同阶段混凝土碳化体积，吸收因子为不同阶段混凝土单位碳化体积 CO_2 吸收量。对于砂浆而言，活动水平数据为砂浆碳化体积，吸收因子为砂浆单位碳化体积 CO_2 吸收量。建筑损失水泥分为损失混凝土水泥和损失水泥砂浆。损失混凝土水泥的活动水平数据指建筑过程中损失混凝土水泥的质量，吸收因子为损失混凝土水泥单位质量 CO_2 吸收量。损失水泥砂浆的活动水平数据指建筑过程中损失水泥砂浆的质量，吸收因子为损失水泥砂浆单位质量 CO_2 吸收量。水泥窑灰的活动水平数据指水泥窑灰的产量，吸收因子为水泥窑灰单位质量 CO_2 吸收量。所有吸收因子会受到材料本身和周围环境因素的影响。同时，我们采用了《2006 年 IPCC 国家温室气体清单指南》（Eggleston et al., 2006）中提供的蒙特卡罗方法分析水泥碳吸收的不确定性。这是因为蒙特卡罗方法适用于详细的类别不确定性估算，尤其是不确定性大，分布非正态，算法是复杂函数和/或某些活动数据集、排放/吸收因子间或两者相关的情况，这符合水泥碳吸收复杂核算的适用需求。因此，利用蒙特卡罗方法确定了吸收清单中包括活动水平数据、吸收因子、吸收核算过程中的共 26 个变量的不确定性，并识别了清单中不确定性的重要来源及敏感性因素，从而确定了水泥碳吸收总体的不确定性。

3.2.2　方法学建立

根据水泥碳汇核算所采用的方法学基础，本书量化了水泥生产、使用和废弃处置过程的碳汇功能，构建了水泥碳汇核算方法体系。具体步骤如下：

（1）水泥核算边界的确定。应用生命周期评价方法，根据水泥使用和废弃物处置的主要类型来确定水泥碳汇系统的核算边界（图 3-2），结合元素追索法和元素守恒定律，分别核算各部分碳汇量，确定水泥碳汇的吸收过程和规律。沿着水泥生命周期线，将水泥碳汇的核算分为水泥的生产、水泥的使用和水泥使用后废弃物处置与再利用三个部分，时间尺度为 100 年。水泥生产碳汇指水泥生产过程中水泥窑灰碳汇，水泥窑灰的处置分为填埋和回收利用两部分，水泥窑灰回收利用部分会再形成水泥，不需核算，只需核算填埋部分水泥窑灰碳汇。水泥的使用过程，主要分为混凝土水泥和水泥砂浆两种类型。混凝土水泥的碳汇核算根据混凝土建筑的寿命及处理方式分为建筑使用阶段、建筑拆除阶段和建筑垃圾处理与回用阶段，拆除的废弃混凝土处理主要以填埋、露天堆放或是回收利用（用于混凝土骨料、路基和工程回填料）方式完成水泥的使命。水泥砂浆的碳汇核算主要分为砌筑水泥砂浆、抹灰和装饰水泥砂浆以及维修和护理水泥砂浆。无论是混凝土水泥还是水泥砂浆在建筑使用过程中都会存在一部分损失，主要以填埋方式处理，此部分为建筑阶段损失水泥碳汇。

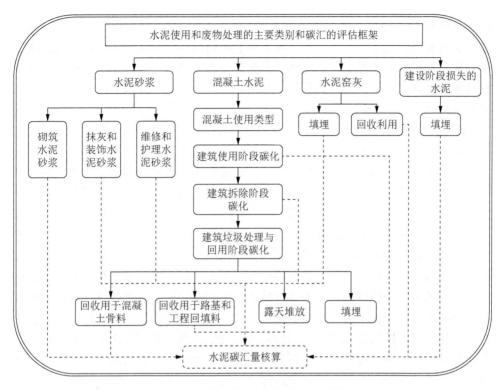

图 3-2 水泥碳汇生命周期评价框图

实线代表物质流，虚线代表碳吸收流，双实线代表核算边界

（2）数据库的建立。根据确定的水泥碳汇核算边界，通过国家统计机构数据、出版年鉴、国际统计机构、著作、期刊文献、实际调查、实地试验等方式获得各个部分的基础数据库，主要包括水泥生产与消费量数据库、混凝土和砂浆利用比例数据库、水泥建筑利用类型比例数据库、水泥窑灰产量和处置比例数据库、混凝土强度等级数据库、单位体积混凝土中水泥用量数据库、碳化速率系数数据库、混凝土水泥建筑使用阶段寿命数据库、混凝土建筑拆除阶段暴露时间数据库、混凝土建筑结构厚度数据库、废弃混凝土处置方法和粒径分布数据库、砂浆利用类型及比例和使用厚度数据库、砂浆利用类型分布及相关系数数据库、CaO 转化为 $CaCO_3$ 比例数据库等。这些数据库的建立，为进一步的水泥碳汇核算以及不确定性分析提供基础。

（3）水泥碳汇核算方法体系的建立。基于菲克第二扩散定律及变形公式，运用《2006 年 IPCC 国家温室气体清单指南》核算水泥生命周期内不同阶段不同部分的碳汇量。水泥生产过程水泥窑灰的碳汇核算是根据水泥窑灰的产量、水泥窑灰填埋处置比例、水泥窑灰中 CaO 的含量、CaO 转化为 $CaCO_3$ 的比例、固定的

CO_2 中 C 元素与 CaO 转换系数进行核算。水泥窑灰的碳化比较快，当年就能完成。水泥使用过程中的碳汇核算包括混凝土和砂浆两部分。混凝土在建筑使用阶段的碳汇核算是根据菲克第二扩散定律，首先通过定律公式可获得不同条件下混凝土建筑使用阶段的碳化深度，再根据不同条件下建筑物的暴露表面积可获得混凝土在建筑使用阶段的碳化体积，结合混凝土水泥用量、熟料与水泥比例、水泥熟料中 CaO 的含量、CaO 转化为 $CaCO_3$ 的比例、固定的 CO_2 中 C 元素与 CaO 转换系数进行核算。由于混凝土建筑使用阶段核算的是使用周期内的累积量，可以通过相邻两个年份之间累积量的差值获得当年的混凝土碳汇量。混凝土在建筑拆除阶段的碳汇核算是基于菲克第二扩散定律变形公式，将破碎的混凝土近似为球体，通过评估不同粒径范围的破碎混凝土的碳化体积比例，来确定建筑拆除阶段的破碎混凝土碳化量，再结合混凝土水泥用量、熟料与水泥比例、水泥熟料中 CaO 的含量、CaO 转化为 $CaCO_3$ 的比例、固定的 CO_2 中 C 元素与 CaO 转换系数进行核算。在建筑垃圾处理与回用阶段，同样采用菲克第二扩散定律变形公式，通过评估不同粒径范围的破碎混凝土的碳化体积比例，来确定建筑垃圾处理与回用阶段的破碎混凝土碳化量，值得指出的是，拆除阶段的破碎混凝土的碳化层的存在会减缓碳化，此阶段的碳化深度是拆除阶段和建筑垃圾处理与回用阶段总的碳化深度与拆除阶段的碳化深度之差，再结合混凝土水泥用量、熟料与水泥比例、水泥熟料中 CaO 的含量、CaO 转化为 $CaCO_3$ 的比例、固定的 CO_2 中 C 元素与 CaO 转换系数进行核算。同样，可以通过相邻两个年份之间累积量的差值获得建筑垃圾处理与回用阶段当年的混凝土碳汇量。水泥砂浆的碳汇核算分为砌筑水泥砂浆、抹灰和装饰水泥砂浆以及维修和护理水泥砂浆。抹灰砂浆及维修和护理水泥砂浆的碳汇核算基于菲克第二扩散定律，并通过每年碳化深度的比例来获得用于抹灰砂浆及维修和护理水泥砂浆的碳化量，再结合水泥砂浆用量、熟料与水泥比例、水泥熟料中 CaO 的含量、CaO 转化为 $CaCO_3$ 的比例、固定的 CO_2 中 C 元素与 CaO 转换系数进行核算。砌筑砂浆的碳汇核算与抹灰砂浆相似，值得注意的是，砌筑砂浆分为不抹灰、一面抹灰和两面抹灰三种情形。建筑过程中损失水泥的碳汇核算分为损失混凝土水泥和损失水泥砂浆，分别根据两者的水泥损失量，结合混凝土/水泥砂浆用量、熟料与水泥比例、水泥熟料中 CaO 的含量、CaO 转化为 $CaCO_3$ 的比例、固定的 CO_2 中 C 元素与 CaO 转换系数进行核算。最终形成了水泥从生产到消费，到废弃处置的系统核算方法体系。

（4）水泥碳汇量核算软件编制。根据水泥碳汇核算方法体系，利用水泥碳汇基础数据库，应用 MATLAB 软件统一编写程序，进行数据处理和建模，核算不同类型水泥、不同使用阶段的碳汇量，形成水泥碳汇吸收清单。采用蒙特卡罗方法针对基础数据库，计算过程进行 10 万次的模拟，确定水泥碳汇量总体不确定性、混凝土水泥不同阶段碳汇的不确定性、水泥砂浆碳汇的不确定性、水泥窑灰碳汇的不确定性、建筑损失水泥碳汇的不确定性，并分析不确定性的来源，以及进行参数敏感性分析。

3.2.3　水泥碳汇核算模型建立

本书利用水泥生产数据，采用生命周期评价方法核算了水泥材料随时间变化的碳吸收量。水泥总碳汇的核算包括混凝土水泥碳汇、水泥砂浆碳汇、建筑损失水泥碳汇和水泥窑灰碳汇，公式如下：

$$C_u = \sum \text{Con} + \sum \text{Mor} + \sum \text{Waste} + \sum \text{CKD} \tag{3-4}$$

式中，C_u 为水泥总碳汇；

$\sum \text{Con}$ 为混凝土水泥碳汇；

$\sum \text{Mor}$ 为水泥砂浆碳汇；

$\sum \text{Waste}$ 为建筑损失水泥碳汇；

$\sum \text{CKD}$ 为水泥窑灰碳汇。

3.2.3.1　混凝土水泥碳汇量

从生命周期角度评判，混凝土的生命周期可分为建筑使用阶段（如建筑物）、建筑拆除阶段、建筑垃圾处理与回用三个阶段。计算公式如下：

$$\sum \text{Con} = C_l^{t_l} + C_d^{t_d} + C_s^{t_s} \tag{3-5}$$

式中，$\sum \text{Con}$ 为混凝土水泥碳汇；

$C_l^{t_l}$ 为建筑使用阶段 t_l 年混凝土累积碳汇；

$C_d^{t_d}$ 为建筑拆除阶段 t_d 年混凝土累积碳汇；

$C_s^{t_s}$ 为建筑垃圾处理与回用阶段 t_s 年废弃混凝土累积碳汇。

1）混凝土建筑使用阶段碳汇

混凝土建筑使用阶段碳汇的核算，首先要收集基础数据，进行数据的转换与处理，再利用公式计算。

（1）明确混凝土分类。由于具体的建筑结构类型对于评判混凝土抗压强度等级、水泥用量、暴露环境、暴露表面积和生命周期非常重要（Kelly and Matos, 2014; Pade and Guimaraes, 2007; Jonsson and Wallevik, 2005; Lagerblad, 2005; Gajda, 2001），需要划分不同混凝土的利用类型，明确不同利用类型水泥的利用比例。

（2）明确混凝土抗压强度等级。混凝土抗压强度等级通常可通过调研统计数据和以往的研究数据获得（Pade and Guimaraes, 2007; Low, 2005; ERMCO, 2001～

2013; Nisbet, 2000），从而明确不同强度等级分布及其比例。

（3）明确混凝土水泥量。混凝土水泥用量是指单位体积混凝土中含有的水泥质量（kg/m³）。通过数据收集明确不同强度等级对应的混凝土水泥用量。

（4）明确暴露环境、CO_2 浓度和添加剂影响。通常暴露环境可划分为：暴露、遮蔽、室内、潮湿和埋藏五种（Pade and Guimaraes, 2007）。尤其是，相对湿度、CO_2 浓度（Talukdar et al., 2012; Yoon et al., 2007）和添加剂已被证明会影响碳化速率系数（Papadakis et al., 1991）。我们可通过查阅大量文献，具体的试验和调查数据获得相关数据。

（5）明确覆盖层影响。覆盖层的应用会影响碳化速率，有研究发现涂料能够减少水泥碳化速率 10%～30%（Lagerblad, 2005; Roy et al., 1996）。但也有研究发现涂料实际上没有减少碳化深度（Rau et al., 2007; Berner et al., 1983），且不同覆盖层对碳化深度的影响不同。针对覆盖层对碳化影响的不确定性，基于以往的研究，可采用碳化速率校正系数来反映覆盖层对碳化的影响。

（6）明确混凝土碳化速率。基于混凝土分类、水泥用量、暴露条件、添加剂和覆盖层，可核算不同条件下的混凝土碳化速率。同时，针对具体区域，也可直接采用已有文献提供的混凝土碳化速率（Galan et al., 2010; Pade and Guimaraes, 2007; Gajda, 2001）。混凝土的碳化速率系数在考虑抗压强度、暴露环境、水泥添加剂、CO_2 浓度以及覆盖层的影响下可通过以下公式获得（Pade and Guimaraes, 2007）。

$$k_{li} = \beta_{c\sec} \times \beta_{ad} \times \beta_{CO_2} \times \beta_{cc} \qquad (3\text{-}6)$$

式中，k_{li} 为混凝土碳化速率系数；

$\beta_{c\sec}$ 为暴露环境影响系数；

β_{ad} 为添加剂影响系数；

β_{CO_2} 为 CO_2 浓度影响系数；

β_{cc} 为覆盖层影响系数。

（7）明确建筑使用寿命。建筑使用阶段寿命、建筑拆除阶段时间以及建筑垃圾处理与回用阶段时间可通过具体的文献获得（Yang et al., 2014; Huang et al., 2013; Hu et al., 2010; Kapur et al., 2008; Pade and Guimaraes, 2007）。

（8）计算碳化深度。根据菲克第二扩散定律，通过碳化速率系数和暴露时间可获得碳化混凝土不同暴露条件下不同抗压强度等级下的碳化深度（Pade and Guimaraes, 2007）。公式如下：

$$d_i = k_{li} \times \sqrt{t_l} \qquad (3\text{-}7)$$

式中，d_i 为 i 强度等级混凝土的碳化深度；

k_{li} 为混凝土碳化速率系数；

t_l 为混凝土建筑使用阶段的时间。

（9）计算暴露表面积。混凝土的暴露表面积可基于混凝土结构的平均使用厚度获得（Pade and Guimaraes, 2007; Pommer and Pade, 2006; Gajda, 2001）。

（10）计算碳化体积。碳化混凝土的体积计算公式如下：

$$V_i = d_i \times A_i \qquad (3-8)$$

式中，V_i 为建筑使用阶段碳化的 i 强度等级混凝土体积；

A_i 为建筑使用阶段混凝土暴露表面积；

i 为混凝土强度等级。

（11）计算碳化混凝土水泥质量。碳化混凝土水泥的质量计算公式如下：

$$W_{li} = \sum_{i=1}^{n} V_i \times C_i \qquad (3-9)$$

式中，W_{li} 为 i 强度等级混凝土在建筑使用阶段碳化的水泥质量；

C_i 为不同强度等级的混凝土中水泥用量。

（12）计算混凝土累积碳汇量。利用上述公式可以计算建筑使用阶段碳化混凝土的累积碳汇量：

$$C_l^{t_l} = W_{li} \times C_{\text{clinker}} \times f_{\text{CaO}} \times \gamma \times M_\gamma \qquad (3-10)$$

式中，$C_l^{t_l}$ 为建筑使用阶段 t_l 年混凝土累积碳汇量；

C_{clinker} 为水泥中水泥熟料的比例，根据《1996 年 IPCC 国家温室气体清单指南修订本》和《2006 年 IPCC 国家温室气体清单指南》，范围为 75%～97%；

f_{CaO} 为水泥熟料中 CaO 的比例，平均值为 65%，变化范围为 60%～67%（Pade and Guimaraes, 2007）；

γ 为混凝土 CaO 完全碳化为 $CaCO_3$ 的比例，平均值为 0.8，变化范围为 0.5～1.00（Andersson et al., 2013; Dodoo et al., 2009; Pade and Guimaraes, 2007; Chang and Chen, 2006; Gajda, 2001; Takano and Matsunaga, 1995）；

M_γ 为 C 元素与 CaO 的比例，恒等式即摩尔含量 $\dfrac{CO_2}{CaO} \times \dfrac{C}{CO_2}$，为 0.214（Pade and Guimaraes, 2007）。

（13）计算建筑使用阶段混凝土年碳汇量。结合以上计算公式，利用 t_l 年的总累积碳汇量减去 t_l-1 年的总累积碳汇量可计算出第 t_l 年（$\Delta C_l^{t_l}$）碳汇量：

$$\Delta C_l^{t_l} = \sum C_l^{t_l} - \sum C_l^{(t_l-1)} \qquad (3-11)$$

2）混凝土建筑拆除阶段碳汇

建筑在使用寿命结束后会被拆除。在大多数国家，为了便于钢铁回收和运输，混凝土结构会被打碎成小颗粒，然后被垃圾填埋、堆放和循环利用（主要用于混凝土骨料、回填料和路基）。环境中的暴露时间和暴露面积对拆除和破碎的混凝土的碳化比例影响较大。混凝土拆除阶段的暴露时间包括拆除过程、为了回收钢铁的原地破碎、在运往垃圾填埋场或是堆积厂前的原地储存、回收为混凝土碎石的破碎以及在回收利用工厂前的储存。如果10m×2.5m×0.18m的混凝土墙被打碎为棱长10 cm的立方体（或是10 cm直径球体）和棱长1cm的立方体（或是1cm直径球体）表面积会增加55倍和550倍（Pade and Guimaraes，2007）。所以在建筑使用阶段的碳化面积只有拆除阶段总暴露面积的2.0%和2‰，因此可假设建筑使用阶段的碳化面积对接下来的混凝土拆除阶段的碳化影响较小。拆除混凝土废物处理和回收利用方法决定了拆除和破碎混凝土碎块的粒径分布。如果废弃混凝土碎块用于垃圾填埋和倾倒处理，废弃混凝土碎块在拆除、破碎回收钢铁和短暂的原地堆放之后将会运往垃圾场和倾倒地点，废弃混凝土中会存在一些大的粒径碎块。如果拆除的混凝土用于新水泥或是沥青混凝土骨料、路基和填充料（包括路堤），或是其他利用，拆除的混凝土根据不同的利用类型会被破碎为不同粒径碎块运往回收厂（图3-3）。

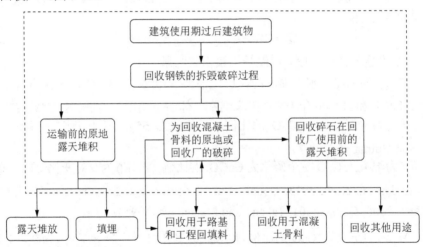

图3-3   在拆除阶段混凝土处理阶段物质流过程

虚框内的内容是拆除破碎过程，虚框外的内容是拆除破碎的混凝土处置过程

建筑拆除阶段混凝土碳汇量核算步骤如下：

（1）确定建筑拆除阶段混凝土粒径和表面积。由于建筑拆除阶段混凝土碎块的表面积很难评估，需要利用有效数据来评估破碎混凝土不同粒径范围和分布（Kikuchi and Kuroda，2011；北京市住房和城乡建设委员会和北京市质量技术监督

局, 2010)。

(2) 确定建筑拆除阶段的暴露时间。目前全球采用 0.4 年的时间来评估建筑拆除阶段的暴露时间(Andersson et al., 2013; Dodoo et al., 2009; Pade and Guimaraes, 2007; Engelsen et al., 2005)。研究发现几乎所有的拆除破碎混凝土碎块都暴露在空气中,仅有小部分处于遮蔽处堆积(Kikuchi and Kuroda, 2011)。

(3) 计算建筑拆除阶段混凝土碳化比例。通过将拆除破碎混凝土碎块形状近似为球体,可计算建筑拆除阶段混凝土的碳化比例(F_{di})(Pommer and Pade, 2006)。根据菲克第二扩散定律,利用不同废弃混凝土碎块粒径分布和相应的碳化深度可以计算其碳化比例。

$$D_{0i} = 2d_{di} = 2k_{di} \times \sqrt{t_d} \qquad (3\text{-}12)$$

$$F_{di} = \begin{cases} 100\% - \int_a^b \frac{\pi}{6}(D-D_{0i})^3 / \int_a^b \frac{\pi}{6}D^3 \times 100\% & (a \geqslant D_{0i}) \\ 100\% - \int_{D_{0i}}^b \frac{\pi}{6}(D-D_{0i})^3 / \int_a^b \frac{\pi}{6}D^3 \times 100\% & (a{<}D_{0i}{<}b) \\ 100\% & (b \leqslant D_{0i}) \end{cases} \qquad (3\text{-}13)$$

式中, F_{di} 为建筑拆除阶段 i 强度等级的废弃混凝土的碳化比例;

D_{0i} 为 i 强度等级的废弃混凝土碎块完全碳化的最大粒径;

d_{di} 为 i 强度等级的破碎混凝土碎块的碳化深度;

k_{di} 为敞开暴露环境下 i 强度等级的混凝土碎块碳化速率系数;

t_d 为建筑拆除阶段的时间;

D 为建筑拆除阶段的废弃混凝土碎块的粒径;

a 为建筑拆除阶段的废弃混凝土碎块在给定范围内的最小粒径;

b 为建筑拆除阶段的废弃混凝土碎块在给定范围内的最大粒径。

如果废弃混凝土碎块的粒径小于 D_{0i} 就会在等于或小于 t_d 年完成碳化,因此 F_{di} 就是 100%。如果废弃混凝土碎块的粒径大于 D_{0i}, F_{di} 可利用微积分方法计算,见式(3-13)。

(4) 计算建筑拆除阶段混凝土碳化水泥质量。利用式(3-13)计算的建筑拆除阶段混凝土的碳化比例,可以获得建筑拆除阶段混凝土碳化水泥质量(W_d):

$$W_{di} = (W_{ci} - W_{li}) \times F_{di} \qquad (3\text{-}14)$$

$$W_d = \sum_{i=1}^n W_{di} \qquad (3\text{-}15)$$

式中, W_{di} 为 i 强度等级的混凝土在建筑拆除阶段碳化的水泥质量;

W_{ci} 为用于 i 强度等级混凝土的水泥总质量；

W_{li} 为 i 强度等级混凝土在建筑使用阶段碳化的水泥质量；

F_{di} 为建筑拆除阶段 i 强度等级的废弃混凝土的碳化比例。

（5）计算建筑拆除阶段混凝土碳汇量。利用以上公式，基于建筑拆除阶段混凝土不同处理方式的碳化比例来计算建筑拆除阶段混凝土总的碳汇量（$C_d^{t_d}$）：

$$C_d^{t_d} = W_d \times C_{clinker} \times f_{CaO} \times \gamma \times M_\gamma \qquad (3-16)$$

式中，W_d 为建筑拆除阶段碳化的混凝土水泥质量；

$C_{clinker}$ 为水泥中水泥熟料的比例；

f_{CaO} 为水泥熟料中 CaO 的比例；

γ 为混凝土 CaO 完全碳化为 $CaCO_3$ 的比例；

M_γ 为 C 元素与 CaO 的比例。

3）建筑垃圾处理与回用阶段废弃混凝土碳汇量

在建筑拆除阶段没有碳化的废弃混凝土在建筑垃圾处理与回用阶段会继续吸收 CO_2。总体来说，全球超过 91% 的破碎混凝土处于埋藏环境，或者在填埋场或者一部分回收利用为路基骨料和工程回填料（Andersson et al., 2013）。建筑垃圾处理与回用阶段碳化评估模型如下：

（1）计算建筑垃圾处理与回用阶段碳化深度。由于建筑拆除阶段碳化层的存在（Roy et al., 1996）以及建筑垃圾处理与回用阶段处于埋藏条件（Pade and Guimaraes, 2007），使得建筑垃圾处理与回用阶段的碳化速率较低而且不断下降。建筑垃圾处理与回用阶段的碳化深度（d_{si}）可通过建筑拆除阶段与建筑垃圾处理与回用阶段总的碳化深度（d_{ti}）与拆除阶段的碳化深度（d_{di}）之差获得［图 3-4（a）］。建筑垃圾处理与回用阶段的碳化速率应该采用埋藏环境下的速率并以之前的碳化深度为起点［图 3-4（b）］。在建筑垃圾处理与回用阶段埋藏于土壤中的碳化速率要低于暴露于空气中拆除阶段的碳化速率。在不同的暴露环境和特定的碳化系数下，相同的碳化深度就会存在时间滞后现象（Δt_i）［图 3-4（c）］。以 C15 混凝土 5 mm 碳化深度为例，暴露在空气环境下的碳化时间为 1 年，而在埋藏环境下需 2.8 年。从一种暴露环境到另一种暴露环境，滞后时间可采用如下公式计算：

$$d_{di} = k_{di} \times \sqrt{t_{di}} = k_{si} \times \sqrt{t_{si}} \qquad (3-17)$$

$$k_{di} \times \sqrt{t_{di}} = k_{si} \times \sqrt{t_{di} + \Delta t_i} \qquad (3-18)$$

$$\Delta t_i = t_{di} \times \left(\frac{k_{di}^2}{k_{si}^2} - 1 \right) \qquad (3-19)$$

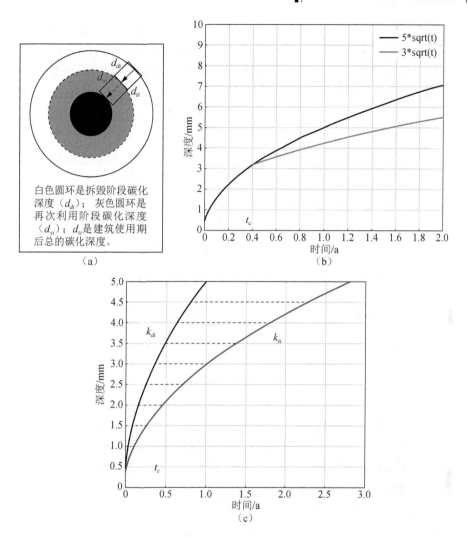

图 3-4 建筑垃圾处理与回用阶段碳化过程

（a）图建筑垃圾处理与回用阶段混凝土颗粒继续碳化深度的示意图；（b）图 C15 混凝土颗粒在建筑拆除阶段和建筑垃圾处理与回用阶段碳化深度（黑线代表暴露在空气中的碳化速率，灰线代表埋藏条件下的碳化速率）；（c）图 C15 混凝土颗粒在空气暴露环境和埋藏环境下相同碳化深度的时间滞后（Δt_i）。k_{di} 是空气暴露环境下的碳化速率系数，k_{si} 是埋藏环境下碳化速率系数（Xi et al., 2016）

建筑拆除阶段与建筑垃圾处理与回用阶段废弃混凝土总的碳化深度（d_{ti}）可通过如下公式计算：

$$d_{ti} = k_{si} \times \sqrt{t_{si} + t_{di} + \Delta t_i} \tag{3-20}$$

式中，d_{di} 为 i 强度等级的混凝土在建筑拆除阶段的碳化深度；

k_{di} 为建筑拆除阶段 i 强度等级混凝土暴露空气环境下的碳化速率系数;

t_{di} 为建筑拆除阶段 i 强度等级混凝土达到碳化深度 d_{di} 所用时间;

d_{si} 为 i 强度等级的混凝土在建筑垃圾处理与回用阶段的碳化深度;

k_{si} 为建筑垃圾处理与回用阶段 i 强度等级混凝土埋藏环境下的碳化速率系数;

t_{si} 为建筑垃圾处理与回用阶段 i 强度等级混凝土埋藏环境下碳化深度 d_{di} 所用时间;

Δt_i 为埋藏环境下比暴露空气环境下在达到相同碳化深度 d_{di} 的滞后时间;

d_{ti} 为建筑拆除阶段与建筑垃圾处理与回用阶段总的碳化深度。

(2)计算建筑垃圾处理与回用阶段废弃混凝土的碳化比例。废弃混凝土在建筑垃圾处理与回用阶段的碳化比例计算如下:

$$D_{li}=2d_{ti}=2k_{si}\times\sqrt{t_{si}+t_{di}+\Delta t_i}\qquad(3\text{-}21)$$

$$F_{si}=\begin{cases}100\%-\int_a^b\dfrac{\pi}{6}\left(D-D_{li}\right)^3\Big/\int_a^b\dfrac{\pi}{6}D^3\times100\%-F_{di}&(a\geqslant D_{li})\\[2mm]100\%-\int_{D_{li}}^b\dfrac{\pi}{6}\left(D-D_{li}\right)^3\Big/\int_a^b\dfrac{\pi}{6}D^3\times100\%-F_{di}&(a\leqslant D_{li}<b)\\[2mm]100\%-F_{di}&(b<D_{li})\end{cases}\qquad(3\text{-}22)$$

式中,D_{li} 为建筑拆除阶段与建筑垃圾处理与回用阶段的 i 强度等级废弃混凝土碎块完全碳化的最大直径;

D 为建筑拆除阶段废弃混凝土碎块的粒径;

F_{si} 为建筑垃圾处理与回用阶段 i 强度等级废弃混凝土的碳化比例;

F_{di} 为建筑拆除阶段 i 强度等级的废弃混凝土的碳化比例;

a 为破碎混凝土碎块在给定粒径分布下的最小粒径;

b 为破碎混凝土碎块在给定粒径分布下的最大粒径。

在 $t_{si}+t_{di}+\Delta t_i$ 年,所有碎块粒径小于 D_{li} 的废弃混凝土将完成碳化,因此 F_{si} 为 $100\%-F_{di}$。碎块粒径大于 D_{li} 的废弃混凝土的 F_{si} 值采用积分方法计算。

(3)计算建筑垃圾处理与回用阶段废弃混凝土累积和年碳汇量。在建筑垃圾处理与回用阶段废弃混凝土累积和年碳汇量的计算如下:

$$W_{si}=W_{ci}-W_{li}-W_{di}\qquad(3\text{-}23)$$

$$C_s^{t_s}=\left(\sum_{i=1}^n W_{si}\times F_{si}\right)\times C_{\text{clinker}}\times f_{\text{CaO}}\times\gamma\times M_\gamma\qquad(3\text{-}24)$$

$$\Delta C_s^{t_s}=C_s^{t_s}-C_s^{(t_s-1)}\qquad(3\text{-}25)$$

式中,W_{si} 为建筑垃圾处理与回用阶段 i 强度等级的混凝土的水泥质量;

W_{ci} 为 i 强度等级的混凝土水泥总质量；

W_{li} 为建筑使用阶段 i 强度等级的碳化混凝土水泥质量；

W_{di} 为建筑拆除阶段 i 强度等级的碳化混凝土水泥质量；

F_{si} 为建筑垃圾处理与回用阶段 i 强度等级的混凝土水泥碳化比例；

$C_{clinker}$ 为水泥中水泥熟料的比例；

f_{CaO} 为水泥熟料中 CaO 的平均比例；

γ 为混凝土 CaO 完全碳化为 $CaCO_3$ 的比例；

M_γ 为 C 元素与 CaO 的比例；

$C_s^{t_s}$ 为建筑垃圾处理与回用阶段 t_s 年废弃混凝土累积碳汇量；

$C_s^{(t_s-1)}$ 为建筑垃圾处理与回用阶段 (t_s-1) 年废弃混凝土累积碳汇量；

$\Delta C_s^{t_s}$ 为建筑垃圾处理与回用阶段第 t_s 年废弃混凝土年碳汇量。

3.2.3.2　水泥砂浆碳汇

水泥砂浆用于抹灰（装饰）、砌筑（砖块堆砌）、砖瓦黏合和灌浆、外墙保温系统、粉末涂料、水泥基防水密封浆、自调水平和定墙上灰、维修和护理及其他用途（Lutz and Bayer, 2010）。用于抹灰和装饰的砂浆比例较大（Winter and Plank, 2007），而用于砖瓦黏合和灌浆、外墙保温系统、粉末涂料、水泥基防水密封浆、自调水平和定墙上灰的砂浆消耗很少，并且与抹灰结合使用，具有相似的过程（北京市住房和城乡建设委员会和北京市质量技术监督局, 2010）。根据调研数据、资料统计数据获得砂浆用途的分类，并确定使用比例。

1）确定典型水泥砂浆使用厚度

通过调研和文献查阅可获取水泥砂浆利用厚度。在不同国家，砂浆的使用厚度几乎相同。抹灰砂浆的厚度通常为 10～30 mm，而装饰砂浆（完工）非常的薄，通常采用的厚度为 1～5 mm（Lutz and Bayer, 2010; Winter and Plank, 2007）。用于砖瓦黏合和灌浆的水泥砂浆的厚度分别为 15～30 mm 和 3～30 mm（Lutz and Bayer, 2010）。用于外墙保温系统的砂浆厚度为 5～10 mm，用于防水的砂浆厚度为 1～2 mm，用于衬底调平的砂浆厚度为 5～30 mm，用于地坪砂浆的厚度为 30～80 mm（北京市住房和城乡建设委员会和北京市质量技术监督局, 2010）。用于砌筑的砂浆厚度大约为 10 mm，除了一小部分用于平整砖块的砌筑砂浆，它的厚度仅为 2～3 mm（Lutz and Bayer, 2010）。用于维修和护理的砂浆主要是修补混凝土结构和建筑物的表面，因此其厚度主要参考抹灰和砖瓦黏合的厚度，可取平均值 25 mm。

2）确定水泥砂浆碳化速率系数

研究表明水泥砂浆的碳化速率要明显高于混凝土碳化速率，这是因为水泥砂浆的水泥含量低、水灰比高、骨料粒径小(最大粒径 2～4 mm)(El-Turki et al., 2009; Kropp, 2000)。由于水泥砂浆实质上是具有细小骨料的混凝土,水泥砂浆的碳化规律应该与低强度(<C15)的混凝土的碳化规律相似。在有外加剂条件下碳化深度会增加(Zhang, 1989)。然而对于水泥砂浆的碳化速率和碳化深度研究较少,可通过试验方法结合文献获得水泥砂浆碳化速率系数。

3)水泥砂浆碳汇量

基于每年碳化深度比例可以估算每年水泥砂浆碳汇量(杨长辉等, 2009; Jo, 2008)。水泥砂浆的碳汇量包括抹灰砂浆碳汇量($C_{\mathrm{rp}t}$)、砌筑砂浆碳汇量($C_{\mathrm{rm}t}$)与维修和护理砂浆碳汇量($C_{\mathrm{rma}t}$)三部分:

$$\sum \mathrm{Mor} = C_{\mathrm{rp}t} + C_{\mathrm{rm}t} + C_{\mathrm{rma}t} \qquad (3\text{-}26)$$

式中, $\sum \mathrm{Mor}$ 为水泥砂浆碳汇量;

$C_{\mathrm{rp}t}$ 为抹灰砂浆碳汇量;

$C_{\mathrm{rm}t}$ 为维修和护理砂浆碳汇量;

$C_{\mathrm{rma}t}$ 为砌筑砂浆碳汇量。

抹灰水泥砂浆年碳汇量计算如下:

$$d_{\mathrm{rp}} = K_m \times \sqrt{t} \qquad (3\text{-}27)$$

$$f_{\mathrm{rp}t} = (d_{\mathrm{rp}t} - d_{\mathrm{rp}(t-1)}) / d_{T\mathrm{rp}} \times 100\% \qquad (3\text{-}28)$$

$$C_{\mathrm{rp}t} = \sum_0^t W_m \times r_{\mathrm{rp}} \times f_{\mathrm{rp}t} \times C_{\mathrm{clinker}} \times f_{\mathrm{CaO}} \times \gamma_1 \times M_\gamma \qquad (3\text{-}29)$$

式中, d_{rp} 为抹灰砂浆碳化深度;

K_m 为砂浆碳化速率系数;

$d_{\mathrm{rp}t}$ 为抹灰砂浆 t 年的碳化深度;

$d_{\mathrm{rp}(t-1)}$ 为抹灰砂浆 $(t-1)$ 年的碳化深度;

$d_{T\mathrm{rp}}$ 为抹灰砂浆使用厚度;

$f_{\mathrm{rp}t}$ 为抹灰砂浆第 t 年的年碳化比例;

$C_{\mathrm{rp}t}$ 为用于抹灰水泥砂浆碳汇量;

W_m 为用于砂浆的水泥质量;

r_{rp} 为水泥用于抹灰砂浆的比例;

C_{clinker} 为水泥中水泥熟料的比例;

f_{CaO} 为水泥熟料中 CaO 的平均比例;

γ_1 为水泥砂浆 CaO 完全碳化为 $CaCO_3$ 的比例;

M_γ 为 C 元素与 CaO 的比例。

维修和护理水泥砂浆的年碳汇量计算如下：

$$d_{rm} = K_m \times \sqrt{t} \tag{3-30}$$

$$f_{rmt} = (d_{rmt} - d_{rm(t-1)}) / d_{Tmp} \times 100\% \tag{3-31}$$

$$C_{rmt} = \sum_0^t W_m \times r_{rr} \times f_{rmt} \times C_{clinker} \times f_{CaO} \times \gamma_1 \times M_\gamma \tag{3-32}$$

式中，d_{rm} 为维修和护理砂浆的碳化深度；

K_m 为砂浆的碳化系数；

d_{rmt} 为维修和护理砂浆在 t 年的碳化深度；

$d_{rm(t-1)}$ 为维修和护理砂浆在 $(t-1)$ 年的碳化深度；

d_{Tmp} 为维修和护理砂浆的使用厚度；

f_{rmt} 为维修和护理砂浆第 t 年的碳化比例；

C_{rmt} 为维修和护理砂浆的年碳汇量；

W_m 为用于砂浆的水泥质量；

r_{rr} 为用于维修和护理砂浆的水泥比例；

$C_{clinker}$ 为水泥中水泥熟料的比例；

f_{CaO} 为水泥熟料中 CaO 的平均比例；

γ_1 为水泥砂浆 CaO 完全碳化为 $CaCO_3$ 的比例；

M_γ 为 C 元素与 CaO 的比例。

用于砌筑的水泥砂浆将会花费更长的时间来完成碳化，这是因为全球墙的厚度从 100 mm 到 490 mm 不等（砖墙的厚度为 120 mm，180 mm，240 mm，370 mm 和 490 mm；加固混凝土承重墙的厚度为 160～180 mm；外墙的厚度为 200～250 mm；加气混凝土隔离墙厚度为 100～150 mm）（周晖，2003；Hendry，2001）。砌筑墙的抹灰会降低和阻止砌筑砂浆碳化，一般近似地认为用于砌筑墙的水泥砂浆在表面抹灰砂浆完成碳化之后才开始碳化；如果用于砌筑墙的水泥没有抹灰，在建筑完成之后就会立即开始碳化。因此可将砌筑墙分为两面抹灰、一面抹灰和没有抹灰三种情况，并分别计算它们的碳汇量。以砌筑砂浆墙 240mm，具有 20mm 的两面抹灰、具有 20 mm 的一面抹灰和没有抹灰的情况为例，具有两面抹灰的砌筑砂浆墙在建筑服役期的第 6 年开始碳化；具有一面抹灰的砌筑砂浆墙，没有抹灰的面在建筑服役期的第 1 年开始碳化而具有抹灰的面在建筑服役期的第 6 年开始碳化；不具有抹灰的砌筑砂浆墙在建筑服役期的第 1 年开始碳化。

砌筑砂浆的碳汇量计算公式如下：

$$C_{rmat} = C_{mbt} + C_{mot} + C_{mnt} \tag{3-33}$$

式中，C_{rmat} 为砌筑砂浆碳汇量；

C_{mbt} 为具有两面抹灰的砌筑砂浆墙的碳汇量；

C_{mot} 为具有一面抹灰的砌筑砂浆墙的碳汇量；

C_{mnt} 为不具有抹灰的砌筑砂浆墙的碳汇量。

具有两面抹灰的砌筑砂浆墙的碳汇量（C_{mbt}）计算如下：

$$d_{mb} = \begin{cases} 0 & (t \leq t_r) \\ 2(K_m \times \sqrt{t} - d_{Trp}) & (t > t_r) \end{cases} \tag{3-34}$$

$$f_{mbt} = \begin{cases} 0 & (t \leq t_r) \\ (d_{mbt} - d_{mb(t-1)})/d_w \times 100\% & (t_r < t \leq t_{sl}) \\ 100\% - (d_{mbt_{sl}} - 2d_{Trp})/d_w \times 100\% & (t = t_{sl} + 1) \end{cases} \tag{3-35}$$

$$C_{mbt} = W_m \times r_{rm} \times r_b \times f_{mbt} \times C_{clinker} \times f_{CaO} \times \gamma_1 \times M_\gamma \tag{3-36}$$

式中，d_{mb} 为具有两面抹灰的砌筑砂浆的累积碳化深度；

K_m 为水泥砂浆碳化速率；

t 为建筑后砌筑砂浆的暴露时间；

t_r 为抹灰砂浆在 d_{Trp} 厚度完全碳化所需的时间；

d_{Trp} 为砌筑砂浆墙抹灰厚度；

f_{mbt} 为用于具有两面抹灰的砌筑砂浆在第 t 年的年碳化比例；

d_{mbt} 为具有两面抹灰的砌筑砂浆在 t 年的累积碳化深度；

$d_{mb(t-1)}$ 为具有两面抹灰的砌筑砂浆在($t-1$)年的累积碳化深度；

d_w 为砌筑砂浆墙厚度；

$d_{mbt_{sl}}$ 为具有两面抹灰的砌筑砂浆在服务期(t_{sl})的累积碳化深度；

C_{mbt} 为具有两面抹灰的砌筑砂浆在 t 年内的年碳汇量；

W_m 为用于砂浆的水泥质量；

r_{rm} 为用于砌筑砂浆的比例；

r_b 为用于两面抹灰的砌筑砂浆比例；

$C_{clinker}$ 为水泥中水泥熟料的比例；

f_{CaO} 为水泥熟料中 CaO 的平均比例；

γ_1 为水泥砂浆 CaO 完全碳化为 $CaCO_3$ 的比例；

M_γ 为 C 元素与 CaO 的比例。

具有一面抹灰的砌筑砂浆碳汇量（C_{mot}）计算如下：

$$d_{mo} = \begin{cases} K_m \times \sqrt{t} & (t \leq t_r) \\ K_m \times \sqrt{t} + (K_m \times \sqrt{t} - d_{Trp}) & (t_r < t \leq t_{sl}) \end{cases} \tag{3-37}$$

$$f_{\mathrm{mo}t} = \begin{cases} (d_{\mathrm{mo}t} - d_{\mathrm{mo}(t-1)})/d_w \times 100\% & (t_r < t \leqslant t_{sl}) \\ \\ 100\% - (2d_{\mathrm{mo}t_{sl}} - d_{Trp})/d_w \times 100\% & (t = t_{sl} + 1) \end{cases} \tag{3-38}$$

$$C_{\mathrm{mo}t} = W_m \times r_{\mathrm{rm}} \times r_o \times f_{\mathrm{mo}t} \times C_{\mathrm{clinker}} \times f_{\mathrm{CaO}} \times \gamma_1 \times M_\gamma \tag{3-39}$$

式中，d_{mo} 为具有一面抹灰的砌筑砂浆的累积碳化深度；

　　　K_m 为砂浆碳化速率；

　　　t 为建筑后砌筑砂浆的暴露时间；

　　　t_r 为抹灰砂浆在 d_{Trp} 厚度完全碳化所需的时间；

　　　$f_{\mathrm{mo}t}$ 为用于具有一面抹灰的砌筑砂浆的年碳化比例；

　　　$d_{\mathrm{mo}t}$ 为具有一面抹灰的砌筑砂浆在 t 年的累积碳化深度；

　　　$d_{\mathrm{mo}(t-1)}$ 为具有一面抹灰的砌筑砂浆在（t-1）年的累积碳化深度；

　　　d_w 为砌筑砂浆墙的厚度；

　　　$d_{\mathrm{mo}t_{sl}}$ 为具有一面抹灰的砌筑砂浆在服务期（t_{sl}）的累积碳化深度；

　　　d_{Trp} 为抹灰砂浆在砌筑墙体上的厚度；

　　　$C_{\mathrm{mo}t}$ 为具有一面抹灰的砌筑砂浆在 t 年内的年碳汇量；

　　　W_m 为用于水泥砂浆的质量；

　　　r_{rm} 为用于砌筑砂浆的比例；

　　　r_o 为用于一面抹灰的砌筑砂浆比例；

　　　C_{clinker} 为水泥中水泥熟料的比例；

　　　f_{CaO} 为水泥熟料中 CaO 的平均比例；

　　　γ_1 为水泥砂浆 CaO 完全碳化为 $CaCO_3$ 的比例；

　　　M_γ 为 C 元素与 CaO 的比例。

不具有抹灰的砌筑砂浆碳汇量（$C_{\mathrm{mn}t}$）计算如下：

$$d_{\mathrm{mn}} = 2K_m \times \sqrt{t} \tag{3-40}$$

$$f_{\mathrm{mn}t} = \begin{cases} 2(d_{\mathrm{mn}t} - d_{\mathrm{mn}(t-1)})/d_w \times 100\% & (t \leqslant t_{sl}) \\ \\ 100\% - 2d_{\mathrm{mn}t_{sl}}/d_w \times 100\% & (t = t_{sl} + 1) \end{cases} \tag{3-41}$$

$$C_{\mathrm{mn}t} = W_m \times r_{\mathrm{rm}} \times r_n \times f_{\mathrm{mn}t} \times C_{\mathrm{clinker}} \times f_{\mathrm{CaO}} \times \gamma_1 \times M_\gamma \tag{3-42}$$

式中，d_{mn} 为不具有抹灰的砌筑砂浆的累积碳化深度；

　　　K_m 为砂浆碳化速率；

　　　t 为建筑后砌筑砂浆的暴露时间；

　　　$f_{\mathrm{mn}t}$ 为用于不具有抹灰的砌筑砂浆在 t 年的年碳化比例；

$d_{\text{mn}t}$ 为不具有抹灰的砌筑砂浆在 t 年的累积碳化深度；

$d_{\text{mn}(t-1)}$ 为不具有抹灰的砌筑砂浆在（$t-1$）年的累积碳化深度；

d_w 为砌筑砂浆墙的厚度；

$d_{\text{mn}t_{sl}}$ 为不具有抹灰的砌筑砂浆在服务期（t_{sl}）的累积碳化深度；

$C_{\text{mn}t}$ 为不具有抹灰的砌筑砂浆在 t 年内的年碳汇量；

W_m 为用于砂浆的水泥质量；

r_{rm} 为用于砌筑砂浆的比例；

r_n 为用于不具有抹灰的砌筑砂浆比例（ $r_n + r_o + r_b = 100\%$ ）；

C_{clinker} 为水泥中水泥熟料的比例；

f_{CaO} 为水泥熟料中 CaO 的平均比例；

γ_1 为水泥砂浆 CaO 完全碳化为 $CaCO_3$ 的比例；

M_γ 为 C 元素与 CaO 的比例。

3.2.3.3　建筑损失水泥碳汇量

通过建筑预算标准（周晖，2003）和调查数据（Lu et al.，2011），可获得建筑阶段损失水泥量。大部分的建筑损失水泥在建筑项目完成后被回收为回填土或作为垃圾进行填埋处理。由于这些建筑损失水泥具有小的碎片，通常建筑损失的砂浆在第一年被认为完成了碳化，而建筑损失的混凝土平均将会在 5 年（1～10 年）内完成碳化。

建筑损失的水泥碳汇量计算如下：

$$\sum \text{waste} = C_{\text{wastecon}} + C_{\text{wastemor}} \tag{3-43}$$

$$C_{\text{wastecon}} = (\sum_{i=1}^{n} W_{ci} \times f_{\text{con}} \times r_{\text{con}t}) \times C_{\text{clinker}} \times f_{\text{CaO}} \times \gamma \times M_\gamma \tag{3-44}$$

$$C_{\text{wastemor}} = (\sum_{i=1}^{n} W_{mi} \times f_{\text{mor}} \times r_{\text{mor}}) \times C_{\text{clinker}} \times f_{\text{CaO}} \times \gamma_1 \times M_\gamma \tag{3-45}$$

式中，$\sum \text{waste}$ 为建筑损失的水泥碳汇量；

C_{wastecon} 为建筑损失混凝土碳汇量；

C_{wastemor} 为建筑损失砂浆碳汇量；

W_{ci} 为 i 强度等级的混凝土水泥质量；

f_{con} 为建筑阶段用于混凝土水泥的损失率；

$r_{\text{con}t}$ 为建筑阶段损失混凝土年碳化比例；

W_{mi} 为 i 强度等级的砂浆的水泥质量；

f_{mor} 为建筑阶段用于水泥砂浆的的损失率；

r_{mor} 为建筑阶段损失砂浆年碳化比例;

$C_{clinker}$ 为水泥中水泥熟料的比例;

f_{CaO} 为水泥熟料中 CaO 的平均比例;

γ 为混凝土 CaO 完全碳化为 $CaCO_3$ 的比例;

γ_1 为水泥砂浆 CaO 完全碳化为 $CaCO_3$ 的比例;

M_γ 为 C 元素与 CaO 的比例。

3.2.3.4　水泥窑灰碳汇量

由于水泥窑灰的粒径很小,水泥窑灰的碳化总程度是相当可观的,在垃圾场中大部分碳化发生在反应的前 2 天,在 1 年内会完全碳化(Huntzinger et al., 2009 a, 2009 b)。根据水泥产量、水泥窑灰产率以及水泥窑灰填埋处理比例可获得水泥窑灰的碳汇量,计算公式如下:

$$\sum CKD = (\sum_{i=1}^{n} W_i \times C_{clinker} \times r_{CKD} \times r_{landfill}) \times f_{1_{CaO}} \times \gamma_2 \times M_\gamma \tag{3-46}$$

式中,$\sum CKD$ 为水泥窑灰碳汇量;

W_i 为 i 地区水泥产量;

$C_{clinker}$ 为水泥中水泥熟料的比例;

r_{CKD} 为基于水泥熟料的水泥窑灰产生率;

$r_{landfill}$ 为用于垃圾填埋处理的水泥窑灰比例;

$f_{1_{CaO}}$ 为水泥窑灰中 CaO 比例(Sreekrishnavilasam et al., 2006);

γ_2 为水泥窑灰中 CaO 完全碳化为 $CaCO_3$ 的比例;

M_γ 为 C 元素与 CaO 的比例。

3.3　模型参数敏感性分析

3.3.1　敏感性概述

复杂系统模型已经成为科学和工程领域不可或缺的仿真方式。这些模型包含大量参数,而合理的参数化方案会决定模型性能。模型中参数的来源多种多样,有的通过观测得到,但有的参数难以直接观测,或者观测的结果不具有普适性,此时,我们利用模型开展大空间范围、长时间序列的模拟时,有必要仔细考虑筛选参数、谨慎确定参数合理取值。

模型参数的合理化取值是一个非常复杂的课题(Chipperfield et al., 2016; Duan

et al., 2006; Sorooshian and Gupta, 1983），原因有三个：① 参数估计问题。观测误差、模型结构误差、参数率定方法和模型评价标准各异，使得参数估计十分艰难。② 过程的影响。随着研究的深入，人们对过程的理解越加深入，对子过程的考虑更加详尽，使得模型日趋复杂，包含的参数越来越多，当用于率定参数的观测资料不足的情况下，容易发生"过度参数化"。③ 参数横向干涉影响。复杂模型多数是非线性的，模型参数之间经常存在联动，"过度参数化"和参数联动效应可能产生"异参同效"，即不同的几组参数产生相同或相似的模拟效果。解决"异参同效"问题的有效办法就是在不影响模型模拟效果的前提下尽量减少参数个数，从而可以通过有限的观测资料率定好这些参数（甘衍军，2014）。

敏感性分析（sensitivity analysis）也称作灵敏度分析，指从定量分析的角度研究模型输入变量对输出变量的重要性程度的分析方法，其实质是通过逐一改变相关变量数值来解释关键指标受这些因素变动影响大小的规律，将影响的大小称为该变量的敏感性系数，系数值越大，说明改变对模型的输出值影响越大。因此，敏感性分析的核心问题就是确定参数的敏感性系数，找出对结果影响较大的几个参数，即可对这几个参数采取相应措施有效降低不确定性，降低模型复杂度，减少计算成本，确保模拟精度。

根据前面内容的分析，水泥对大气 CO_2 的吸收，除受到水泥本身的性质、孔隙度、水灰比、强度等级、表面涂料、施工条件等因素影响外，还受到大气环境（如 CO_2 浓度、环境湿度、温度）因素的影响。在量化水泥碳汇的过程中，涉及大量的参数，主要通过文献调研、统计资料分析和实验手段进行确定，其来源非常复杂，多源数据进入模型容易产生较大的不确定性。此外，合理评估参数的敏感性，也有助于缓解模型对数据的依赖，合理分配数据调研工作。

3.3.2 敏感性分析方法

根据敏感性分析作用的范围，可将敏感性分析方法分为全局方法和局部方法两大类。全局性敏感性分析方法同时检验多个参数对模型的影响，并且考虑参数之间的相互作用。局部性敏感性分析方法则是检验单个参数对模型的影响程度，其计算方法简单、思路清晰、操作性强，实际应用中多采用这种方法。

根据建模方法，又可以将敏感性分析方法划分为有模型方法和无模型方法两类。对内部机理可以进行定量描述的过程，一般是采用有模型方法，可在机理模型的基础上直接开展敏感性分析；有些过程，由于知识的不足或者过程根本无法进行数理描述时，可采用无模型方法，主要借助统计分析、神经网络类等手段进行敏感性分析（蔡毅等，2008）。

敏感性可以表示为一个无量纲的数，反映模型输出结果随模型参数的细微改变而变化的程度。

假定存在如下模型：

$$y = f(x_1, x_2, x_3, \cdots, x_n)$$

式中，自变量 y 表示模型 f 的模拟结果，因变量 $x_1, \cdots, x_n$ 表示模型的输入参数。

对上式进行线性扩展，转换为如下形式：

$$\Delta y = f(x_i + \Delta x_i, x_{j|j \neq i}) - f(x_1, x_2, x_3, \cdots, x_n)$$

于是，参数敏感性可以表示为

$$S = \frac{\Delta y}{\Delta x_i} = \frac{f(x_i + \Delta x_i, x_{j|j \neq i}) - f(x_1, x_2, x_3, \cdots, x_n)}{\Delta x_i}$$

式中，S 为模型输出结果对自变量 x_i 的响应程度。

为便于比较，通常将敏感性值 S 进行归一化处理，得到参数的相对敏感性 RS：

$$\mathrm{RS} = \frac{\Delta y}{\Delta x_i} \times \frac{x_i}{f(x_i + \Delta x_i, x_{j|j \neq i})}$$

3.3.3 水泥碳汇模型参数敏感性

水泥碳汇模型采用生命周期的方法核算碳汇量，包括水泥生产、水泥使用及使用后的处置，分别计算混凝土水泥碳汇、水泥砂浆碳汇、水泥窑灰碳汇以及建筑阶段损失的水泥碳汇四部分。其中，混凝土碳汇进一步细分为建筑使用阶段碳汇、建筑拆除阶段碳汇、建筑垃圾处理与回用阶段碳汇三个过程。水泥砂浆碳汇分析包括抹灰砂浆碳汇、砌筑砂浆碳汇以及维修和护理砂浆碳汇。建筑损失水泥碳汇包括损失混凝土碳汇和损失水泥砂浆碳汇两部分。水泥窑灰的碳汇指填埋处理的水泥窑灰的碳吸收。

水泥碳汇模型涉及诸多参数，参数间相互影响，总体来说分为两类，即活动水平数据和 CO_2 吸收因子。本书对水泥碳汇的敏感性分析，考虑了参数本身的相互影响。模型模拟过程所涉及的参数已在水泥碳汇方法学中进行了详细阐述，敏感性分析涵盖所有述及的参数，详细的参数见表 3-1。

表3-1 水泥碳汇模型的参数敏感性值

参数	参数变化率/%	敏感度/%
水泥熟料中 MgO 含量	+10	5.19
水泥生产和消费比率	+10	0.06
混凝土水泥使用比例	+10	56.47
≤C15 混凝土比例	+10	1.11
C16～C22 混凝土比例	+10	0.12

续表

参数	单位	参数变化率/%	敏感度/%
C23～C35 混凝土比例	%	+10	0.66
>C35 混凝土比例	%	+10	0.61
≤C15 混凝土碳化速率系数（室内、室外裸露及室外遮蔽环境）	mm/a$^{0.5}$	+10	1.21
C16～C22 混凝土碳化速率系数（室内、室外裸露及室外遮蔽环境）	mm/a$^{0.5}$	+10	1.08
C23～C35 混凝土碳化速率系数（室内、室外裸露及室外遮蔽环境）	mm/a$^{0.5}$	+10	1.98
>C35 混凝土碳化速率系数（室内、室外裸露及室外遮蔽环境）	mm/a$^{0.5}$	+10	0.36
≤C15 混凝土碳化速率系数（掩埋和潮湿环境）	mm/a$^{0.5}$	+10	1.08
C16～C22 混凝土碳化速率系数（掩埋和潮湿环境）	mm/a$^{0.5}$	+10	1.10
C23～C35 混凝土碳化速率系数（掩埋和潮湿环境）	mm/a$^{0.5}$	+10	2.68
>C35 混凝土碳化速率系数（掩埋和潮湿环境）	mm/a$^{0.5}$	+10	0.78
拆除阶段暴露时间	a	+10	2.36
建筑使用寿命	a	+10	1.09
再次利用阶段时长	a	+10	7.58
>C35 再次利用阶段混凝土碳化比例	%	+10	0.12
C23～C35 再次利用阶段混凝土碳化比例	%	+10	0.75
C16～C22 再次利用阶段混凝土碳化比例	%	+10	5.11
>C35 再次利用阶段混凝土碳化比例	%	+10	1.64
回收的混凝土骨料用于新混凝土比例	%	+10	0.04
回收的混凝土骨料用于路基材料和其他比例	%	+10	0.42
填埋比例	%	+10	13.07
沥青混凝土比例	%	+10	0
处理粒径 0～5mm（回收用于新混凝土骨料）占比	%	+10	0
处理粒径 5～10mm（回收用于新混凝土骨料）占比	%	+10	0.01
处理粒径 10～20mm（回收用于新混凝土骨料）占比	%	+10	0.01
处理粒径 20～32mm（回收用于新混凝土骨料）占比	%	+10	0.01
处理粒径 0～1mm（回收用于路基材料和其他）占比	%	+10	0.04
处理粒径 1～10mm（回收用于路基材料和其他）占比	%	+10	0.09
处理粒径 10～30mm（回收用于路基材料和其他）占比	%	+10	0.11
处理粒径 30～53mm（回收用于路基材料和其他）占比	%	+10	0.05
处理粒径 0～10mm（填埋）占比	%	+10	4.78
处理粒径 10～30mm（填埋）占比	%	+10	3.54
处理粒径 30～50mm（填埋）占比	%	+10	0.63
处理粒径>50mm（填埋）占比	%	+10	11.03
处理粒径 0～5mm（回收用于沥青混凝土）占比	%	+10	0
处理粒径 5～10mm（回收用于沥青混凝土）占比	%	+10	0
处理粒径 10～20mm（回收用于沥青混凝土）占比	%	+10	0

续表

参数	单位	参数变化率/%	敏感度/%
处理粒径 20~32mm（回收用于沥青混凝土）占比	%	+10	0
水泥砂浆使用占比	%	+10	37.38
砂浆碳化速率系数	mm/a$^{0.5}$	+10	0
墙体厚度	mm	+10	0
抹灰砂浆厚度	mm	+10	0
维修和护理砂浆厚度	mm	+10	0
砌筑砂浆厚度	mm	+10	0
抹灰水泥砂浆使用占比	%	+10	0
维修和护理水泥砂浆使用占比	%	+10	0
砌筑水泥砂浆使用占比	%	+10	0
两面抹灰占比	%	+10	0
一面抹灰占比	%	+10	0
无抹灰占比	%	+10	0
建筑阶段损失水泥占比	%	+10	2.27
建筑阶段损失混凝土占比	%	+10	0.09
废弃混凝土碳化时间	a	+10	0.40
水泥熟料中 CaO 含量	%	+10	90.95
水泥窑灰产率	%	+10	3.88
水泥窑灰中 CaO 含量	%	+10	3.88
混凝土 CaO 转换为 $CaCO_3$ 的比例	%	+10	57.34
砂浆 CaO 转换为 $CaCO_3$ 的比例	%	+10	38.78
水泥窑灰填埋比率	%	+10	3.88
水泥添加剂校正系数	—	+10	96.12
CO_2 校正系数	—	+10	88.21
水泥中水泥熟料的含量	%	+10	100.00
涂料层校正系数	—	+10	21.67

　　从参数对水泥碳汇敏感性贡献率来看，对水泥碳汇影响较大的参数主要来源于：①水泥材料的利用特征参数，包括水泥熟料中 CaO 含量、水泥中水泥熟料的含量、水泥添加剂校正系数、涂料校正系数、混凝土水泥使用比例、砂浆利用比例；②水泥的碳化效率类参数，包括混凝土 CaO 转换为 $CaCO_3$ 的比例、砂浆 CaO 转换为 $CaCO_3$ 的比例；③环境影响类参数，包括 CO_2 校正系数（图3-5）。

　　为了进一步了解各参数对水泥碳汇模型的敏感性作用，我们将从全局参数、混凝土水泥、水泥砂浆、建筑阶段损失水泥和水泥窑灰五大类详细阐述各参数情况。

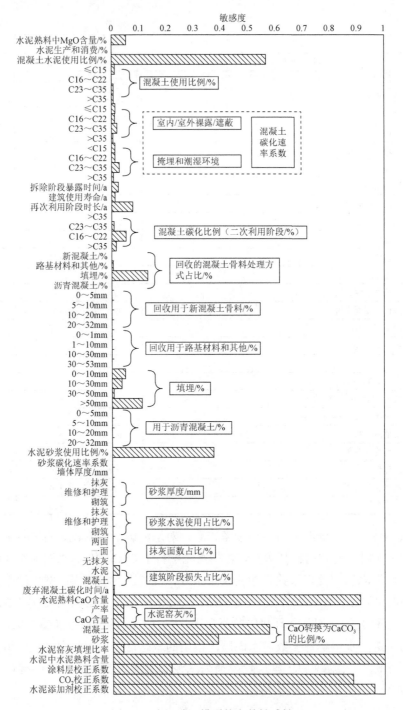

图 3-5　水泥碳汇模型的参数敏感性

3.3.3.1 全局参数

（1）水泥中熟料的含量、熟料中 CaO 含量、熟料中 MgO 含量：这些参数会影响混凝土水泥、水泥砂浆、损失水泥和水泥窑灰碳汇 4 个过程。在 10%的参数增幅下，水泥碳汇核算结果影响的敏感度分别为 100%、90.95%和 5.19%。

（2）混凝土水泥 CaO 转换为 $CaCO_3$ 的比例：此参数会影响混凝土水泥碳汇过程、损失水泥碳汇过程。如果参数以 10%增幅，水泥碳汇核算结果影响的敏感度为 57.34%。

（3）水泥砂浆 CaO 转换为 $CaCO_3$ 的比例：此参数会影响水泥砂浆碳汇过程、损失水泥碳汇过程。如果参数以 10%增幅，水泥碳汇核算结果影响的敏感度为 38.78%。

（4）水泥添加剂校正系数、CO_2 校正系数：这些参数会影响混凝土水泥、水泥砂浆、损失水泥 3 个过程。其中，CO_2 校正系数不包括混凝土水泥二次利用阶段碳汇过程。由前文分析可知，混凝土水泥的暴露环境可以概括为暴露的、遮蔽的、室内的、潮湿的和埋藏的环境。暴露影响因素下主要有水泥添加剂影响和 CO_2 浓度影响，它们对水泥的碳汇有较大影响，我们用相关校正系数来表征这种影响效果。由表 3-1 可以看出，当水泥添加剂校正系数增加 10%，水泥碳汇核算结果影响的敏感度则高达 96.12%；当 CO_2 校正系数增加 10%，水泥碳汇核算结果影响的敏感度则达到了 88.21%。

（5）涂料层校正系数：此参数会影响建筑使用期碳汇过程，将在混凝土水泥部分详述。

3.3.3.2 混凝土水泥

1）混凝土建筑使用阶段参数

（1）用于混凝土水泥的使用比例。混凝土水泥和水泥砂浆占据水泥总消费量的绝大部分，分别约占 70%和 30%，而在建筑过程中损失的水泥，约为两者之和总比例的 1.50%。由表 3-1 可以看出，混凝土水泥使用比例增加 10%，水泥砂浆、损失水泥比例不变，对水泥碳汇核算结果影响的敏感度为 56.47%。同样，水泥砂浆使用比例增加 10%，混凝土水泥使用比例保持不变，对水泥碳汇核算结果影响的敏感度为 37.38%。建筑阶段损失水泥增加 10%，对水泥碳汇核算结果影响的敏感度为 2.27%，建筑损失水泥占比很小，对水泥碳汇核算结果影响的敏感度为 1.5%，对水泥碳汇的影响相对较低。

（2）混凝土强度等级。混凝土强度等级包括 4 级：≤C15，C16～C22，C23～C35 以及≥C35，不同等级利用情况存在国家差别。由表 3-1 可以看出，不同强度混凝土使用比例增加 10%，对水泥碳汇核算结果影响较小，敏感度不超过 1.5%，低于损失水泥的影响。

（3）墙体厚度。由前文分析可知，不同利用方式，墙体结构厚度有较大差别。在中国，墙壁为 240mm，横梁为 220mm，柱子为 400mm，板面为 150mm，楼梯为 150mm；美国、欧洲地区也有类似情况。由表 3-1 可以看出，墙体厚度参数本身对水泥碳汇核算结果不敏感。

（4）涂层覆盖影响。涂层覆盖一般会降低碳化效率，我们用涂层碳化矫正系数来反映覆盖层对碳化的潜在影响。由表 3-1 可以看出，当涂层碳化矫正系数增加 10%，对水泥碳汇核算结果影响的敏感度为 21.67%。

（5）混凝土碳化速率系数。混凝土碳化速率系数考虑抗压强度和暴露环境（$\beta_{c\,sec}$）、水泥添加配料（β_{ad}）、CO_2 浓度（β_{CO_2}）和涂层覆盖（β_{cc}）的影响。由表 3-1 可以看出，在室内、室外裸露条件及室外遮蔽环境下，当强度等级≤C15、C16～C22、C23～C35、>C35 混凝土碳化速率系数分别增加 10%时，对水泥碳汇核算结果影响的敏感度分别为 1.21%、1.08%、1.98%、0.36%。在掩埋和潮湿环境下，当强度等级≤C15、C16～C22、C23～C35、>C35 混凝土碳化速率系数分别增加 10%时，对水泥碳汇核算结果影响的敏感度分别为 1.08%、1.10%、2.68%、0.78%。在 C15 以上的等级强度下，掩埋和潮湿环境对水泥碳汇的影响超过室内、室外裸露条件及室外遮蔽环境，只有在低于 C15 情况下，掩埋和潮湿环境对水泥碳汇的影响低于室内、室外裸露条件及室外遮蔽环境，强度越高，差距越大。

（6）生命周期的评估时长。在水泥碳汇的模拟过程中，我们将混凝土水泥的使用周期划分为建筑使用阶段、拆除阶段和垃圾处理与回用阶段。在 100 年的评价尺度上，任何一个阶段的变化都对其他阶段产生影响，我们首先计算在参数不变的情况下，各个阶段占整个生命周期的比例，然后以这个比例作为权重系数，同时考虑 100 年评估周期的约束，计算另外两个阶段长度。由图 3-1 可以看出，拆除阶段长度对水泥碳汇的影响超过建筑使用阶段长度的影响。当建筑使用阶段 10%的变幅下，对水泥碳汇核算结果影响的敏感度为 1.09%，当拆除阶段增加 10%，其对水泥碳汇影响的敏感度为 2.36%。当二次利用阶段长度增加 10%时，水泥碳汇会出现 7.58%的变化。由此我们可以看出，整个生命周期内，利用时期长度波动对水泥碳汇的影响程度为：二次利用阶段>拆除阶段>建筑使用阶段（表 3-1，图 3-5）。

2）混凝土拆除阶段

建筑使用期结束后，建筑物被拆除，为了便于钢铁回收和运输，混凝土结构会被打碎成小颗粒，然后作为垃圾填埋、堆放和循环利用（主要用于混凝土骨料、回填料和路基），处置过程包括拆除破碎、为了回收钢铁的原地破碎、在运往垃圾填埋场或是堆积厂前的原地储存、回收为混凝土碎石的破碎以及在回收利用工厂前的储存。利用处置方式的根本区别是处置粒径，处置粒径取决于混凝土废物处理和回收利用方法。具体的评估参数有废弃混凝土处置方法比例、拆除破碎混凝土碎块粒径、拆除破碎暴露时间。其中，拆除破碎暴露时间作为生命周期各利用阶段的一部分，在前文中已经做过分析，此处不再赘述。

（1）废弃混凝土处置方法比例。中国的混凝土拆除废弃物的处理方法大多数直接填埋或者倾倒，极少部分被回收利用。在美国、欧洲等西方发达国家，超过60%的混凝土拆除废弃物被重新利用。全球其他国家的回收利用率也较低，但是总体水平仍然高于中国。回收的混凝土骨料常用于新混凝土、路基材料和其他、填埋、沥青混凝土（中国没有回收利用为沥青混凝土）四种情况。如果分别给予这四种情况 10%的变化，则相应的对水泥碳汇核算结果影响的敏感度分别为0.04%、0.42%、13.07%、0。

（2）拆除破碎混凝土碎块粒径占比。拆除破碎混凝土碎块的表面积很难评估，所以我们利用有效数据评估不同类型废弃混凝土的粒径。在用于新混凝土的混凝土处理方式下，处理的粒径主要有 0～5mm、5～10mm、10～20mm 和 20～32mm，当给四个粒径范围占比 10%的增幅时，相应的对水泥碳汇核算结果影响的敏感度分别为 0、0.01%、0.01%、0.01%。在回收为路基材料和其他用途时，混凝土的处置粒径主要是 0～1mm、1～10mm、10～30mm 和 30～53mm，在 10%的参数增幅下，其对水泥碳汇核算结果影响的敏感度分别为0.04%、0.09%、0.11%、0.05%。在填埋的情况下，处置粒径主要是 0～10mm、10～30mm、30～50mm、>50mm，参数 10%的增幅对水泥碳汇核算结果影响的敏感度分别为4.78%、3.54%、0.63%、11.03%，可见，50mm 以上的处置粒径的方法，都对水泥碳汇核算的敏感度影响较大（表3-1，图3-5）。

3）建筑垃圾处理与回用阶段

在建筑拆除阶段没有碳化的混凝土在处理与回用阶段会继续吸收 CO_2。总体来说，全世界超过 91%的破碎混凝土颗粒处于埋藏环境，或在填埋场或者一部分回收利用为路基骨料和工程回填料。其算法是"建筑拆除阶段和建筑垃圾处理与回用阶段总的碳化深度"减掉"建筑垃圾处理与回用拆除阶段的碳化深度"，因此建筑垃圾处理与回用阶段的主要参数包括这两个阶段的参数，即这两阶段碳化时间、拆除阶段碳化速率系数（暴露空气）、建筑垃圾处理与回用阶段的碳化速率系数（埋藏环境）。这些参数对模拟结果的影响已在前文详述，不再赘述。

3.3.3.3 水泥砂浆

水泥砂浆碳汇的模拟，要考虑水泥砂浆使用比例、水泥砂浆利用类型占比、水泥砂浆使用厚度、水泥砂浆碳化速率系数、水泥砂浆抹灰面比例。水泥砂浆使用比例，在10%的增幅下，对水泥碳汇核算结果影响的敏感度为37.38%。而水泥砂浆利用类型占比、水泥砂浆使用厚度、水泥砂浆碳化速率系数、水泥砂浆抹灰面比例等参数敏感性极低，对水泥碳汇总量的影响极小（表3-1，图3-5）。

3.3.3.4 建筑阶段损失水泥

建筑阶段损失水泥量占建筑项目总水泥消耗量的比例不到3%，建筑损失水泥混凝土和砂浆粒径小，多在建筑完成后被填埋处理。建筑损失水泥中，来自混凝土的损失约45%，来自砂浆损失约55%（Bossink and Brouwers, 1996; Huang et al., 2013）。模拟涉及的参数主要是两者的占比、废弃混凝土碳化时间。在建筑阶段损失水泥占比、建筑阶段损失混凝土占比、废弃混凝土碳化时间10%增幅下，对水泥碳汇核算结果影响的敏感度分别为2.27%、0.09%、0.40%（表3-1，图3-5）。

3.3.3.5 水泥窑灰

水泥窑灰的粒径很小，水泥窑灰的碳化相当彻底。由水泥窑灰的算法可知，涉及的参数主要是水泥窑灰产率、水泥窑灰中CaO比例、垃圾填埋方式处理的水泥窑灰比例，在系数分别增加10%的情况下，对水泥碳汇核算结果影响的敏感度分别为3.88%、3.88%、3.88%（表3-1，图3-5）。

参 考 文 献

北京市住房和城乡建设委员会，北京市质量技术监督局. 2010. 干混砂浆应用技术规程: DB11/T696—2009.

蔡毅，邢岩，胡丹. 2008. 敏感性分析综述. 北京师范大学学报（自然科学版），44(1):9-16.

甘衍军. 2014. 复杂地球物理过程模型的敏感性分析方法与应用研究. 北京: 北京师范大学.

何智海，刘运华，白轲，等. 2008. 混凝土碳化研究进展. 材料导报，22:353-357.

黄耿东. 2010. 混凝土结构的碳化深度与寿命预测方法研究. 开封: 河南大学.

柳俊哲. 2005. 混凝土碳化研究与进展（1）——碳化机理及碳化程度评价. 混凝土，11:11-23.

石铁矛，周诗文，李绥，等. 2015. 建筑混凝土全生命周期固碳能力计算方法. 沈阳建筑大学学报，31(5):829-837.

苏义彪. 2014. 混凝土碳化区域分布特征及模型研究. 宜昌: 三峡大学.

王新友，李宗津. 1999. 混凝土使用寿命预测的研究进展. 建筑材料学报，2(3):249-256.

王长波，张力小，庞明月. 2015. 生命周期评价方法研究综述——兼论混合生命周期评价的发展与应用. 自然资源学报，30(7):1232-1242.

吴国坚，翁杰，俞素春，等. 2014. 混凝土碳化速率多因素影响试验研究. 新型建筑材料，6:33-40.

郗凤明，石铁矛，王娇月，等. 2015. 水泥材料碳汇研究综述. 气候研究变化进展，11(4):289-296.

肖佳，勾成福. 2010. 混凝土碳化研究综述. 混凝土，243(1):40-52.

杨长辉，吕春飞，陈科，等. 2009. 碱矿渣水泥砂浆抗碳化性能研究. 混凝土，238(8):99-102.

尹红宇，吕海波，赵艳林. 2009. 碳化水泥砂浆分形特征研究. 混凝土，8:97-99.

中华人民共和国住房和城乡建设部. 2011. 再生骨料应用技术规程（JGJ/T 240—2011）.

周晖. 2003. 建筑安装工程预算师手册. 北京：机械工业出版社.

Ali A, Dunster A. 1998. Durability of reinforced concrete: effects of concrete composition and curing on carbonation under different exposure conditions. Building Research Establishment Report, 360:1-60.

Andersson R, Fridh K, Stripple H, et al. 2013. Calculating CO_2 uptake for existing concrete structures during and after service life. Environmental Science and Technology, 47: 11625-11633.

Berner R A, Lasaga A C，Garrels R M. 1983. The carbon-silicate geochemical cycle and its effect on atmospheric carbon dioxide over the past 100 million years. American Journal of Science, 283: 641-683.

Bilec M. 2007. A hybrid life cycle assessment model for construction process. Pittsburgh: University of Pittsburgh.

Bobicki E R, Liu Q, Xu Z, et al. 2012. Carbon capture and storage using alkaline industrial wastes. Progress in Energy and Combustion Science，38: 302-320.

Bossink B, Brouwers H. 1996. Construction waste: quantification and source evaluation. Journal of Construction Engineering and Management, 122: 55-60.

Chang C F, Chen J W. 2006. The experimental investigation of concrete carbonation depth. Cement and Concrete Research，36(9): 1760-1767.

Chipperfield M P, Liang Q, Rigby M, et al. 2016. Model sensitivity studies of the decrease in atmospheric carbon tetrachloride. Atmospheric. Chemistry and Physics, 16 (24): 15741-15754.

Collins F. 2010. Inclusion of carbonation during the life cycle of built and recycled concrete: influence on their carbon footprint. The International Journal of Life Cycle Assessment，15: 549-556.

Currie R J. 1986. Carbonation depths in structural-quality concrete: an assessment of evidence from investigations of structures and from other sources. Building Research Establishment Report, 75:1-70.

Dodoo A, Gustavsson L，Sathre R. 2009. Carbon implications of end-of-life management of building materials. Resources, Conservation and Recycling, 53: 276-286.

Duan Q, Schaake J, Andréassian V, et al. 2006. Model parameter estimation experiment (MOPEX): An overview of science strategy and major results from the second and third workshops. Journal of Hydrology，320 (1-2): 3-17.

Eggleston S, Buendia L, Miwa K, et al. 2006. 2006 IPCC guidelines for national greenhouse gas inventories. Hayama: Institute for Global Environmental Strategies.

El-Turki A, Carter M A, Wilson M A, et al. 2009. A microbalance study of the effects of hydraulicity and sand grain size on carbonation of lime and cement. Construction and Building Materials，23 (3): 1423-1428.

Engelsen C J, Mehus J，Pade C, et al. 2005. Carbon dioxide uptake in demolished and crushed concrete. Olso: Norwegian Building Research Institute.

ERMCO (European Ready Mixed Concrete Organization). 2001-2013. Ready-Mixed Concrete Industry Statistics 2001-2013. http://www.ermco.eu[2017-3-3].

Fujiwara Y, Maruya T, Owaki E. 1992. Degradation of concrete buried in soil with saline ground water. Nuclear Engineering and Design，138: 143-150.

Gajda J. 2001. Absorption of atmospheric carbon dioxide by portland cement concrete. Portland Cement Association. Chicago: R & D: Serial no. 2255a.

Gajda J, Miller F M G. 2000. Concrete as a sink for atmospheric carbon dioxide: A literature review and estimation of CO_2 absorption by portland cement concrete. Portland Cement Association. Chicago: R & D: Serial no. 2255.

Galan I, Andrade C, Mora P, et al. 2010. Sequestration of CO_2 by concrete carbonation. Environmental Science and Technology, 44: 3181-3186.

Hendry E A W. 2001. Masonry walls: materials and construction. Construction and Building Materials,15: 323-330,

Hu M, Bergsdal H, van der Voet E, et al. 2010. Dynamics of urban and rural housing stocks in China. Building Research & Information, 38: 301-317.

Huang N, Chang J, Liang M. 2012. Effect of plastering on the carbonation of a 35-year-old reinforced concrete building. Construction and Building Materials，29: 206-214.

Huang T, Shi F, Tanikawa H, et al. 2013. Materials demand and environmental impact of buildings construction and demolition in China based on dynamic material flow analysis. Resources Conservation and Recycling，72: 91-101.

Huntzinger D N, Gierke J S, Kawatra S K, et al. 2009a. Carbon dioxide sequestration in cement kiln dust through mineral carbonation. Environmental Science and Technology，43: 1986-1992.

Huntzinger D N, Gierke J S, Sutter L L, et al. 2009b. Mineral carbonation for carbon sequestration in cement kiln dust from waste piles. Journal of Hazardous Materials，168: 31-37.

ISO 14041. 1998. Environmental management，life cycle assessment，goal and scope definition and inventory analysis . Geneva: International organization for Standardization.

Jo Y K. 2008. Basic properties of epoxy cement mortars without hardener after outdoor exposure. Construction and Building Materials，22: 911-920.

Jonsson G, Wallevik O. 2005. Information on the use of concrete in Denmark, Sweden, Norway and Iceland. Stensberggata: Nordic Innovation Centre.

Kapur A, Keoleian G, Kendall A, et al. 2008. Dynamic modeling of in-use cement stocks in the United States. Journal of Industrial Ecology，12: 539-556.

Kelly T D. 1978. Crushed cement concrete substitution for construction aggregates, a materials flow analysis. http://pdfs.semanticscholar.org/9980/779f9c93603c867ad69a1f572b9aa30b8baa.pdf[2018-1-19].

Kelly T D, Matos G R. 2014. Historical statistics for mineral and material commodities in the United States. http://minerals.usgs.gov/minerals/pubs/historical-statistics/nickel-use.pdf[2018-1-19].

Kikuchi T, Kuroda Y. 2011. Carbon dioxide uptake in demolished and crushed concrete. Journal of Advanced Concrete Technology, 9:115-124.

Kjellsen K O, Guimaraes M, Nilsson Å. 2005. The CO_2 balance of concrete in a life cycle perspective. Olso: Nordic Innovation Centre.

Lagerblad B. 2005. Carbon dioxide uptake during concrete life cycle: state of the art. Olso: Swedish Cement and Concrete Research Institute.

Low M S. 2005. Material flow analysis of concrete in the United States, Cambridge: Massachusetts Institute of Technology.

Lu W, Yuan H, Li J, et al. 2011. An empirical investigation of construction and demolition waste generation rates in Shenzhen city, South China. Waste management, 31: 680-687.

Lutz H, Bayer R. 2010. Dry mortars//Elvers B, Bellussi G, Bohnet M, et al. Ullmann's encyclopedia of industrial chemistry. Berlin: Wiley-VCH: 121-231.

Monteiro I, Branco F，Brito J D，et al. 2012. Statistical analysis of the carbonation coefficient in open air concrete structures. Construction and Building Materials，29: 263-269.

Nisbet M A. 2000. Environmental life cycle inventory of portland cement concrete. Portland Cement Association . Chicago: R & D: Serial no. 2137a.

Pade C, Guimaraes M. 2007. The CO_2 uptake of concrete in a 100 year perspective. Cement and Concrete Research，37: 1348-1356.

Papadakis V G，Vayenas C G，Fardis M N. 1991. Experimental investigation and mathematical modeling of the concrete carbonation problem. Chemical Engineering Science，46: 1333-1338.

Pommer K, Pade C. 2006. Guidelines-uptake of carbon dioxide in the life cycle inventory of concrete. Oslo: Nordic Innovation Centre.

Qian Y F. 2010. "Most homes" to be demolished in 20 years. http://www.chinadaily.com.cn/cndy/2010-2008/2007/content_11113458.htm[2018-1-19].

Rau G H, Knauss K G, Langer W H, et al. 2007. Reducing energy-related CO_2 emissions using accelerated weathering of limestone. Energy, 32: 1471-1477.

Roy S, Northwood D, Poh K. 1996. Effect of plastering on the carbonation of a 19-year-old reinforced concrete building. Construction and Building Materials, 10: 267-272.

Sharrard A. 2007. Greening construction processes with an input-output-based hybrid life cycle assessment model. Pittsburgh: Carnegie Mellon University.

Sorooshian S, Gupta V K. 1983. Automatic calibration of conceptual rainfall-runoff models: The question of parameter observability and uniqueness. Water Resources Research, 19 (1): 260-268.

Takano H, Matsunaga T. 1995. CO_2 fixation by artificial weathering of waste concrete and coccolithophorid algae cultures. Energy Conversion and Management, 36: 697-700.

Talukdar S, Banthia, Grace J, et al. 2012. Carbonation in concrete infrastructure in the context of global climate change: part 2Canadian urban simulations. Cement and Concrete Composites, 34(8): 931-935.

Tuutti K. 1982. Corrosion of steel in concrete. Stockholm: Swedish Cement and Concrete Research Institute.

Udo de Haes H A. 1996. Towards a methodology for life cycle impact assessment. Brussels: SETAC-Europe Press.

USEPA. 1993. Report to Congress(1993). http://archive.epa.gov/epawaste/nonhaz/industrial/special/web/html/cement2.html[2018-1-19].

Wierig H J. 1984. Longtime studies on the carbonation of concrete under normal outdoor exposure. Proceedings of the RILEM Seminar. Hannover: 239-249.

Winter C, Plank J. 2007. The European dry-mix mortar industry (Part 1). ZKG INTERNATIONAL ,60: 62.

Xi F M, Davis S J, Ciais P, et al. 2016. Substantial global carbon uptake by cement carbonation. Nature Geoscience, 9: 880-883.

Xi F, Liu Z, Wu R, et al. 2013. The carbon sequestration of Chinese cement consumption and cement kiln dust (CKD) treatment in past 110 years. 9th International Carbon Dioxide Conference (ICDC9), Beijing.

Yang K H, Seo E A, Tae S H. 2014. Carbonation and CO_2 uptake of concrete. Environmental Impact Assessment Review, 46(4): 43-52.

Yoon I S, Çopuroğlu O, Park K B. 2007. Effect of global climatic change on carbonation progress of concrete. Atmospheric Environment, 41(3): 7274-7285.

Zhang L. 1989. Carbon delay coefficients research of concrete surface coverages. Journal of Xi'an Institute of Metallurgy and Construction Engineering, 21: 34-40.

第4章　水泥碳汇量核算

基于第 3 章水泥碳汇核算方法，本章采用全球相关数据资料，开展了全球不同国家以及区域水泥碳汇量核算的实证研究，对水泥全生命周期的碳汇量进行了较为全面的核算，并在不同尺度上分别核算了混凝土水泥碳汇、水泥砂浆碳汇、建筑损失碳汇以及水泥窑灰碳汇，阐明了从 1930 年至 2013 年以来全球及区域水泥碳汇量及其变化趋势，对比分析了不同水泥类型及不同区域的碳汇贡献，为全球碳循环以及碳失汇的研究提供了数据支撑。

4.1　数据来源与分析

为了更清晰地了解全球不同区域的水泥碳吸收过程，根据世界水泥生产分布情况及数据的可获取性，我们将全球水泥碳汇核算分为中国区域、美国区域、欧洲区域和其他国家区域四部分。本章的数据主要来自于 USGS、欧洲预拌混凝土组织（European Ready Mixed Concrete Organization，ERMCO）、国家统计局、野外调查数据、发表文献、出版的著作以及试验数据，并建立了不同的数据库。下面将分别详细介绍不同数据库来源：

1）水泥的生产与消费数据

水泥的货架寿命很短，保质期仅为 3～6 个月，水泥的消费量约为当年水泥生产量的 97%～99%，并且以往的研究也表明水泥的生产量与消费量差别很小，小于 4.5%（USGS，2014；中国统计局工业司，1996～2006）。因此，人们通常用水泥的生产量来表征消费量。1930～2013 年中国、美国、欧洲以及其他国家的水泥生产量数据来自 USGS（附录 1）。通过中国的调查数据、USGS 数据以及 ERMCO 工业统计年鉴数据可知，绝大部分的水泥都用于配制混凝土和砂浆，其中，用于混凝土的水泥平均比例为 69.7%～86.0%，用于砂浆的水泥平均比例为 12.5%～28.8%（表 4-1），不同国家这两者的差别较小（附录 2）。基于中国 1980～2012 年间建筑工程项目的 1144 个调查数据可知，中国的水泥约 69.7%用于混凝土，约 28.8%用于砂浆，约 1.5%损失在建筑过程中。根据美国地质调查局关于水泥利用的统计数据（1975～2011），美国的水泥约 86.0%用于混凝土，约 12.5%用于砂浆，约 1.5%损失在建筑过程中。在欧洲，根据 ERMCO（2001～2013）统计数据和北欧国家 2003 年的研究（Jonsson and Wallevik, 2005），用于混凝土的水泥比例约为 71.1%，用于砂浆的水泥比例约为 27.4%，建设过程损失水泥比例约为 1.5%。

由于其他国家缺乏有效的数据，本书认为其他国家水泥的利用比例与欧洲国家相同。水泥在生产过程中产生的水泥窑灰在填埋处理阶段也具有碳汇功能，水泥窑灰的生产量数据是根据水泥熟料产量数据、IPCC 国家温室气体清单指南（Eggleston et al., 2006）中水泥中水泥熟料的平均比例数据及水泥窑灰产量与水泥熟料平均比例数据获得（附录 3）。

表4-1 全球水泥利用类型平均比例

国家或地区	混凝土比例/%	砂浆比例/%	建筑损失比例/%	数据计算来源
中国	69.7	28.8	1.5	附录2
欧洲	71.1	27.4	1.5	附录2
美国	86.0	12.5	1.5	附录2
其他国家	71.1	27.4	1.5	参考欧洲国家

2）混凝土利用结构类型划分数据

混凝土利用结构类型的划分对于评价混凝土强度等级、水泥成分、暴露环境、暴露表面积和使用寿命非常重要（Lagerblad, 2005）。中国混凝土的利用类型根据1999 年至 2002 年《中国建筑业统计年鉴》的平均水泥消费进行统计划分，而居民建筑混凝土消费的类型则参考了 1996 年至 2012 年《中国建筑业统计年鉴》中房屋建筑竣工面积统计数据（附录 4）。美国混凝土利用类型是根据美国 1997 年至 2005 年水泥消费统计数据、波特兰水泥协会报告（Gajda, 2001）以及 Low（2005）和 Kapur 等（2008）的研究报告进行划分（附录 4）。欧洲混凝土利用类型是根据Jonsson 和 Wallevik（2005）以及 Pade 和 Guimaraes（2007）的研究进行划分。其他国家混凝土的利用类型可参考中国利用类型。总体来说，各个地区或国家的混凝土利用结构类型划分有所区别。中国不同类型混凝土建筑物的水泥利用比例约为 79.57%（其中，工业建筑占 11.83%，居民建筑占 46.89%，办公建筑占 6.71%，商业建筑占 5.42%，教育、文化、科研建筑占 4.58%，医院建筑占 0.80%，其他建筑占 3.35%）；铁路、公路、隧道和桥梁（railway, road, tunnel and bridge）约占13.79%；堤坝、发电站和码头（dam, power station and dock）约占 2.94%；其他土木工程（other civil engineering）约占 3.69%。美国不同类型混凝土建筑物水泥利用比例为：民用建筑（residential buildings）约占 29%，商业和工业建筑（commercial and industrial buildings）约占 16%，水和废物处理（water and waste management）建筑约占 8%，街道和高速公路（streets and highway）建筑约占 29%，公共建筑（public buildings）约占 8%，农业（farm）建筑约占 4%，其他（others）建筑约占 1%。欧洲混凝土利用结构类型划分是根据建筑物的结构划分，主要包括墙壁（walls）、板梁（slabs）、地基（foundation）和构筑物（structures）等。

3）混凝土强度等级划分数据

不同国家或地区混凝土强度等级的比例分布见表4-2。中国混凝土强度等级和结构等级分类是根据1980～2012年土木工程项目的1144个样本分析统计数据（附录5）划分。欧洲混凝土强度等级则根据 ERMCO（2001～2013）工业统计及 Pade 和 Guimaraes（2007）在北欧国家的研究进行分类（附录5）。美国混凝土强度的等级分类参考了 ERMCO（2001～2013）工业统计中涉及的美国报告以及 Nisbet（2000）和 Low（2005）的研究结果（附录5）。由于其他国家缺少有效的数据，其混凝土强度等级划分按照欧洲的分类方法。总体来说，全球不同国家或地区混凝土强度等级可归纳为以下4个级别：≤C15，C16～C22，C23～C35 以及＞C35。不同国家或地区的混凝土强度等级比例不同，在≤C15 强度级别中，美国最高，比例达到21.1%，中国次之，为14.9%，欧洲和其他国家最低仅为5.3%；在 C16～C22 强度级别中，只有中国最低，为12.5%，而美国、欧洲和其他国家高达 39%；在 C23～C35 强度级别中，中国最高，为66.2%，欧洲和其他国家为45.3%，美国仅为27.7%；在＞C35 强度级别中，各个国家或地区相差不大，约为10%。因此，从全球范围来看，混凝土强度等级大多分布在 C16～C35。

表4-2　全球不同国家或地区混凝土强度等级比例分布

国家或地区	混凝土强度等级比例/%				来源
	≤C15	C16～C22	C23～C35	＞C35	
中国	14.9	12.5	66.2	10.4	附录5
美国	21.2	38.8	27.7	12.3	*,附录5
欧洲	5.3	39.0	45.3	10.4	**,附录5
其他国家	5.3	39.0	45.3	10.4	参考欧洲

*数据来自文献 ERMCO, 2001～2013; Nisbet, 2000; Low, 2005;
**数据来自文献 Pade and Guimaraes, 2007; Jonsson and Wallevik, 2005

4）混凝土水泥用量的划分数据

混凝土的水泥用量是指每立方米混凝土的水泥质量（单位为 kg/m^3）。中国水泥的平均用量和范围参考《建筑安装工程预算师手册》和《混凝土配合比速查手册》（周晖，2003；黄政宇和赵俭英，2001）（附录6）。欧洲水泥用量参考欧洲标准（EN206-1:2000）以及 ERMCO（2001～2013）统计数据的平均值（Jonsson and Wallevik，2005；Pommer and Pade，2006）（附录6）。美国水泥用量参考 ERMCO（2001～2013）统计数据和 Low（2005）的研究报告（附录6）。其他国家的水泥用量则参考欧洲情况。总体来说，中国混凝土水泥用量为244（C10）～670（C80）kg/m^3，美国混凝土水泥用量为206（C20）～445（C70）kg/m^3（Low，2005），欧洲混凝土水泥用量为260（C20）～360（C45）kg/m^3。

5) 混凝土结构厚度数据

中国混凝土结构的厚度参考土木工程项目 1144 个统计分析样本、《混凝土结构设计规范》（GB500100—2010）、《建筑抗震设计规范》（GB50011—2010）、《高层建筑混凝土结构技术规程》（JGJ3—2010）以及《混凝土结构中册混凝土结构与砌体结构设计》（第三版）。美国混凝土结构厚度参考波特兰水泥协会 Gajda（2001）研究报告。欧洲混凝土结构厚度参考 Pade 和 Guimaraes（2007）的研究报告。其他国家参考欧洲情况。中国混凝土结构平均厚度：墙壁为 240mm，横梁为 220mm，立柱为 400mm，板坯为 150mm，楼梯为 150mm。美国混凝土结构平均厚度：商业建筑为 100～205mm，街道和公路为 150～205mm，公用设施为 305mm，水处理和废物处理为 100～305mm，其他公共设施为 75～610mm，非建筑为 100～305mm。欧洲混凝土结构平均厚度：墙壁为 180mm，板面为 200mm，地基为 240mm，构筑物为 400mm（附录 7）。

6) 暴露环境、周围 CO_2 浓度和添加剂数据

Pade 和 Guimaraes（2007）将水泥材料的碳化环境分为五种类别，即室外暴露、遮蔽环境、室内环境、潮湿环境和埋藏环境，尤其考虑了温度、相对湿度和环境中 CO_2 浓度对碳化速率的影响（Papadakis et al.，1991）。中国的碳化环境是根据 1980～2012 年土木工程项目的 1144 个统计分析样品得到（附录 8）。欧洲和其他国家的碳化环境数据来源于 Pade 和 Guimaraes（2007）关于北欧国家的研究报告（附录 8）。美国碳化环境则参考波特兰水泥协会的 Gajda（2001）报告。由于混凝土碳化深度与 CO_2 浓度的平方根呈正比（Papadakis et al., 1991; Yoon et al., 2007），而且 CO_2 浓度的增加会提高碳化速率（Yoon et al., 2007; Talukdar et al., 2012），本书采用了 CO_2 浓度的校正系数（参见 2.4 节）。类似的，水泥配料添加剂也会影响混凝土的碳化速率（Pade and Guimaraes, 2007），因此本书采用了添加剂的校正系数（参见 2.4 节）。

7) 涂层覆盖数据

涂层覆盖对混凝土碳化速率的影响目前尚没有一致的结论。有研究表明涂层覆盖的应用能够减少混凝土碳化（Lo et al., 2016; Huang et al., 2012; Lagerblad, 2005; Roy et al., 1996; Roy，1996; Zhang, 1989），但也有研究表明涂料实质上不能减少碳化深度（Browner, 1982; Klopfer, 1978），此外也有部分研究发现尽管涂层和其他覆盖物可以保护混凝土免于碳化 1～2 年，但是如果不加修复，覆盖层的保护作用就会消失（Seneviratne et al., 2000）。目前还没有有关覆盖层对混凝土碳化程度影响的长期研究，考虑到目前涂层覆盖对碳化速率影响的不确定性，本书利用碳化矫正系数来反映覆盖层对碳化的潜在影响（参见 2.4 节）。

8) 混凝土的碳化速率系数数据

利用所收集的混凝土分类数据、混凝土水泥用量数据、暴露环境数据、添加

剂数据和覆盖层数据，考虑抗压强度、暴露环境（$\beta_{c\,\sec}$）、水泥添加剂（β_{ad}）、CO_2 浓度（β_{CO_2}）以及覆盖层（β_{cc}）的影响，在计算过程中矫正了中国和其他国家混凝土碳化速率系数（附录 8）。根据菲克第二扩散定律，利用校正后的碳化速率系数和暴露时间可计算不同强度等级混凝土在不同暴露环境下的碳化深度（Taylor，1997）。

9）混凝土生命周期评估数据

所有国家或地区均采用 100 年尺度来评估混凝土碳固定的生命周期，包括建筑使用阶段、建筑拆除阶段和建筑垃圾处理与回用阶段（表 4-3）。中国的建筑使用寿命数据来自于野外调查研究报告（附录 9），美国的建筑使用寿命来自 Kapur 等（2008）的研究报告，欧洲的建筑使用寿命来自 Pommer 和 Pade（2006）以及 Mequignon 等（2013）的研究报告，其他国家建筑使用寿命则参考了 Yang 等（2014）的研究成果。在中国，混凝土建筑使用寿命平均为 35 年（4～73 年），建筑拆除阶段平均约为 0.4 年（0.1～0.8 年），建筑垃圾处理与回用阶段平均约为 64.6 年。在欧洲，混凝土的建筑使用寿命平均为 70 年（50～90 年），建筑拆除阶段平均约为 0.4 年（0.1～0.7 年），建筑垃圾处理与回用阶段约为 29.6 年。在美国，混凝土建筑使用寿命平均为 65 年（56～84 年），建筑拆除阶段平均约为 0.4 年（0.1～0.7 年），建筑垃圾处理与回用阶段约为 34.6 年。在其他国家，混凝土建筑使用寿命平均为 40 年（10～90 年），建筑拆除阶段平均约为 0.4 年（0.1～1.0 年），建筑垃圾处理与回用阶段约为 59.6 年。

表4-3　混凝土不同使用阶段寿命

国家或地区	建筑使用寿命 t_l/a	建筑拆除阶段时间 t_d/a	建筑垃圾处理与回用阶段时间 t_s/a	总评估时间 /a	数据来源
中国	35	0.4	64.6	100	附录 9 和附录 10
美国	65	0.4	34.6	100	*
欧洲	70	0.4	29.6	100	**
其他国家	40	0.4	59.6	100	***

注：$t_l + t_d + t_s$=100；

*数据来自文献 Kapur et al., 2008；

**数据来自文献 Mequignon et al., 2013; Andersson et al., 2013; Dodoo et al., 2009; Pade and Guimaraes, 2007; Pommer and Pade, 2006；

***数据来自文献 Yang et al., 2014; Kikuchi and Kuroda, 2011; Collins, 2010

10）暴露表面积数据

美国、中国、欧洲和其他国家的混凝土暴露表面积是基于文献（Pade and Guimaraes, 2007; Gajda, 2001; Saricimen et al., 1996）中关于混凝土结构厚度的数据获得的（附录 7）。根据混凝土的暴露表面积和碳化深度，通过第 3 章提供的公式可获得建筑使用阶段混凝土的碳化体积，进而通过公式计算出建筑使用阶段混凝土碳汇量，通过相邻年份的碳汇累积量差值可获得年度碳汇量。

11）建筑使用阶段混凝土碳化比例数据

根据混凝土在建筑使用阶段的使用情况，通过计算可获得建筑使用阶段的碳化比例。不同地区混凝土水泥在建筑使用寿命期内平均碳化比例分别为：中国 23.8%，美国 31.8%，欧洲 32.3%，其他国家 24.3%（表 4-4）。美国和欧洲混凝土在建筑使用期的较高碳化比例是源于其较长的建筑使用寿命，这是因为混凝土在建筑使用期内的碳化比例与建筑物的寿命有关，随着建筑使用寿命的增加，其混凝土的碳化比例不断增加，因此延长建筑物的使用寿命可以增加碳汇量。

表4-4　不同国家或地区混凝土在建筑使用寿命期内平均碳化比例

国家或地区	中国	美国	欧洲	其他国家
建筑使用期/a	35	65	70	40
碳化比例/%	23.8	31.8	32.3	24.3

12）不同废弃混凝土处置方法比例评估数据

废弃混凝土处置方法与比例主要来自研究文献。在中国，混凝土拆除废弃物大部分被填埋和倾倒，其比例超过废弃混凝土量的 97.69%，只有 2.31%用于回收（卢伟，2010）。在美国，60%的混凝土拆除废弃物被回收成为新的水泥或是沥青混凝土骨料、路基和工程回填料，约 40%被送往垃圾填埋场（Kapur et al., 2008; Kelly, 1978; Yang et al., 2014）。在欧洲，混凝土拆除废弃物回收利用率更高，达到 61.14%，仅有 38.86%被送往垃圾填埋场（Pade and Guimaraes, 2007; Pommer and Pade, 2006; Engelsen et al., 2005）。其他国家的混凝土拆除废弃物回收利用率较低，仅为 25%（Yang et al., 2014; Kikuchi and Kuroda, 2011）（表 4-5）。

表4-5　主要废弃混凝土处置方法和平均比例

拆除破碎混凝土处置方法	中国[*]/%	欧洲[**]/%	美国[***]/%	其他国家[****]/%
回收用于新混凝土骨料	0.01	0.72	3.60	1.00
回收用于路基、回填材料和其他用途	2.30	60.42	51.00	24.0
填埋	97.69	38.86	40.00	75.00
堆积		0	0	
沥青混凝土	0	0	5.4	0

*数据来自文献卢伟，2010；
**数据来自文献 Engelsen et al., 2005; Pade and Guimaraes, 2007; Pommer and Pade, 2006；
***数据来自文献 Yang et al., 2014; Kelly, 1978; Kapur et al., 2008；
****数据来自文献 Kikuchi and Kuroda, 2011; Yang et al., 2014

13）拆除破碎混凝土碎块粒径和表面积数据

拆除破碎混凝土碎块的表面积很难评估，所以本书利用有效数据评估不同类型废弃混凝土的粒径分布及其范围。表 4-6 总结了不同国家或地区的废弃混凝土在不同处理条件下的粒径分布。中国废弃混凝土粒径的分布数据来自于调查的 35 个主要城市及中国国内工业标准（中华人民共和国住房和城乡建设部，2011）。欧洲的废弃混凝土颗粒粒径分布采用欧洲 Engelsen 等（2005）、Pade 和 Guimaraes（2007）的研究报告。美国的废弃混凝土粒径分布参照北欧国家和中国的情况。而其他国家颗粒粒径分布采用日本和韩国情况（Yang et al., 2014; Kikuchi and Kuroda, 2011）。回收用于新混凝土骨料的废弃混凝土颗粒，不同国家或地区都主要集中在 11～20mm，比例为 33.9%～40.3%，其次，中国 24.4%的比例分配在 5～10mm 粒径，而美国、欧洲和其他国家 24.1%～29.4%的比例分布在<5 mm 粒径。回收用于路基的废弃混凝土颗粒主要集中在 10～30mm 和 1～10 mm 的粒径区间，比例分别为 39.2%～42.3%和 25.0%～27.5%。填埋和堆积的废弃混凝土粒径比较大，主要集中在>50mm 和 10～30mm 粒径，比例分别为 37.8%和 27.1%。用于生产沥青混凝土的废弃混凝土粒径分布比例与用于新水泥的废弃混凝土颗粒相似，但是粒径较大。

表4-6　不同国家或地区废弃混凝土处置方法和颗粒粒径分布

拆除破碎混凝土处置	颗粒粒径等级/ mm	不同国家或地区颗粒粒径分布比例/%			
		中国*	欧洲**	美国***	其他国家****
回收用于新混凝土骨料	<5	14.9	29.4	29.4	24.1
	5～10	24.4	13.8	13.8	17.0
	11～20	40.3	39.2	39.2	33.9
	21～40	20.5	17.5	17.5	25.0
回收用于路基材料和其他	<1	11.7	15.7	15.7	16.1
	1～10	26.9	27.5	27.5	25.0
	10～30	42.0	39.2	39.2	42.3
	>30	19.4	17.5	17.5	16.7
填埋和堆积	<10	17.8	17.8	17.8	17.8
	10～30	27.1	27.1	27.1	27.1
	30～50	17.3	17.3	17.3	17.3
	>50	37.8	37.8	37.8	37.8
回收用于沥青混凝土	<10	14.9	29.4	29.4	24.1
	10～30	24.4	13.8	13.8	17.0
	30～50	40.3	39.2	39.2	33.9
	>50	20.5	17.5	17.5	25.0

*中国破碎混凝土颗粒粒径的分布来自于中国 35 个城市的野外调查数据。回收用于生产新混凝土的破碎混凝土最大粒径在中国是 32.5 mm，在欧洲、美国和其他国家是 40 mm。中国回收用于沥青混凝土的粒径划分为<5 mm, 5～10 mm, 11～20 mm, 21～32 mm;

**用北欧国家的废弃混凝土处置比例、颗粒粒径分级和比例评价欧洲国家(Pade and Guimaraes, 2007; Engelsen et al., 2005; Jonsson and Wallevik, 2005);

***其他国家数据参考欧洲(Kapur et al., 2008; Kelly, 1978);

****其他国家破碎混凝土颗粒粒径分布参考日本和韩国 (Yang et al., 2014; Kikuchi and Kuroda, 2011)

14）建筑拆除阶段完全碳化的破碎混凝土粒径数据

通常建筑拆除阶段的混凝土的碳化速率系数参考暴露于空气环境下的碳化速率系数，通过菲克第二扩散定律可获得建筑拆除阶段完全碳化的破碎混凝土碎块的颗粒直径（表 4-7）。将收集的拆除破碎时间数据、混凝土破碎粒径数据代入第 3 章提供的建筑拆除阶段混凝土碳化比例公式可获得此阶段的碳化比例，进而求出碳汇量。

表4-7　暴露环境下完全碳化的破碎混凝土碎块颗粒直径（0.4年）

强度等级	≤15MPa	15～22MPa	23～35MPa	>35MPa
暴露环境 k 值 /（mm/a$^{0.5}$）	5	2.5	1.5	1
完全碳化颗粒直径/mm	6.3	3.2	1.9	1.3

注：暴露时间内完全碳化的最大颗粒直径的碳化速率系数参考暴露于空气条件下的典型碳化速率（Pade and Guimaraes, 2007; Lagerblad, 2005）

15）建筑拆除阶段混凝土碳化比例数据

混凝土建筑在使用期过后会被拆除，由于处置方法和回收利用后的用途不同，其破碎的粒径也不同。其中回收用于生产混凝土骨料、路基、新生水泥的废弃混凝土颗粒粒径要小于用于倾倒和填埋的粒径。建筑拆除阶段破碎混凝土颗粒的碳化程度随着混凝土强度的增加和粒径的增大而减小，因此在建筑拆除阶段，废弃混凝土破碎的粒径越小越有利于碳固定（表 4-8）。

表4-8　建筑拆除阶段不同混凝土强度和处置方式下的碳化比例（F_{di}）

混凝土强度等级	处置方法	颗粒粒径/mm	中国/%	欧洲/%	美国/%	其他国家/%
>C35	回收的混凝土骨料用于新混凝土	<5	67.7	68.9	68.9	68.9
		5～10	39.0	40.0	40.0	40.0
		10～20	21.2	21.7	21.7	21.7
		21～40	13.1	11.3	11.3	11.3
	回收的混凝土骨料用于路基材料和其他	<1	100	100	100	100
		1～10	40.8	41.8	41.8	41.8
		10～30	15.1	15.5	15.5	15.5
		30～53	8.2	8.5	8.5	8.5
	填埋	<10	40.8	41.8	41.8	41.8
		10～30	15.1	15.5	15.5	15.5
		30～50	8.6	8.8	8.8	8.8
		>50	1.6	1.7	1.7	1.7
	倾倒和堆积	<10	40.8	41.8	41.8	41.8
		10～30	15.1	15.5	15.5	15.5

混凝土强度等级	处置方法	颗粒粒径/mm	中国/%	欧洲/%	美国/%	其他国家/%
>C35	倾倒和堆积	30~50	8.6	8.8	8.8	8.8
		>50	1.6	1.7	1.7	1.7
	沥青混凝土	<5	67.7	68.9	68.9	68.9
		5~10	39.0	40.0	40.0	40.0
		11~20	21.2	21.7	21.7	21.7
		21~40	13.1	11.3	11.3	11.3
C23~C35	回收的混凝土骨料用于新混凝土	<5	84.1	85.2	85.2	85.2
		5~10	53.9	55.0	55.0	55.0
		10~20	30.5	31.3	31.3	31.3
		21~40	19.2	16.7	16.7	16.7
	回收的混凝土骨料用于路基材料和其他	<1	100	100	100	100
		1~10	55.7	56.9	56.9	56.9
		10~30	22.0	22.6	22.6	22.6
		30~53	12.2	12.5	12.5	12.5
	填埋	<10	55.8	56.9	56.9	56.9
		10~30	22.0	22.6	22.6	22.6
		30~50	12.7	13.0	13.0	13.0
		>50	2.4	2.5	2.5	2.5
	倾倒和堆积	<10	55.8	56.9	56.9	56.9
		10~30	22.0	22.6	22.6	22.6
		30~50	12.7	13.0	13.0	13.0
		>50	2.4	2.5	2.5	2.5
	沥青混凝土	<5	84.1	85.2	85.2	85.2
		5~10	53.9	55.0	55.0	55.0
		11~20	30.5	31.3	31.3	31.3
		21~40	19.2	16.7	16.7	16.7
C16~C22	回收的混凝土骨料用于新混凝土	<5	97.8	98.2	98.2	98.2
		5~10	75.6	76.8	76.8	76.8
		10~20	46.8	47.9	47.9	47.9
		21~40	30.4	26.6	26.6	26.6
	回收的混凝土骨料用于路基材料和其他	<1	100	100	100	100
		1~10	77.0	78.1	78.1	78.1
		10~30	34.6	35.4	35.4	35.4
		30~53	19.7	20.2	20.2	20.2
	填埋	<10	77.0	78.1	78.1	78.1
		10~30	34.6	35.4	35.4	35.4
		30~50	20.5	21.1	21.1	21.1
		>50	4.0	4.1	4.1	4.1

混凝土强度等级	处置方法	颗粒粒径/mm	中国/%	欧洲/%	美国/%	其他国家/%
C16~C22	倾倒和堆积	<10	77.0	78.1	78.1	78.1
		10~30	34.6	35.4	35.4	35.4
		30~50	20.5	21.1	21.1	21.1
		>50	4.0	4.1	4.1	4.1
	沥青混凝土	<5	97.8	98.2	98.2	98.2
		5~10	75.6	76.8	76.8	76.8
		11~20	46.8	47.9	47.9	47.9
		21~40	30.4	26.6	26.6	26.6
≤C15	回收的混凝土骨料用于新混凝土	<5	100	100	100	100
		5~10	97.6	98.1	98.1	98.1
		10~20	75.6	76.8	76.8	76.8
		21~40	53.9	47.9	47.9	47.9
	回收的混凝土骨料用于路基材料和其他	<1	100	100	100	100
		1~10	97.8	98.2	98.2	98.2
		10~30	59.6	60.7	60.7	60.7
		30~53	36.5	37.4	37.4	37.4
	填埋	<10	97.8	98.2	98.2	98.2
		10~30	59.6	60.7	60.7	60.7
		30~50	38.0	38.9	38.9	38.9
		>50	7.9	8.1	8.1	8.1
	倾倒和堆积	<10	97.8	98.2	98.2	98.2
		10~30	59.6	60.7	60.7	60.7
		30~50	38.0	38.9	38.9	38.9
		>50	7.9	8.1	8.1	8.1
	沥青混凝土	<5	100	100	100	100
		5~10	97.6	98.1	98.1	98.1
		11~20	75.6	76.8	76.8	76.8
		21~40	53.9	47.9	47.9	47.9

美国和欧洲国家建筑在拆除阶段的混凝土平均碳化比例较高，分别为 24.5% 和 26.6%，主要是因为这些国家的废弃混凝土回收率较高并且大部分的废弃混凝土被破碎为颗粒较小的粒径，具有更大的暴露表面积。而中国超过 97% 的废弃混凝土被填埋或是倾倒而且颗粒粒径较大，大颗粒的废弃混凝土与小颗粒的废弃混凝土相比，其暴露面积相对较少，因此在建筑拆除阶段的碳化比例最低，仅为 16.6%（表 4-9）。这意味着中国应加大废弃混凝土的回收率，使其破碎为更小粒径的颗粒，不仅可以固定更多的 CO_2，还可以减少原生骨料生产带来的环境问题。

表4-9 建筑拆除阶段混凝土的平均碳化比例

国家或地区	中国	美国	欧洲	其他国家
平均拆除破碎时间/a	0.4	0.4	0.4	0.4
碳化比例/%	16.6	24.5	26.6	23.2

16）建筑垃圾处理与回用阶段完全碳化的破碎混凝土粒径数据

由于建筑垃圾处理与回用阶段的废弃混凝土处于埋藏条件，因此此阶段的碳化速率系数参考埋藏环境下的碳化速率系数（Pade and Guimaraes, 2007; Lagerblad, 2005），通过菲克第二扩散定律可获得建筑垃圾处理与回用阶段完全碳化的破碎混凝土碎块的颗粒直径（表 4-10），再将建筑垃圾处理与回用时间数据、混凝土破碎粒径数据代入第 3 章提供的建筑垃圾处理与回用阶段混凝土碳化比例公式，可获得此阶段的碳化比例，进而求出碳汇量。

表4-10 建筑垃圾处理与回用阶段完全碳化的破碎混凝土颗粒直径

国家或地区	暴露时间/a	≤C15/mm	C16~22/mm	C23~35/mm	>C35/mm
中国	64.6	48.64	24.32	16.19	12.12
美国	34.6	35.86	17.93	11.92	8.91
欧洲	29.6	33.25	16.63	11.05	8.26
其他国家	59.6	46.75	23.38	15.56	11.65

17）建筑垃圾处理与回用阶段废弃混凝土碳化比例数据

总体来说，处于路基、填埋和倾倒堆积条件下的废弃混凝土碳化比例随着碳化强度和粒径的增加而降低，但此阶段的废弃混凝土颗粒的碳化比例要明显小于建筑拆除阶段（表 4-11）。此阶段的最大碳化比例均出现在 10~30mm 粒径，而非 1~10mm（用于路基材料<1mm 粒径的废弃混凝土已经在建筑拆除阶段完全碳化），可能是因为 1~10mm 粒径的废弃混凝土颗粒相比 10~30mm 粒径的颗粒在建筑拆除阶段碳化较多，剩下的未碳化部分较少，而接下来的建筑垃圾处理与回用阶段的碳化是在建筑拆除阶段碳化的基础上继续碳化，因此呈现此种状态。

表4-11 建筑垃圾处理与回用阶段不同混凝土强度和处置方式下碳化比例（F_{si}）

混凝土强度等级	处置方式	颗粒粒径/mm	中国/%	欧洲/%	美国/%	其他国家/%
>C35	回收的混凝土骨料用于新混凝土	<5	0.0	0.0	0.0	0.0
		5~10	0.0	0.0	0.0	0.0
		10~20	0.0	0.0	0.0	0.0
		20~40	0.0	0.0	0.0	0.0

续表

混凝土强度等级	处置方式	颗粒粒径/mm	中国/%	欧洲/%	美国/%	其他国家/%
>C35	回收的混凝土骨料用于路基材料和其他	<1	0.0	0.0	0.0	0.0
		1~10	50.7	48.3	48.3	48.3
		10~30	68.3	52.2	55.4	55.4
		30~53	51.6	35.7	38.5	38.5
	填埋	<10	50.7	48.3	48.3	48.3
		10~30	68.3	52.2	55.4	55.4
		30~53	53.2	36.9	39.9	39.9
		>53	13.1	8.4	9.2	9.2
	倾倒和堆积	<10	50.7	48.3	48.3	48.3
		10~30	68.3	52.2	55.4	55.4
		30~50	53.2	36.9	39.9	39.9
		>50	13.1	8.4	9.2	9.2
	沥青混凝土	<5	0.0	0.0	0.0	0.0
		5~10	0.0	0.0	0.0	0.0
		10~20	0.0	0.0	0.0	0.0
		20~40	0.0	0.0	0.0	0.0
C23~C35	回收的混凝土骨料用于新混凝土	<5	0.0	0.0	0.0	0.0
		5~10	0.0	0.0	0.0	0.0
		10~20	0.0	0.0	0.0	0.0
		20~40	0.0	0.0	0.0	0.0
	回收的混凝土骨料用于路基材料和其他	<1	0.0	0.0	0.0	0.0
		1~10	36.2	33.8	33.8	33.8
		10~30	69.0	56.2	58.9	58.9
		30~53	59.8	42.7	45.9	45.9
	填埋	<10	36.2	33.8	33.8	33.8
		10~30	69.0	56.2	58.9	58.9
		30~50	61.2	44.0	47.2	47.2
		>50	16.9	10.8	11.8	11.8
	倾倒和堆积	<10	36.2	33.8	33.8	33.8
		10~30	69.0	56.2	58.9	58.9
		30~50	61.2	44.0	47.2	47.2
		>50	16.9	10.8	11.8	11.8
	沥青混凝土	<5	0.0	0.0	0.0	0.0
		5~10	0.0	0.0	0.0	0.0
		11~20	0.0	0.0	0.0	0.0
		21~32	0.0	0.0	0.0	0.0
C16~C22	回收的混凝土骨料用于新混凝土	<5	0.0	0.0	0.0	0.0
		5~10	0.0	0.0	0.0	0.0

续表

混凝土强度等级	处置方式	颗粒粒径/mm	中国/%	欧洲/%	美国/%	其他国家/%
C16~C22	回收的混凝土骨料用于新混凝土	10~20	0.0	0.0	0.0	0.0
		20~40	0.0	0.0	0.0	0.0
	回收的混凝土骨料用于路基材料和其他	<1	0.0	0.0	0.0	0.0
		1~10	16.8	14.8	14.8	14.8
		10~30	59.8	54.3	54.3	54.3
		30~53	67.4	51.7	51.7	51.7
	填埋	<10	16.8	14.8	14.8	14.8
		10~30	59.8	54.3	54.3	54.3
		30~50	67.9	52.7	52.7	52.7
		>50	23.9	15.4	15.4	15.4
	倾倒和堆积	<10	16.8	14.8	14.8	14.8
		10~30	59.8	54.3	54.3	54.3
		30~50	67.9	52.7	52.7	52.7
		>50	23.9	15.4	15.4	15.4
	沥青混凝土	<5	0.0	0.0	0.0	0.0
		5~10	0.0	0.0	0.0	0.0
		10~20	0.0	0.0	0.0	0.0
		20~40	0.0	0.0	0.0	0.0
≤C15	回收的混凝土骨料用于新混凝土	<5	0.0	0.0	0.0	0.0
		5~10	0.0	0.0	0.0	0.0
		10~20	0.0	0.0	0.0	0.0
		20~40	0.0	0.0	0.0	0.0
	回收的混凝土骨料用于路基材料和其他	<1	0.0	0.0	0.0	0.0
		1~10	1.1	0.7	0.7	0.7
		10~30	33.4	31.1	31.1	31.1
		30~53	57.7	53.8	53.8	53.8
	填埋	<10	1.1	0.7	0.7	0.7
		10~30	33.4	31.1	31.1	31.1
		30~50	56.1	52.8	52.8	52.8
		>50	41.3	27.7	27.7	27.7
	倾倒和堆积	<10	1.1	0.7	0.7	0.7
		10~30	33.4	31.1	31.1	31.1
		30~50	56.1	52.8	52.8	52.8
		>50	41.3	27.7	27.7	27.7
	沥青混凝土	<5	0.0	0.0	0.0	0.0
		5~10	0.0	0.0	0.0	0.0
		10~20	0.0	0.0	0.0	0.0
		20~40	0.0	0.0	0.0	0.0

注：表中"0.0"表示用于生产新水泥的过程中几乎不碳化

中国建筑垃圾处理与回用阶段的碳化比例最高为 25.7%，其他国家次之，为 23.2%，美国为 21.0%，欧洲最少为 18.1%（表 4-12）。这是因为与建筑使用阶段类似，建筑垃圾处理与回用阶段废弃混凝土的碳化比例也随着处理时间的延长而增加，但是埋藏阶段的碳化速率较小，在相同时间，建筑垃圾处理与回用阶段废弃混凝土的年碳化比例明显小于建筑使用阶段混凝土的碳化比例。

表4-12　混凝土在建筑垃圾处理与回用阶段平均碳化比例

国家或地区	中国	美国	欧洲	其他国家
暴露时间/a	64.6	34.6	29.6	59.6
碳化比例/%	25.7	21.0	18.1	23.2

18）混凝土全生命周期碳化比例数据

通过核算不同生命周期阶段的碳化比例，发现中国的混凝土在这三个阶段总的碳化比例为 66.1%。短暂的建筑使用寿命以及废弃混凝土填埋和堆积处置方法是导致其在 100 年生命评判周期中较低碳化比例的主要原因。在美国和欧洲，相对较长的建筑使用寿命以及较高的废弃混凝土回收率导致混凝土水泥在 100 年的生命评判周期内达到了较高的碳化比例，分别为 77.3% 和 76.8%。其他国家的混凝土水泥在这三个阶段总的碳化比例约为 70.9%，短暂的建筑使用寿命以及低的废弃混凝土回收率导致其在 100 年生命评判周期中碳化比例小于美国和欧洲，但相比于中国，其建筑使用寿命高于中国 5 年，废弃混凝土回收率高于中国 22%，所以导致其他国家的混凝土水泥在这三个阶段总的碳化比例高于中国（图 4-1）。

19）水泥砂浆利用类型和比例数据

水泥砂浆主要用于抹灰（装饰）、砌筑（砖块堆砌）、砖瓦黏合和灌浆、外墙保温系统、粉末涂料、水泥基防水密封浆、自调水平和定墙上灰、维修和护理及其他用途。为了便于研究，将水泥砂浆的用途主要分为抹灰和装饰、砌筑、维修和护理三大类。中国不同类型水泥砂浆的使用比例来源于 1144 个调查项目数据（附录 11），大约 70% 用于抹灰和装饰，18% 用于砌筑，12% 用于维修和护理。美国地质调查局的终端统计数据也显示了与中国相似的水泥砂浆利用类型比例（Kelly and Matos, 2014）。由于缺乏其他地区的水泥砂浆的使用类型统计数据，本书利用中国的水泥砂浆利用调查统计结果来评估欧洲和其他国家的水泥使用类型比例（表 4-13）。

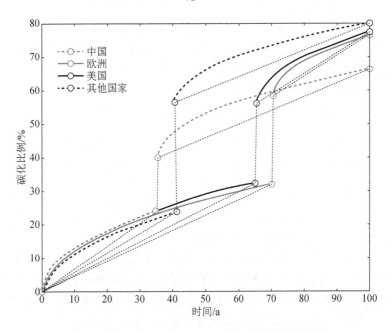

图 4-1　混凝土在三个阶段平均累积碳化比例示意图

表4-13　中国水泥砂浆使用类型比例调查数据

水泥砂浆利用类型	抹灰和装饰	砌筑	维修和护理	来源
比例/%	70.2	17.9	11.9	附录 11

20）水泥砂浆使用厚度

不同国家砂浆的使用厚度几乎相同。不同水泥砂浆利用类型的厚度见表 4-14。抹灰和渲染砂浆的平均厚度为 20mm；墙灰砂浆厚度非常薄，平均厚度为 3mm；用于砖瓦黏合和灌浆的水泥砂浆的平均厚度分别为 20mm 和 30mm（Lutz and Bayer，2010）；用于外墙保温系统砂浆的平均厚度约为 8mm；用于粉末涂抹和防水砂浆的平均厚度大概为 1mm；用于衬底调平砂浆的平均厚度为 20mm；用于定墙上灰砂浆的平均厚度为 50mm；用于砌筑砂浆的平均厚度大约为 10mm；用于维修和护理砂浆的平均厚度为 25mm。

表4-14　不同水泥砂浆利用类型的厚度

水泥砂浆 利用类型	水泥砂浆 利用亚类型	利用厚度范围 d_T/mm	平均利用厚度 /mm	来源
抹灰、装饰和完工 修整	底灰	10～30	20	*
	墙灰	1～5	3	*
	砖瓦黏合	15～30	20	**

续表

水泥砂浆 利用类型	水泥砂浆 利用亚类型	利用厚度范围 d_T/mm	平均利用厚度 /mm	来源
抹灰、装饰和完工 修整	砖瓦泥浆	3～30	15	**
	外墙保温	5～10	8	**
	粉末涂料和防水	1～2	1	***
	衬底自调水平	5～30	20	***
	定墙上灰	30～80	50	***
砖石堆砌	砌筑	5～15	10	**
维修和护理	维修和护理	10～30	25	**

*数据来自文献 Lutz and Bayer, 2010; Winter and Plank, 2007;
**数据来自文献 Lutz and Bayer, 2010;
***数据来自文献北京市住房和城乡建设委员会和北京市质量技术监督局，2010

21）水泥砂浆碳化速率系数

由于水泥砂浆的碳化速率和碳化深度的研究还比较少，这一部分主要采用了水泥砂浆的实测数据（附录12），在测试过程中我们运用酚酞试剂法获得水泥砂浆的碳化深度，然后再根据菲克第二扩散定律获得水泥砂浆的碳化速率系数。室内暴露环境的平均碳化速率系数为26.8mm/a$^{0.5}$，大于室外暴露环境的平均碳化速率系数（12.3mm/a$^{0.5}$）。波特兰水泥砂浆的碳化速率系数小于粉煤灰水泥砂浆或炉渣水泥砂浆的碳化速率系数，抗压强度在C15到C30之间的水泥砂浆碳化速率系数变化不大（表4-15）。由于缺乏其他国家的水泥砂浆碳化速率数据，本书采用中国的实际测量数据来评估美国、欧洲和其他国家的水泥砂浆碳化速率系数。

表4-15　中国水泥砂浆碳化速率系数

水泥种类	抗压 强度	暴露环境	暴露时间/a	平均值 /(mm/a$^{0.5}$)	最大值 /(mm/a$^{0.5}$)	最小值 /(mm/a$^{0.5}$)
波特兰水泥	C15	室外	1	11.1	22.1	4.2
		室内		25.5	36.5	15.4
	C20	室外		10.4	19.2	4.3
		室内		23.9	36.5	13.9
	C25	室外		10.5	17.9	5.2
		室内		23.9	37.8	15.2
	C30	室外		10.8	21.6	4.8
		室内		23.5	32.5	16.3
粉煤灰水泥或炉渣水泥	C15	室外	0.5	13.6	19.9	7.1
		室内		29.1	35.4	23.3
	C20	室外		14.2	21.2	7.1
		室内		29.9	37.1	22.3
	C25	室外		14.3	20.8	9.0

续表

水泥种类	抗压强度	暴露环境	暴露时间/a	平均值/(mm/a^0.5)	最大值/(mm/a^0.5)	最小值/(mm/a^0.5)
粉煤灰水泥或炉渣水泥	C25	室内		28.8	38.8	20.8
	C30	室外	0.5	13.4	21.6	7.1
		室内		30.2	39.4	22.6

22）水泥砂浆碳化比例数据

从不同利用类型水泥砂浆的年碳化比例（表4-16）可以看出，在 $9mm/a^{0.5}$ 的碳化速率条件下，用于抹灰和装饰 20mm 厚的水泥砂浆可以在 5 年完成碳化，而用于维修和护理 25mm 厚的水泥砂浆会在 8 年完成碳化，且随着碳化时间的增加，它们的年碳化深度和碳化比例都逐渐降低。

表4-16　不同利用类型水泥砂浆的年碳化比例

时间/a	抹灰和装饰		维修和护理	
	年碳化深度/mm	碳化比例/%	年碳化深度/mm	碳化比例/%
1	9.00	45.0	9.00	36.0
2	3.73	18.6	3.73	14.9
3	2.86	14.3	2.86	11.4
4	2.41	12.1	2.41	9.6
5	2.00	10.0	2.12	8.5
6	—	—	1.92	7.7
7	—	—	1.77	7.1
8	—	—	1.19	4.8
总计	20.00	100.0	25.00	100.0

具有两面抹灰的 240 mm 厚砌筑砂浆的碳化比例随着建筑使用时间的增加，其碳化比例逐渐增加（图 4-2）。在建筑使用期内，中国砌筑砂浆的碳化比例（约为 25%）<其他国家（约为 30%）<美国（约为 39%）<欧洲（约为 42%），但在建筑使用期结束后，处于建筑拆除阶段具有两面抹灰的砌筑砂浆的碳化比例几乎呈直线垂直上升，在建筑拆除阶段全部完成碳化。

具有一面抹灰的 240 mm 厚砌筑砂浆的碳化比例，与具有两面抹灰的砌筑砂浆碳化较相似（图 4-3），即随着建筑使用时间的增加，其碳化比例也逐渐增加，且中国<其他国家<美国<欧洲，在建筑使用期结束后，处于建筑拆除阶段具有一面抹灰的砌筑砂浆的碳化比例也几乎呈直线垂直上升，在建筑拆除阶段全部完成碳化。但具有一面抹灰的砌筑砂浆的碳化比例比具有两面抹灰的砌筑砂浆碳化比例有所提高，中国约为 35%，其他国家约为 42%，美国约为 50%，欧洲约为 52%。

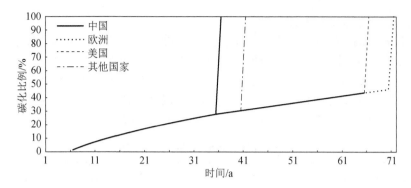

图 4-2　具有两面抹灰的砌筑砂浆墙（240 mm）的累积碳化比例示意图

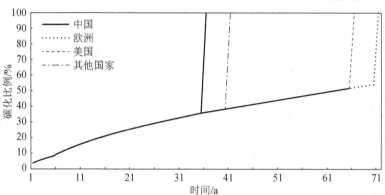

图 4-3　具有一面抹灰一面暴露空气中的的砌筑砂浆墙（240 mm）的累积碳化比例示意图

不具有抹灰的 240mm 厚砌筑砂浆的碳化比例与具有一面、两面抹灰的砌筑砂浆的碳化比例相似（图 4-4），但在建筑使用期内，砌筑砂浆的碳化比例更高，中国约为 45%，其他国家约为 50%，美国约为 59%，欧洲约为 62%。

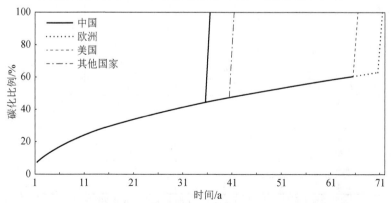

图 4-4　不具有抹灰的砌筑砂浆墙（240 mm）的累积碳化比例示意图

23）砌筑砂浆墙抹灰比例数据

砌筑砂浆墙分为两面抹灰、一面抹灰和不抹灰三种情况。中国的砌筑砂浆抹灰情况来自1144个调查样本。具有两面抹灰的砌筑砂浆墙平均比例为60.0%，具有一面抹灰的砌筑砂浆墙平均比例为29.9%，不具有抹灰的砌筑墙平均比例为10.1%（表4-17）。由于缺乏除中国以外的其他国家的数据，本书采用中国的砌筑砂浆墙抹灰调查数据来评估美国、欧洲和其他国家情况。

表4-17 中国砌筑砂浆墙抹灰调查数据

	两面抹灰	一面抹灰	不抹灰
调查个数	686	342	116
平均比例/%	60.0	29.9	10.1

24）水泥砂浆 CaO 转化为 $CaCO_3$ 比例数据

水泥砂浆 CaO 转化为 $CaCO_3$ 的比例数据通过采用 X 射线物相分析法（X 射线荧光光谱仪）和红外光谱法（红外碳硫分析仪）对水泥砂浆的碳化实验进行获取。通过检测的 301 个碳化砂浆的数据（附录13）可知，砂浆 CaO 转化为 $CaCO_3$ 平均比例为92%，最大值为100%，最小值为50%。由于缺乏其他国家的水泥砂浆 CaO 转化为 $CaCO_3$ 比例数据，本书采用中国的测量数据来评估美国、欧洲和其他国家的水泥砂浆 CaO 转化为 $CaCO_3$ 比例。

25）水泥窑灰处置比例数据

通过调查可获得美国水泥窑灰填埋处置比例数据。不同年份，处置比例不同，在54.74%至82.85%之间波动（表4-18）。由于缺乏其他国家数据，中国、欧洲和其他国家可采用美国水泥窑灰的处置比例数据。

表4-18 美国水泥窑灰填埋处置比例调查数据

年份	水泥窑灰重新利用量 /Mt	水泥窑灰填埋处置量 /Mt	水泥窑灰产生量 /Mt	水泥窑灰填埋处置比例[*] /%
1990	0.75	2.66	3.41	77.93
1993	—	—	—	80[**]
1995	0.65	3.15 [*]	3.80	82.85
1998	0.77	2.50	3.27	76.48
2000	0.58	2.22	2.80	79.46
2001	0.93	2.33	3.25	71.58
2002	0.67	1.99	2.66	74.95
2003	0.72	2.00	2.71	73.53
2004	0.92	1.99	2.91	68.47
2005	0.99	1.43	2.42	59.13
2006	1.16	1.40	2.56	54.74

*除1993年水泥窑灰填埋处置比例外，数据来自文献 Adaska and Taubert, 2008；
**数据来自文献美国环保局，1993

4.2 全球水泥碳汇量

通过收集的数据材料及水泥碳汇核算模型，阐明和量化了水泥材料全生命周期的 CO_2 吸收量。经过核算 1930～2013 年全球水泥碳化的碳汇量，发现水泥材料在其生命周期过程中具有缓慢但显著的碳吸收作用，随着时间推移，水泥生产过程排放的 CO_2（不包括能源燃烧排放）逐渐被水泥材料重新吸收，因此水泥材料是重要的碳汇。通过"簿记"（bookkeeping）模型评估每年建筑物和基础设施水泥材料的碳汇，发现虽然每年水泥的碳汇量较小，但是多年的累积量却很大，在 1930～2013 年，全球水泥材料碳汇吸收量平均高达 4.5（2.8～7.5，$p=0.05$）Gt C [图 4-5（a）]，这也意味着水泥生产当年释放的 CO_2 需要很多年才能被吸收回来。在 1990～2013 年，每年水泥材料碳吸收平均增长了 5.8%，稍高于同期水泥工业过程碳排放（5.4%）[图 4-5（a）]。1998 年水泥材料年碳汇量约为 0.1 Gt C，到 2013 年年碳汇量已经增长到接近 0.25 Gt C，这与以前基于水泥材料研究预测的 1926～2008 年年碳汇量 0.1～0.2 Gt C 相一致（Renforth et al.，2011）。水泥材料每年的碳固定率随着时间的推移不断增长，从 1930 年的 24% 增长到 1944 年的 45%，到 1974 年，均在 30%～40% 增长，到 2013 年达到 45%[图 4-5（b）]。1930～2013 年全球水泥工业过程碳排放为 10.4 Gt C，而同期水泥材料 4.5 Gt C 的固定，意味着这个时期内 43% 的水泥工业过程的碳排放又被使用后水泥材料吸收回来。并且自从 1980 年以来，每年水泥工业过程碳排放平均有 44% 被同期每年的水泥材料吸收回来 [图 4-5（b）]。考虑到水泥材料使用后的碳汇作用，1930～2013 年水泥工业过程净排放量约为 5.9 Gt C [图 4-5（a）]。

研究中也发现水泥材料的碳汇吸收存在非常明显的时滞效应(图 4-6 和图 4-7)。在 1930～2013 年，平均 21.8%、18.2% 和 10.8% 的年碳汇量分别被 2 年前、5 年前和 10 年前生产的水泥材料所吸收；在 2000～2013 年，19.2% 和 13.8% 的年碳汇量分别被 5 年前和 10 年前生产的水泥材料所吸收（图 4-7）。这是因为拆除阶段破碎混凝土块大量的表面积会暴露于空气中，碳化速率也同时会增加，随着中国水泥产量的不断上升，中国对全球水泥材料的碳汇量贡献不断加大，而中国建筑的平均寿命仅为 35 年，短于美国、欧洲的 65～70 年，所以碳化的水泥的周转随着时间的增加而增加，从而加速了碳的吸收。

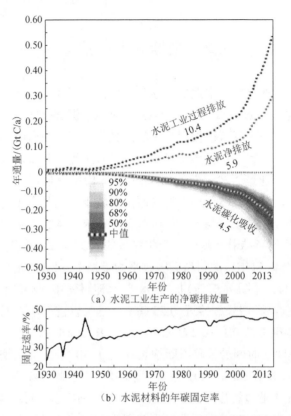

（a）水泥工业生产的净碳排放量

（b）水泥材料的年碳固定率

图 4-5　水泥工业生产的净碳排放量和水泥材料的年碳固定率

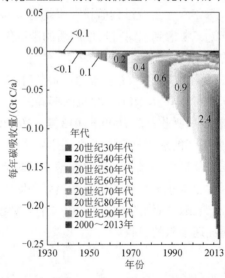

图 4-6　不同水泥生产年份每年水泥碳化碳汇量

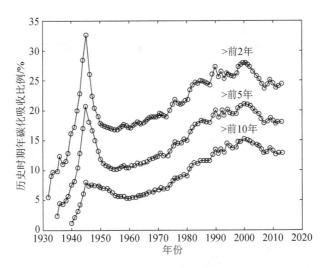

图 4-7　1930～2013 年每年水泥材料碳吸收及相应的滞后时间

　　根据水泥区域生产量、水泥利用类型、每种水泥利用类型的生命周期，本书追踪了水泥工业过程 1930～2013 年 CO_2 的累积排放量（图 4-8）。从水泥生产区域角度来看，1930～2013 年，水泥工业过程 CO_2 排放 7%来自美国，33%来自中国，25%来自欧洲，35%来自其他国家。从水泥材料利用类型的角度来看，本书将 1930～2013 年累积工业过程 CO_2 排放量分解为混凝土水泥碳排放、水泥砂浆碳排放、建筑损失水泥碳排放和水泥窑灰碳排放四个部分，其中混凝土水泥碳排放占 68%，水泥砂浆碳排放占 27%，建筑损失水泥碳排放占 2%，而水泥窑灰碳排放占 3%。从生命周期视角将 1930～2013 年累积工业过程 CO_2 排放量进行了划分，发现水泥碳排放分配在建筑使用阶段的为 89%，水泥碳排放分配在建筑拆除阶段的为 5%，水泥碳排放分配在建筑垃圾处理与回用阶段的为 6%。最终 1930～2013 年全球水泥工业过程累积 CO_2 排放量的 43%已经被同期使用的水泥材料重新吸收而固定，57%滞留在大气中。其中，混凝土在建筑使用阶段吸收了 16.1%的水泥工业过程的 CO_2 排放，在建筑拆除阶段吸收了 1.4%的水泥工业过程的 CO_2 排放，在建筑垃圾处理与回用阶段废弃混凝土吸收了 0.1%的水泥工业过程的 CO_2 排放。水泥砂浆每年 97.9%的 CO_2 排放在建筑使用阶段会被吸收回来，剩下的 2.1%在建筑拆除阶段会被吸收回来。考虑到未来建筑拆除、废弃物处置以及过去半个世纪兴建的水泥建筑物与基础设施大量拆除而导致水泥废弃物的重新利用，加上中国和其他发展中国家水泥消耗的持续增长，预示着未来水泥材料碳汇将不断增长。对于中国而言，建筑寿命仅为 35 年，相比于西方国家大于 70 年的建筑寿命，中国的建筑使用寿命较短，因此以当前房地产经济与基础设施建筑在国民经济中的重要地位，提高建筑利用率、减少空置、延长建筑使用寿命、增加废弃混凝土回收率以加强碳吸收作用，是中国低碳发展的重要途径之一。

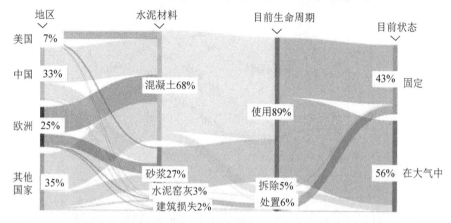

图 4-8　全球 1930～2013 年水泥工业过程 CO_2 分配

4.3　不同地区水泥碳汇量

全球不同国家和地区对全球水泥材料的碳汇贡献各不相同（图 4-9）。1930～2013 年全球累积固定 4.5 Gt C，其中，1.4 Gt C 来自中国，1.2 Gt C 来自欧洲，0.2 Gt C 来自于美国，1.7 Gt C 来自于其他国家。从时间尺度来看，1982 年以前，水泥材料年碳汇量主要集中在欧洲和美国，两者每年的年贡献率均超过了 50%，尤以欧洲为主（在 45%～71%波动），这与 20 世纪 40～50 年代大量水泥建筑建设遗留的碳汇有关（图 4-9）。但在 1930～1982 年两者的碳汇年贡献率随着时间的推移却不断降低，从最初的 95%降低到 1982 年的 51%。1994 年以后，中国水泥材料年碳汇量超过欧洲跃居世界第一，年碳汇贡献为 27.4%，这主要是由于中国此阶段进行了快速的、大量的水泥生产，并且随着时间的推移，中国的年碳汇贡献不断增加，到 2013 年增长到 55%，大于其他所有国家之和。而欧洲和美国从 1994 年的 23.8%和 6.1%年碳汇贡献率逐渐降低，到 2013 年，年碳汇贡献率分别降到 9.7%和 2.5%，也远低于其他国家之和的 32.6%。

从时间角度来说，不同地区水泥材料的年碳汇量包括当年碳汇量和历史碳汇量两部分；从不同水泥材料组成来说，包括混凝土碳汇量、砂浆碳汇量、建筑损失水泥碳汇量和水泥窑灰碳汇量 4 个部分。

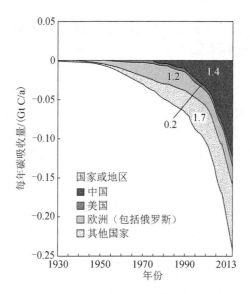

图 4-9　不同国家和地区水泥碳化碳汇量

对于中国，水泥材料年碳汇量随着时间的增加呈明显上升趋势（图 4-10），从 1930 年到 2013 年，中国水泥材料年碳汇量从 0.02 Mt C 上升至 135 Mt C。其中当年碳汇量作为水泥材料年碳汇量的主要贡献者，从 1930 年的 0.02 Mt C 逐渐增加到 2013 年的 108 Mt C，年平均贡献率为 80%。这是因为水泥砂浆碳化速率较快，是主要贡献者，加上水泥窑灰当年就能完成碳化，从而使当年碳汇量贡献较大。水泥材料历史碳汇量随着时间的推移虽然也随着水泥生产消费量增加而增大，但增大速度很小，这是由于当年碳化层的存在使水泥材料接下来年份碳化速率降低，加上建筑垃圾处理与回用阶段处于埋藏条件碳化速率低于暴露条件，因此某一年

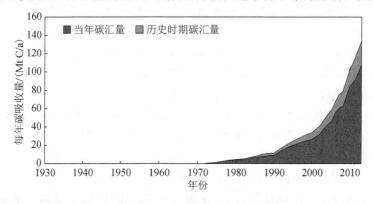

图 4-10　1930～2013 年中国水泥年碳汇量

份的碳汇量中的历史碳汇量贡献比例随着时间推移会不断降低,到 2013 年历史碳汇量为 27 Mt C,贡献率仅为 20%。

从不同水泥材料利用类型来看,水泥砂浆年碳汇量最大,从 1930 年的 0.01 Mt C 逐年增长至 2013 年的 91 Mt C,1930~2013 年共吸收了 0.94 Gt C,年平均贡献率为 67.5%。其次为混凝土,其年碳汇量随着时间的推移也逐渐增加,到 2013 年增加到 27.50 Mt C,1930~2013 年共吸收了 0.28 Gt C,年平均贡献率为 20.0%。水泥窑灰和建筑损失水泥的年碳汇量贡献率较小,分别为 8.1%和 4.4%(图 4-11)。

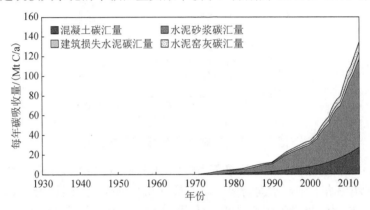

图 4-11 1930~2013 年中国不同类型水泥年碳汇量

对于欧洲,水泥材料年碳汇量随着时间的推移呈现波动式增长并呈现出两个高峰。从 1930 年的 1.72 Mt C 上升至 1989 年 24.20 Mt C 且达到峰值,而从 1990 年开始下降,1996 年达到最低值 18.64 Mt C,2008 年又回升至 24.66 Mt C,最后降至 2013 年的 23.89 Mt C(图 4-12)。与中国相似,欧洲水泥材料年碳汇量中的当年碳汇量的贡献要大于历史时期的碳汇量,1930~2013 年两者的年平均贡献率分别为 72%和 28%,但随着时间的推移,当年碳汇量的贡献作用逐渐降低,历史时期的碳汇量贡献作用不断增强,到 2013 年当年碳汇量的贡献率降低至 53%,而历史时期的碳汇量贡献率增至 47%。这主要是欧洲水泥的生产量随着时间的推移逐渐降低从而导致当年碳汇量的贡献不断减小。

从不同水泥使用类型角度来说,欧洲水泥砂浆年碳汇量最高,从 1930 年的 1.30 Mt C 增加到 2013 年的 12.10 Mt C,并且在 2007 年吸收值达到了 14.80 Mt C,1930~2013 年年平均贡献率为 62.8%。其次为混凝土,其年碳汇量 2013 年达到 9.60 Mt C,年平均贡献率为 25.0%。水泥窑灰年碳汇量和建筑损失水泥的年碳汇量远低于水泥砂浆和混凝土,对水泥年碳汇量的贡献率仅为 7.8%和 4.3%(图 4-13)。欧洲和中国的水泥砂浆和混凝土的利用比例相似,但由于欧洲的废弃混凝土回收利用率较高，混凝土年碳汇贡献较中国的稍高。

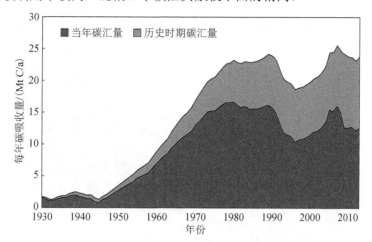

图 4-12　1930～2013 年欧洲水泥年碳汇量

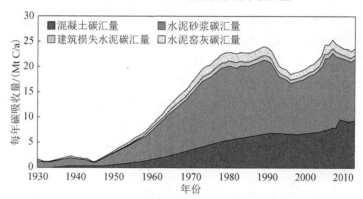

图 4-13　1930～2013 年欧洲不同类型水泥年碳汇量

对于美国，年碳汇量从 1930 年的 0.58 Mt C 波动式上升至 2006 年的 6.30 Mt C 并达到峰值，之后降低到 2009 年的 5.03 Mt C，随后逐渐上升至 2013 年的 6.05 Mt C（图 4-14）。与中国和欧洲的情况相反，美国年碳汇量中当年碳汇量和历史时期碳汇量的贡献作用差别不大。1930～2013 年，当年碳汇量的年平均贡献率为 49%，历史时期碳汇量的年平均贡献率为 51%。但两者在不同时间段的贡献作用不同，在 1930～1973 年，主要是当年碳汇量的年平均贡献率较大，均大于 50%，自从 1974 年以后，历史时期碳汇量的贡献作用逐渐增强，到 2013 年达到 73%。美国的这种现象主要与美国后期水泥生产量大幅度下降有关，因此呈现出历史时期水泥材料发挥主要碳汇作用。

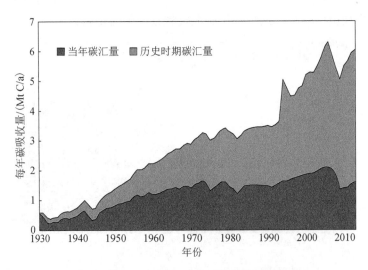

图 4-14　1930～2013 年美国水泥年碳汇量

　　从不同水泥使用类型来看，美国与中国、欧洲的情况也有所差别。美国的水泥材料年碳汇量中混凝土水泥年碳汇量最高，从 1930 年的 0.10 Mt C 上升至 2013 年的 4.08 Mt C，年平均贡献率为 43.5%，大于水泥砂浆年平均贡献率（40.0%）。这是因为美国的水泥利用类型中，混凝土利用比例（86.0%）比中国和欧洲的利用比例（分别为 69.7% 和 71.1%）大，而水泥砂浆的利用比例（12.5%）仅为中国和欧洲（分别为 28.8% 和 27.4%）的一半。同样，水泥窑灰和建筑损失水泥的碳汇贡献率较小，年平均贡献率分别为 10.6% 和 5.9%（图 4-15）。

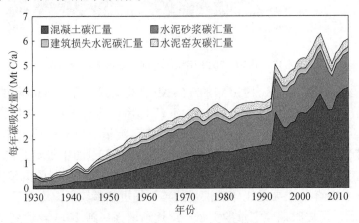

图 4-15　1930～2013 年美国不同类型水泥年碳汇量

　　对于其他国家，其年碳汇量随着时间的推移也呈现递增的趋势。从 1930 年的

0.10 Mt C，急剧增加至 2013 年的 79.99 Mt C。与欧洲相似，其他国家当年碳固定对年碳汇量的贡献较大，1930～2013 年的年平均贡献率为 73.5%，远大于同期历史时期的年平均贡献率。虽然随着时间的增加，当年碳固定的贡献作用有所降低，但仍起主要作用，2013 年的年贡献率仍保持在 63.1%（图 4-16）。

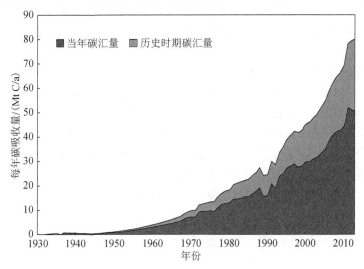

图 4-16　1930～2013 年其他国家水泥年碳汇量

从不同水泥利用类型来看，水泥砂浆的年碳汇量最大并随时间的推移而逐渐增加，从 1930 年 0.08 Mt C 上升至 2013 年的 37.80 Mt C，年平均贡献率为 62.5%，是混凝土年碳汇量平均贡献率的 2.5 倍，而水泥窑灰年碳汇量平均贡献率为 7.9%，是建筑损失水泥年碳汇量平均贡献率的 1.9 倍（图 4-17）。

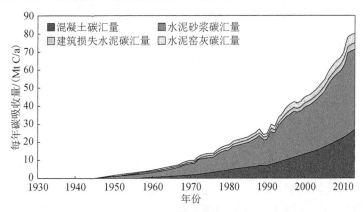

图 4-17　1930～2013 年其他国家不同类型水泥年碳汇量

4.4 不同类型水泥碳汇量

不同水泥材料对水泥碳汇量的贡献不同（图 4-18）。全球水泥材料 1930～2013 年累积封存的 4.5 Gt C 中 1.2（1.24）Gt C 来自混凝土，2.7（2.73）Gt C 来自水泥砂浆，0.2（0.19）Gt C 来自建筑损失水泥，剩下的 0.3（0.34）Gt C 来自水泥窑灰。尽管水泥应用于水泥砂浆的比例不到 30%，但水泥砂浆的碳汇量最大，这是因为水泥砂浆通常应用于建筑结构外层起到装饰作用，使用厚度小、暴露表面积大、碳化速率快。与水泥砂浆相比，尽管混凝土的表面积相对较小，但是大约 70% 的水泥应用于混凝土导致混凝土年碳汇量成为水泥碳汇的第二大贡献者。建筑损失水泥和水泥窑灰对水泥年碳汇量的贡献约只有水泥砂浆的 1/13 和 1/9。同时，本书也发现不同水泥材料的年碳汇量都随着时间的推移而不断增加，1930 年混凝土、水泥砂浆、建筑损失水泥和水泥窑灰的年碳汇量分别为 0.25 Mt C、1.70 Mt C、0.15 Mt C、0.33 Mt C，到 2013 年分别增加到 68.30 Mt C、149 Mt C、9.90 Mt C、18.00 Mt C。

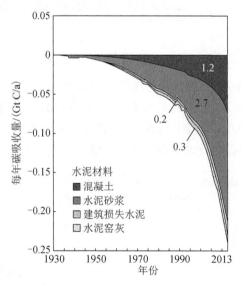

图 4-18 不同水泥材料水泥碳化碳汇量

从时间角度来说，不同水泥材料的年碳汇量包括当年碳汇量和历史碳汇量两部分；从不同地域来说，同一种水泥材料包括中国、欧洲、美国和其他国家四部分。下面分别介绍不同水泥材料的碳汇量。

4.4.1　混凝土碳汇量

　　根据生命周期划分，混凝土生命周期包括建筑使用阶段、建筑拆除阶段和建筑垃圾处理与回用阶段。每一阶段混凝土的年碳汇量均由当年混凝土碳汇量和历史混凝土碳汇量两部分组成。从全球角度来说，混凝土碳汇量从 1930 年到 2013 年的变化趋势呈指数上升，历史混凝土年碳汇量要高于当年混凝土碳汇量（图 4-19）。1930～2013 年，混凝土的年平均贡献率为 71.0%，当年年平均贡献率为 29.0%。这是因为历史混凝土碳吸收时间较长并且经历了生命周期阶段。虽然每年水泥的碳汇量较小，但是多年累积量却很大，这也意味着用于混凝土的水泥生产当年释放的 CO_2 需要很多年才能被吸收。

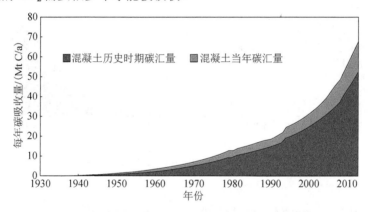

图 4-19　1930～2013 年全球混凝土年累积碳汇量

　　对于中国，混凝土年碳汇量随着时间的增加也呈指数上升趋势（图 4-20），从 1930 年的 0.002 Mt C 增加到 2013 年的 27.60 Mt C，其中历史混凝土碳固定在 1930～2013 年的年平均贡献率为 62.2%，而当年混凝土碳固定的年平均贡献率为 36.8%。总体来说，历史混凝土的碳固定贡献率随着时间的增加而不断上升，且受时间和水泥生产量制约。当年混凝土的碳汇作用主要受水泥产量影响，1945～1947 年是解放战争时期，大量的人力与物力资源投入战争，致使用于建筑原料的水泥生产急剧下跌，导致当年混凝土的碳汇贡献较小，仅为 7.2%～19.6%。

　　欧洲混凝土年碳汇量随着时间的增加呈明显上升趋势，从 1930 年的 0.14 Mt C 增加到 2013 年的 9.60 Mt C（图 4-21）。与中国类似，其中历史混凝土碳固定 1930～2013 年的年平均贡献率为 74.0%，当年混凝土的碳固定年平均贡献率仅为 26.0%。当年混凝土的碳汇作用随着时间的增加显著下降，贡献率从 1931 年的 67.5% 降低到 2013 年的 10.4%，而历史混凝土碳汇贡献率相反，随着时间增加显著上升，从 1931 年的 32.5%上升到 2013 年的 89.6%。这是因为欧洲混凝土的建筑使用寿命较长，历史混凝土碳汇发挥的作用更大。相比于中国，欧洲 1930 年混凝土的年碳汇量是中国混凝土年碳汇量的 70 倍，到 2013 年欧洲的混凝土年碳汇量却仅约为中国混凝土年碳汇量的 1/3。这主要归结为欧洲混凝土的生产和使用要早于并大于中国，但随着时间的发展，中国的水泥产量不断上升，在 1993 年超过了欧洲，2013 年水泥产量是欧洲的 7.9 倍，而欧洲的水泥产量却有所下滑并维持在 3 亿多吨。

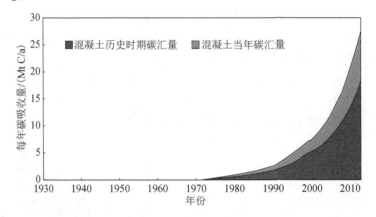

图 4-20　1930～2013 年中国混凝土年累积碳汇量

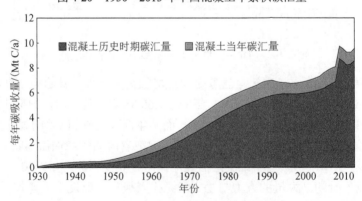

图 4-21　1930～2013 年欧洲混凝土年累积碳汇量

美国混凝土年碳汇量随着时间的增加先呈直线平缓上升，再呈波动式陡峭上升，从 1930 年的 0.10 Mt C 增加到 2013 年的 4.08 Mt C（图 4-22）。其中历史混凝土碳汇量在 1930～2013 年的年平均贡献率为 77.2%，当年混凝土的碳汇量年平均贡献率为 22.8%。其当年混凝土和历史混凝土的碳汇贡献率随时间的变化规律与欧洲较相似，但从 1994 年开始，当年混凝土的碳汇贡献率基本上维持在 10%

左右。美国也是水泥生产使用大国，在 1930～1978 年水泥产量仅次于欧洲，位居第二，但从 1979 年开始，中国的水泥产量超过美国，美国的水泥产量增长幅度较缓慢，呈波动式增加，到 2006 年出现最大值为 99.70 Mt，但远小于中国和欧洲的产量。美国后期水泥产量的减少也是导致其碳汇量小于欧洲和中国的重要原因。

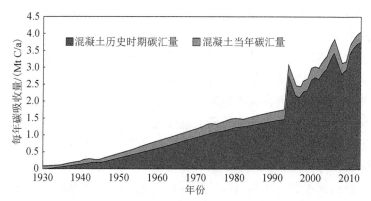

图 4-22　1930～2013 年美国混凝土年累积碳汇量

其他国家混凝土年碳汇量从 1930 年到 2013 年的变化趋势与中国类似，呈指数上升（图 4-23）。其年碳汇量从 1930 年的 1.00 Mt C 增加到 2013 年的 27.10 Mt C。与中国的碳汇量贡献较相近，其中历史混凝土碳汇在 1930～2013 年的年平均贡献率为 68.9%，当年混凝土的碳汇量年平均贡献率为 31.1%。

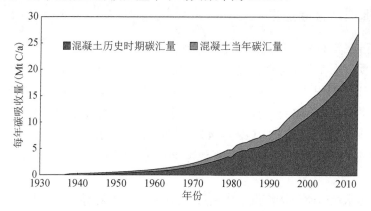

图 4-23　1930～2013 年其他国家混凝土年累积碳汇量

因此，从各个地区或国家 1930～2013 年混凝土碳汇量的累积量来看，中国为282 Mt C，欧洲为 334 Mt C，美国为 122 Mt C，其他国家为 500 Mt C，对全球混凝土碳汇量的贡献：其他国家最高，欧洲次之，中国再次，美国贡献最低。但不同国家或地区对全球混凝土碳汇量年贡献率不断变化。中国和其他国家的碳汇贡献率随着时间的推移而逐渐增加，即从 1930 年的 0.6%（中国）和 4.0%（其他国家）增加到 2013 年的 40.3%（中国）和 39.6%（其他国家），而美国和欧洲的贡献率则呈现出相反的变化趋势。中国前期的碳汇贡献较小并且持续的时间段较长导致其从 1930 年到 2013 年间对混凝土的平均年碳汇贡献率只有 9.8%，而美国由于后期水泥生产量较小，其碳汇年平均贡献率只有 18.5%。

此外，由于建筑使用阶段，混凝土的碳化量与建筑物的使用时间的平方根成正比，延长建筑物的使用寿命可以固定更多的 CO_2。在建筑拆除阶段，混凝土暴露面积迅速增大导致其碳化量迅速增大，但由于暴露时间一般小于一年，建筑在不同的时间节点拆除，拆除当年的碳汇量变化很小。建筑拆除后，废弃混凝土碎块主要处于填埋、露天堆放、回收利用等处理条件下，其碳化速率要低于建筑使用阶段和建筑拆除阶段，CO_2 固定量也相对较少。因此，从生命周期角度来看，建筑物的频繁拆建不利于水泥材料的碳固定。建筑物频繁拆建也会导致水泥用量剧增，增加了大量水泥生产的能源消耗和工业过程 CO_2 排放。我国建筑平均寿命较短仅为 35 年，远低于欧洲 70 年的使用寿命（Qian, 2010; He et al., 2013），再加上我国废弃混凝土 97%处于直接填埋和露天堆积的现状（尹红宇等，2009），因此，延长我国建筑物的使用寿命、提高建筑垃圾的回收利用对我国碳汇增加和建筑水泥行业碳排放降低具有重要的意义（郗凤明等，2015）。

4.4.2 水泥砂浆碳汇量

水泥砂浆年碳汇量也是由当年砂浆碳汇量和历史砂浆碳汇量两部分组成。与混凝土相反，水泥砂浆年碳汇量中历史碳汇量要小于当年碳汇量，这是因为水泥砂浆的碳化速率很快，水泥砂浆的使用厚度较薄，当年碳化的比例较高。从全球水泥砂浆年碳汇量来看,随着时间增加呈明显上升趋势,即从 1930 年的 1.70 Mt C 增加到 2013 年的 149 Mt C（图 4-24），是混凝土年碳汇量的 2～7 倍。其中，当年水泥砂浆年碳汇量的年平均贡献率为 86.7%，历史水泥砂浆年平均贡献率为 13.3%。

与全球水泥砂浆年碳汇量变化趋势一致，中国水泥砂浆年碳汇量随着时间的增加呈指数上升趋势（图 4-25），从 1930 年的 0.01 Mt C 增加到 2013 年的 90.95 Mt C，是中国混凝土年碳汇量的 3～9 倍。其中，当年水泥砂浆的年碳汇量的年平均贡献率为 91.5%，约是历史水泥砂浆碳汇量的年平均贡献率的 11 倍。

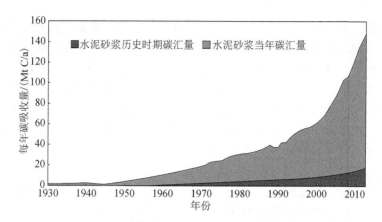

图 4-24　1930～2013 年全球水泥砂浆年累积碳汇量

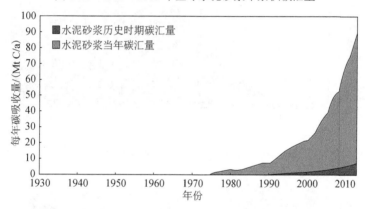

图 4-25　1930～2013 年中国水泥砂浆碳汇量

欧洲水泥砂浆年碳汇量随着时间的增加呈波动式上升趋势（图 4-26），总体来说分为 3 个阶段：1930～1945 年，水泥砂浆年碳汇量在 0.74～1.62 Mt C 波动；但从 1946 年开始，水泥砂浆年碳汇量随着时间的增加迅速上升，到 1980 年达到 14.69 Mt C，之后又有所下降，降到 1996 年的 10.09 Mt C；从 1997 年开始又迅速上升至 2007 年的最高值，14.84 Mt C。其中，在 1930～2013 年当年水泥砂浆的碳汇量年平均贡献率为 86.6%，历史水泥砂浆的年碳汇量年平均贡献率仅为 13.4%。欧洲水泥砂浆的碳汇量是欧洲混凝土碳汇量的 1～9 倍，但随着欧洲水泥生产量的下降，欧洲水泥砂浆的年碳汇量逐渐低于中国，在 2013 年欧洲水泥砂浆的年碳汇量仅为中国水泥砂浆年碳汇量的 2/15。

美国水泥砂浆年碳汇量随着时间的增加呈波动式上升趋势，从 1933 年的 0.18 Mt C 上升到 2006 年的最高点 1.76 Mt C，之后降低到 2013 年的 1.43 Mt C（图 4-27）。其中，1930～2013 年，当年水泥砂浆的碳汇量年平均贡献率为 62.5%，历史水泥砂浆的年碳汇量年平均贡献率为 47.5%。总体来说，美国水泥砂浆的年碳汇量与混凝土年碳汇量的差别不大，从 1930 年水泥砂浆年碳汇量是混凝土年碳汇量的 2.9 倍，逐渐降低到 2013 年仅为混凝土年碳汇量的 1/3。相比于中国、欧洲，美国水泥砂浆当年碳汇量和历史碳汇量的年平均贡献作用以及与混凝土的年碳汇量相差并不大，主要是因为美国水泥用于水泥砂浆的比例相比于中国、欧洲较低，仅为 12.5%（中国、欧洲水泥用于水泥砂浆的比例分别为 28.8%和 27.4%），而用于混凝土的水泥比例却较高为 86.0%（中国、欧洲用于混凝土水泥的比例分别为 69.7%和 71.1%）。

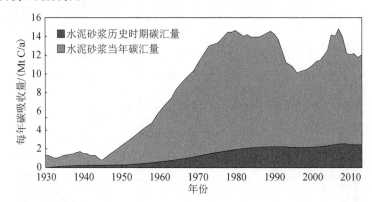

图 4-26　1930～2013 年欧洲水泥砂浆碳汇量

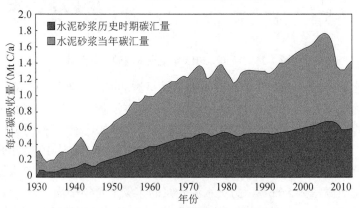

图 4-27　1930～2013 年美国水泥砂浆碳汇量

其他国家水泥砂浆年碳汇量随着时间的变化与中国相类似，呈指数上升趋势（图 4-28），从 1930 年的 0.08 Mt C 增加到 2013 年的 44.46 Mt C，是其混凝土碳汇量的 2～8 倍。其中历史水泥砂浆的年碳汇量从 1930 年到 2013 年的年平均贡献率为 12.1%，当年水泥砂浆对年碳量年平均贡献率为 87.9%。

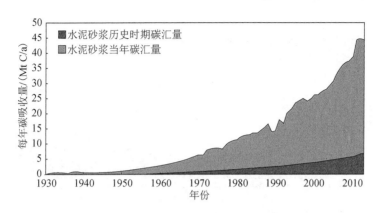

图 4-28　1930～2013 年其他国家水泥砂浆碳汇量

因此，从各个国家或地区 1930～2013 年水泥砂浆碳汇量的累积量来看，中国为 942 Mt C，欧洲为 711 Mt C，美国为 88 Mt C，其他国家为 985 Mt C。但不同国家或地区对全球水泥砂浆碳汇量年贡献率不断变化。从各个国家或地区对全球水泥砂浆碳汇量的贡献来看，1930～2013 年，中国的水泥砂浆年碳汇量平均年贡献率为 15.2%，欧洲为 45.3%，美国为 8.2%，其他国家为 31.3%。虽然在 1930～2013 年段，中国的年平均贡献率较低，但到 2013 年，中国的水泥砂浆年平均贡献率已增长到 61.1%，而美国却降低至 1.0%。

4.4.3　建筑损失水泥碳汇量

建筑损失水泥年碳汇量同样由当年碳汇量和历史碳汇量两部分组成。建筑损失水泥当年累积碳汇量要高于历史累积碳汇量，这是因为建筑损失水泥大部分都是小碎片，能够在较短时间内完成碳化。从全球建筑损失水泥年碳汇量来看，随着时间的增加，年碳汇量明显上升，从 1930 年的 0.15 Mt C 增加到 2013 年的 9.85 Mt C（图 4-29），分别是混凝土和水泥砂浆年碳汇量的 5/28 和 2/27。其中，1930～2013 年，当年建筑损失水泥的年碳汇量的年平均贡献率为 80.5%，历史水泥砂浆年平均贡献率为 19.5%。与水泥砂浆相比，当年建筑损失水泥对年碳汇量的年平均贡献率稍低，这是因为建筑损失水泥尽管是小碎片状态，但处于埋藏条件，其碳化速率要低于水泥砂浆暴露在空气环境下的碳化速率。

中国建筑损失水泥年碳汇量随着时间的变化与全球的变化趋势相类似，呈指数上升趋势（图 4-30），即从 1930 年的 0.001 Mt C 增加到 2013 年的 5.87 Mt C，分别约是中国混凝土碳汇量和水泥砂浆碳汇量的 5/23 和 5/77。其中，历史建筑损失水泥的碳汇量 1930～2013 年的年平均贡献率为 19.5%，当年建筑损失水泥对年碳量的年平均贡献率为 80.5%。

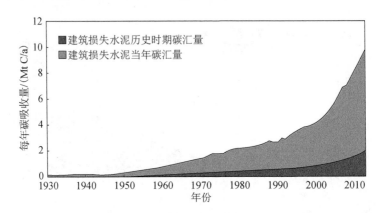

图 4-29　1930～2013 年全球建筑损失水泥年累积碳汇量

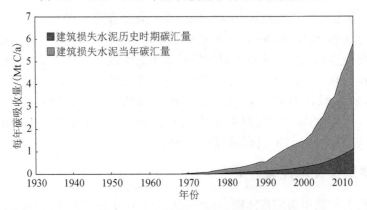

图 4-30　1930～2013 年中国建筑损失水泥年累积碳汇量

　　欧洲建筑损失水泥年碳汇量随着时间的变化规律与欧洲水泥砂浆年碳汇量类似（图 4-31），从 1945 年的 0.065 Mt C 上升到 1980 年的 1.02 Mt C，1980～1989 年的变化幅度较小，1989～2013 年呈现先下降后上升再下降的趋势，至 2013 年碳汇量仅为 0.78 Mt C。其中，历史的建筑损失水泥的碳汇量在 1930～2013 年的年平均贡献率为 20.1%，当年建筑损失水泥对年碳汇量的年平均贡献率为 79.9%。与全球和中国的情形相同，欧洲建筑损失水泥年碳汇量分别约是欧洲混凝土年碳汇量和水泥砂浆年碳汇量的 10/61 和 5/73。

　　美国建筑损失水泥年碳汇量，从 1933 年的 0.03 Mt C 上升到 2006 年的最高值 0.25 Mt C，之后又降到 2013 年的 0.19 Mt C（图 4-32）。其中，1930～2013 年历史建筑损失水泥的年碳汇量的年平均贡献率为 20.0%，当年建筑损失水泥对年碳汇量的年平均贡献率为 80.0%。美国建筑损失水泥年碳汇量分别约是美国混凝土年碳汇量和水泥砂浆年碳汇量的 5/42 和 5/34。

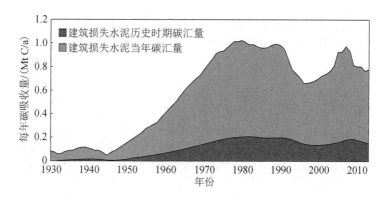

图 4-31 1930~2013 年欧洲建筑损失水泥年累积碳汇量

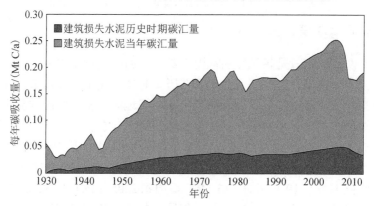

图 4-32 1930~2013 年美国建筑损失水泥年累积碳汇量

其他国家建筑损失水泥年碳汇量,从 1930 年的 0.005 Mt C 上升到 2013 年的 3.01 Mt C(图 4-33)。其中历史建筑损失水泥的碳汇量在 1930~2013 年的年平均贡献率为 20.3%,当年建筑损失水泥对年碳量的年平均贡献率为 79.7%。其他国家建筑损失水泥年碳汇量分别约是相应混凝土年碳汇量和水泥砂浆年碳汇量的 10/61 和 10/147。

因此,从各个国家或地区 1930~2013 年建筑损失水泥碳汇量的累积量来看,中国为 60.70 Mt C,欧洲为 48.20 Mt C,美国为 12.60 Mt C,其他国家为 66.70 Mt C。从各个国家或地区对全球建筑损失水泥年碳汇量的贡献来看,中国的建筑损失水泥年碳汇量年平均贡献率为 14.3%,欧洲的建筑损失水泥年碳汇量年平均贡献率为 40.9%,美国的建筑损失水泥年碳汇量年平均贡献率为 15.6%,其他国家的建筑损失水泥年碳汇量年平均贡献率为 29.2%。

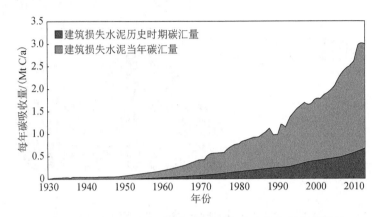

图 4-33　1930～2013 年其他国家建筑损失水泥年累积碳汇量

4.4.4　水泥窑灰碳汇量

　　水泥窑灰年碳汇量是指填埋的水泥窑灰当年的碳汇量，水泥窑灰的碳化速率比较快，当年就能碳化完全，因此不存在历史时期水泥窑灰碳汇量，并且水泥窑灰的年碳汇量取决于水泥的产量。从不同国家或地区来看，中国水泥窑灰年碳汇量随着水泥产量的增加不断上升，从 1930 年固定吸收的 0.002 Mt C 上升到 2013 年的 10.85 Mt C。欧洲水泥窑灰的年碳汇量呈波动式增加，从 1930 年的 0.19 Mt C 增加到 1980 年的 1.82 Mt C，之后有所下降，到 2013 年达到 1.38 Mt C。美国水泥窑灰的年碳汇量从 1930 年的 0.13 Mt C 增加到 2005 年的 0.45 Mt C 并达到峰值，之后降低到 2013 年的 35.00 Mt C。其他国家的水泥窑灰年碳汇量从 1930 年的 0.01 Mt C 增加到 2011 年的 5.56 Mt C，之后略微下降至 2013 年的 5.42 Mt C。从全球水泥窑灰年碳汇量来看，其变化呈现明显的上升趋势，即从 1930 年的 0.32 Mt C 增加到 2013 年的 18.00 Mt C（图 4-34）。从各个国家或地区对全球水泥窑灰年碳汇量的贡献来看，1930～2013 年，中国的水泥窑灰年碳汇量年平均贡献率为 14.6%，欧洲的水泥窑灰年碳汇量年平均贡献率为 40.6%，美国的水泥窑灰年碳汇量年平均贡献率为 15.3%，其他国家的水泥窑灰年碳汇量年平均贡献率为 29.5%。但不同时间段，各个国家或地区的水泥窑灰年碳汇量年平均贡献率也不同，1930～1981 年主要以欧洲和美国的贡献为主，但随着时间的推移，其作用不断降低，两者的贡献从 1930 年的 96% 逐渐下降到 1981 年的 52%。自 1982 年以后，中国和其他国家的水泥窑灰年碳汇量年平均贡献率不断增大，到 2013 年，中国的水泥窑灰年碳汇量年平均贡献率达到 60%，其他国家的水泥窑灰年碳汇量年平均贡献率达到 30%，而美国降至仅为 2% 的贡献率。

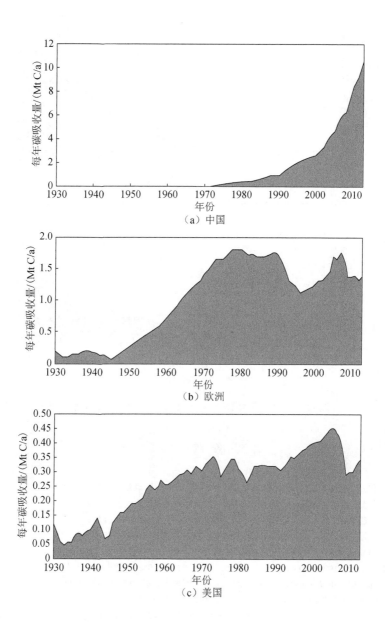

（a）中国

（b）欧洲

（c）美国

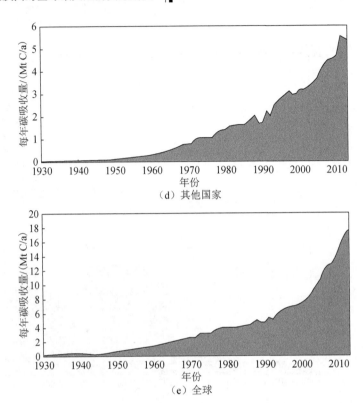

图 4-34　1930～2013 年不同地区水泥窑灰年累积碳汇量

参 考 文 献

北京市住房和城乡建设委员会，北京市质量技术监督局. 2010. 干混砂浆应用技术规程. DB11/T696—2009.

黄政宇，赵俭英. 2001. 混凝土配合比速查手册. 北京：中国建筑出版社.

卢伟. 2010. 废弃物循环利用系统物质代谢分析模型及其应用. 北京：清华大学.

郗凤明，石铁矛，王娇月，等. 2015. 水泥材料碳汇研究综述. 气候研究变化进展，11(4):289-296.

尹红宇，吕海波，赵艳林. 2009. 碳化水泥砂浆分形特征研究. 混凝土，8：97-99.

中国统计局工业司. 1996—2006. 中国工业统计年鉴（1996—2006）. 北京：中国统计出版社.

中华人民共和国住房和城乡建设部. 2011. 再生骨料应用技术规程（JGJ/T 240—2011）.

周晖. 2003. 建筑安装工程预算师手册. 北京：机械工业出版社.

Adaska W S, Taubert D H. 2008. Beneficial Uses of Cement Kiln Dust. 2008 IEEE/PCA 50th Cement Industry Technical Conference Record, Miami: 19-22.

Andersson R, Fridh K, Stripple H, et al. 2013. Calculating CO_2 uptake for existing concrete structures during and after service life. Environmental Science and Technology, 47: 11625-11633.

Browner R D. 1982. Design prediction of the life for reinforced concrete in marine and other chloride environments. Durability of building materials, 1(2):113-125.

Collins F. 2010. Inclusion of carbonation during the life cycle of built and recycled concrete: influence on their carbon footprint. The International Journal of Life Cycle Assessment, 15: 549-556.

Dodoo A, Gustavsson L, Sathre R. 2009. Carbon implications of end-of-life management of building materials. Resources, Conservation and Recycling, 53: 276-286.

Engelsen C J, Mehus J, Pade C, et al. 2005. Carbon dioxide uptake in demolished and crushed concrete. Olso: Norwegian Building Research Institute.

Eggleston S, Buendia L, Miwa K, et al. 2006. 2006 IPCC guidelines for national greenhouse gas inventories. Hayama: Institute for Global Environmental Strategies.

ERMCO (European Ready Mixed Concrete Organization). 2001-2013. Ready-mixed concrete industry statistics 2001-2013. http://www.ermco.eu[2017-3-3].

Gajda J. 2001.Absorption of atmospheric carbon dioxide by portland cement concrete. Portland Cement Association. Chicago: R & D: Serial no. 2255a.

He X, Liu Y, Li T, et al. 2013. Does the rapid development of China's urban residential buildings matter for the environment? Building and Environment, 64:130-137.

Huang N M, Chang J J, Liang M T. 2012. Effect of plastering on the carbonation of a 35-year-old reinforced concrete building. Construction and Building Materials, 29: 206-214.

Jonsson G, Wallevik O. 2005. Information on the use of concrete in Denmark, Sweden, Norway and Iceland. Icelandic Stensberggata: Nordic Innovation Centre.

Kapur A, Keoleian G, Kendall A, et al. 2008. Dynamic modeling of in use cement Stocks in the United States. Journal of Industrial Ecology, 12: 539-556.

Kelly T D. 1978. Crushed cement concrete substitution for construction aggregates, a materials flow analysis. http://pdfs.semanticscholar.org/9980/779f9c93603c867ad69a1f572b9aa30b86aa.pdf[2018-1-19].

Kelly T D, Matos G R. 2014. Historical statistics for mineral and material commodities in the United States. http://minerals.usgs.gov/minerals/pubs/historical-statistics/nickel-use.pdf[2017-8-2].

Kikuchi T, Kuroda Y. 2011. Carbon dioxide uptake in demolished and crushed concrete. Journal of Advanced Concrete Technology, 9:115-124.

Klopfer H. 1978. The carbonation of external concrete and how to combat it. Betontechnische Berichte, 1(3): 86-87.

Lagerblad B. 2005. Carbon dioxide uptake during concrete life cycle: state of the art. Olso: Swedish Cement and Concrete Research Institute.

Lo T Y, Liao W K, Wong C, et al. 2016. Evaluation of carbonation resistance of paint coated concrete for buildings. Construction and Building Materials, 107: 299-306.

Low M S. 2005. Material flow analysis of concrete in the United States. Cambridge: Massachusetts Institute of Technology.

Lutz H, Bayer R. 2010. Dry mortars//Elvers B, Bellussi G, Bohnet M, et al. Ullmann's encyclopedia of industrial chemistry. Berlin: Wiley-VCH: 121-231.

Mequignon M, Ait Haddou H, Thellier F, et al. 2013. Greenhouse gases and building lifetimes. Building and Environment, 68: 77-86.

Nisbet M A. 2000. Environmental life cycle inventory of portland cement concrete. Portland Cement Association. Chicago: R & D: Serial no. 2137a.

Pade C, Guimaraes M. 2007. The CO_2 uptake of concrete in a 100 year perspective. Cement and Concrete Research, 37: 1348-1356.

Papadakis V G, Vayenas C G, Fardis M N. 1991. Experimental investigation and mathematical modeling of the concrete carbonation problem. Chemical Engineering Science, 46: 1333-1338.

Pommer K, Pade C. 2006. Guidelines-uptake of carbon dioxide in the lifecycle inventory of concrete. Oslo: Nordic Innovation Centre.

Qian Y F. 2010. "Most homes" to be demolished in 20 years. http://www.chinadaily.com.cn/cndy/2010-2008/2007/andent-11113458.htm[2018-1-19].

Renforth P, Washbourne C L, Taylder J, et al. 2011. Silicate production and availability for mineral carbonation. Environmental Science & Technology, 45: 2035-2041.

Saricimen H, Maslehuddin M, Iob A, et al. 1996. Evaluation of a surface coating in retarding reinforcement corrosion. Construction and Building Materials, 10: 507-513.

Seneviratne A M G, Sergi G, Page C L. 2000. Performance characteristics of surface coatings applied to concrete for control of reinforcement corrosion. Construction and Building Materials, 14: 55-59.

Talukdar S, Banthia N, Grace J, et al. 2012. Carbonation in concrete infrastructure in the context of global climate change: Part 2 – Canadian urban simulations. Cement and Concrete Composites, 34(8): 931-935.

Taylor H F. 1997. Cement chemistry. London: Thomas Telford.

USEPA. 1993. Report to Congress (1993). http://archive.epa.gov/epawaste/nonhaz/industrial/special/web/html/lement2.html[2018-1-19].

USGS. 2014. Historical statistics for mineral and material commodities in the United States (2014 version): U.S. Geological Survey Data Series. http://minerals.usgs.gov/minerals/pubs/historical-statistics/[2016-6-5].

Winter C, Plank J. 2007. The European dry-mix mortar industry (Part 1). ZKG INTERNATIONAL ,60, 62.

Yang K H, Seo E A, Tae S H. 2014. Carbonation and CO_2 uptake of concrete. Environmental Impact Assessment Review, 46: 43-52.

Yoon I S, Çopuroğlu O, Park K B. 2007. Effect of global climatic change on carbonation progress of concrete. Atmospheric Environment, 41: 7274-7285.

Zhang L. 1989. Carbon delay coefficients research of concrete surface coverages. Journal of Xi'an Institute of Metallurgy and Construction Engineering, 21: 34-40.

第5章　水泥碳汇对全球碳失汇贡献

　　全球碳失汇是一个复杂的科学问题，被称为碳失汇之谜。关于碳失汇的成因，大多数学者认为可能存在于陆地生态系统中，但是多年的模型研究、实地测量研究等方法一直没能很好地揭示出失踪的碳汇，很多研究得出的结果也是相互矛盾的。近年来，学者一直推测全球气候变化（Melillo et al., 1993; Rastetter et al., 1991）、CO_2 施肥作用 （Koch and Mooney, 1995; Amthor, 1995; Wullschleger et al., 1995; Strain and Cure, 1985）、施用化肥和工业排放等人类活动引起的大气氮沉降的增加（Pacala et al., 2001; Townsend et al., 1996; Galloway et al., 1995; Schindler and Bayley, 1993; Peterson and Melillo, 1985）以及受干扰生态系统的恢复（Houghton, 1993, 1996; Kurz et al., 1995）等重要生态过程的碳吸收是碳失汇的主要成因。通过水泥碳汇的研究和量化，本书作者认为除了上述原因以外，能源活动和水泥生产过程碳排放的高估、水泥和石灰等人类活动生产的碱性物质的碳吸收、自然碱性无机物的碳汇吸收、农林业和土地利用变化的不确定性等也是重要的碳失汇的成因。因此，基于碳失汇的原因是复杂的、综合的、多学科的特点，需要不同领域多学科的专家共同合作来解释这个科学难题。

5.1　碳失汇可能成因

5.1.1　气候变化

　　气候变化会影响陆地生态系统碳汇。目前，此方面研究主要集中在全球温度升高对陆地生态系统碳汇的影响和气候年际变化对陆地生态系统碳汇的影响两方面（王效科等，2002）。在陆地生态系统碳汇与全球气温变化的关系方面，Houghton（1995）分析认为，1940 年陆地生态系统中碳累积的年变化与全球气温存在负相关关系，即温度的正偏差与陆地上年碳累积量的减少相对应，这种对应关系表明温度每升高 1℃，陆地生态系统碳吸收会减少 3.4～6.4 Gt C，但碳库变化滞后温度可达 7 年，CO_2 浓度的增加和温度的变化解释了 1940 年以来全球碳失汇的84%～94%。Sarmiento 等（1995）利用 CO_2 浓度和温度控制的陆地生态模型在重制历史上的碳失汇时也发现陆地碳储量与全球气温之间的相关关系，但是气候变化及陆地生态系统对气候变化的响应过程是一个复杂且缓慢的过程，量化较为困难。通常温度的升高对碳汇的影响可从以下两个过程加以解释：①升温导致的陆地生态系统呼吸作用的加强会释放更多的碳，这一点从 1940 年以来陆地生态系统中碳累积的年变化与气温存在的负相关关系可得到有力证明（徐小峰和宋长春，2004）；②升温导致的氮矿化作用的提高会刺激植物生长从而固定更多的碳。这是因为土壤中的氮主要来自有机质的矿化，温度升高导致氮矿化速率提高，土壤中可利用氮的增加通常能够促进植物生长加快，而且木材中的碳氮比比土壤有机质中的高，根据化学当量计算可知，在木材中储存的碳比土壤有机质分解释放的碳要多（Melillo et al., 1993; Rastetter et al., 1991）。

气候年际变化对陆地生态系统碳汇的影响主要是通过气温和降水的年际变化对陆地净生态系统生产力（net ecosystem production, NEP）的影响而体现。Dai 和 Fung（1993）分别建立了生态系统净初级生产力（net primary productivity, NPP）和土壤呼吸（soil respiration, SR）与气候因子（降水和温度）间的相关关系，估算了全球各网格的 NEP。结果表明 1950～1984 年陆地生态系统积累了 20±5 Gt C，碳汇主要分布在北半球北纬 30°～60°，这相当于全球碳失汇的一半。Tian 等（1998）利用 TEM 模型，研究了气候变化和大气 CO_2 浓度增加背景下，1980～1994 年亚马孙热带原始雨林碳库的年际变化情况，结果表明由于气候的变化和大气 CO_2 浓度的增加，在厄尔尼诺年份，该地区气候干热，生态系统将是一个碳源(1987 年和 1992 年达 0.2 Gt C)；在非厄尔尼诺年份，生态系统将是一个碳汇（1981 和 1993 年达 0.7 Gt C）。Goulden 等（1996）在美国新英格兰的 Harvard 森林站通过实际观测温带落叶阔叶林与大气间的 CO_2 交换通量发现，1991～1995 年，该生态系统每年从大气中吸收碳 1.4～2.8 t C/hm^2。1991 年和 1995 年该碳汇较大，主要是因为光合作用的增加和呼吸作用的减少。光合作用的年际变化受树叶的生长和凋落时间的变化影响。呼吸作用的年季变化与土壤温度的异常、冬季雪量和夏季的干旱有关。因此，Goulden 等（1996）分析认为北半球的陆地生态系统与大气间 CO_2 交换通量的变化幅度为 1 Gt C 左右。

5.1.2　CO_2 施肥作用

大气中 CO_2 浓度的升高会增强绿色植物的光合作用强度，被称为 CO_2 施肥作用。CO_2 浓度对生态系统生产力的影响在实验研究和模型研究中已经被证实。但是，大多数模型是用来研究和预测大气 CO_2 浓度加倍后，全球或某一区域的陆地生态系统生产力的变化。自从工业化以来，大气中 CO_2 的浓度从 280 μL/L 增加到现在的 400 μL/L。对于这一过程中陆地生态系统的碳汇作用研究较少。对 CO_2 增产作用的研究，较多采用 β 因子法，即 CO_2 浓度增加对净初级生产力的影响因子。Friedlingstein 等（1995）考虑了水分、养分等因子对 β 因子的影响，得出全球 β 因子的分布图，估计出 1885~1980 年，因大气 CO_2 浓度增加所引起的陆地生态系统的碳汇增加总量为 60~97 Gt C，是该时期未知碳汇的 62%~100%。20 世纪 80 年代，由于 CO_2 增加的陆地生态系统的碳汇为 1.2~2.04 Gt C/a。

5.1.3　氮沉降施肥作用

全球大部分陆地生态系统生产力受到氮限制，即土壤中氮不足影响植物的光合作用，因此，以人类活动为主导的氮沉降过程对提高土壤中有效氮的含量起到重要作用。类似于向土壤中施氮肥，氮沉降通过增加土壤中有效氮刺激植物的生长，增加木材生产量和土壤中有机碳的积累。氮沉降的施肥作用也可能形成陆地生态系统中的碳汇。大气的氮沉降在欧洲和北美比较大，对这些区域植被生产力的提高有重要作用。如果 100% 的氮沉降都用于植物同化作用，那么全球碳汇每年约会增加 1.5 Gt C。即使只有 1/3 的氮沉降能够被植物利用，其余也将被固定在土壤有机质中（Fan et al., 1999）。

截至目前，已有很多研究证实了氮沉降与生态系统碳汇之间的相关性。Townsend 等（1996）分析估算，化石燃料燃烧造成的可利用氮沉降导致的陆地碳的积累量为 0.74 Gt C/a，此估计值与在北部森林观察到的生长加速导致的碳增长相一致（0.6~0.8 Gt C/a）（Houghton, 1996, 1997; Dixon et al., 1994）。Holland 等（1997）用三维大气化学模型结合生物地球化学模型 NDEP 估算了全球由于氮沉降而引起的陆地生态系统的碳汇及其分布格局，得出全球氮沉降量为 35.3~41.2 Gt N/a，由此而增加陆地生态系统的碳吸收 0.52~0.61 Gt C/a，且该碳汇主要出现在北半球温带及其临近地区。氮沉降引起的陆地生态系统的固碳能力，主要取决于森林生态系统所能吸收的碳以及木材所固定的碳量。这是因为木材具有较长的生命周期和较高的碳氮比（一般为 200~500）。以往大部分研究认为 60% 以上的大气氮沉降被固定在森林中（Houghton, 1996, 1997; Dixon et al., 1994）。而近来在北美和欧洲 9 个地点的 ^{15}N 同位素标记实验研究表明，大气的氮沉降只有 3% 左右被固定在木材中，而其余大部分被固定在土壤中。由于土壤的碳氮比较低（一般为 10~30），其固定碳的能力较为有限。按照这种结果估计，全球森林所能够固定的大气碳的能力仅仅只有 0.25 Gt C/a（Zak et al., 1990）。其值接近现有的对氮沉降所增加陆地生态系统碳汇的能力估计值的最小值(0.1~0.3 Gt C/a)。

5.1.4　植物生长

植物生长，特别是森林生态系统中的树木生长会增加陆地生态系统碳积累。早期被砍伐的森林，如果不再有人类的破坏，其自然生长必然会固定大气中的碳。如美国东部，由于农业和牧业生产基地已经西移到中西部地区，大片昔日农场和牧场被森林替代,许多早期被砍伐的森林,也正处于恢复阶段,这将成为大气中 CO_2 一个重要的汇。对森林生长对碳汇的影响研究,主要是利用森林资源普查资料。Dixon 等(1994)对目前这一估计研究结果进行了总结。如苏联和美国的森林分别从大气中固定 $0.3\sim0.5$ Gt C/a 和 $0.1\sim0.25$ Gt C/a。这里需要特别说明的是,这些估计是基于对森林生态系统普查资料得出的,并没有严格区分出是由何种原因引起的森林生态系统的碳积累。在这些原因中,除森林植物生长外,CO_2 和氮沉降的施肥作用都有可能促进植物生长,引起森林生态系统的碳积累(Houghton et al.,1998)。

5.1.5 能源活动和水泥生产过程碳排放的高估

核算人类活动的温室气体排放是研究全球碳循环的重要基础。目前研究者多采用 IPCC 等国际组织的国家温室气体清单编制指南中的方法进行核算。人类活动的碳排放主要来自于能源活动、化石燃料燃烧排放及工业生产过程和产品使用中的水泥生产的工业过程排放。中国和大多数发展中国家的能源活动碳排放存在着很大的不确定性。以中国为例,其能源生产和消费统计口径的差异,导致省级尺度碳排放总和要远大于国家尺度碳排放,Guan 等(2012)发表在 *Nature Climate Change* 的 "The gigatonne gap in China's carbon dioxide inventories" 研究表明,1997~2010 年中国省级尺度能源活动碳排放总量远大于国家尺度碳排放总量,仅 2010 年中国省级尺度能源活动碳排放总量就比中国国家尺度的碳排放总量高 1.4 Gt CO_2,这一差额相当于日本当年的碳排放总量,约占全球碳排放的 5%(Guan et al.,2012)。究其原因,主要是中国省级和国家级统计机构对能源消费数据的统计差异造成的。

除了能源消费统计数据的不确定性影响以外,不同类型能源的排放因子影响也较大。一项由美国哈佛大学、中国科学院沈阳应用生态研究所、美国加州理工大学、清华大学地球系统科学中心、英国东英吉利大学、中国科学院上海高等研究院、美国加州大学尔湾分校、法国凡尔赛大学联合气候和环境科学实验室、中国科学院山西煤化学研究所、法国冰川与环境地球物理实验室、美国马里兰大学地球科学系、美国阿巴拉契亚州立大学、美国橡树岭国家实验室、英国剑桥大学、北京大学、清华大学环境模拟与污染控制国家重点联合实验室、挪威奥斯陆国际气候和环境研究中心、中国科学院污染生态与环境工程重点实验室、北京林业大学、奥地利国际应用系统分析研究所、南方科技大学、南京大学、美国马里兰大学大气和海洋科学系及地球系统科学跨学科中心、中国科学院大气物理研究所共 24 所国内外科研机构组成的科研团队于 2015 年在 *Nature* 上发表的题为 "Reduced carbon emission estimates from fossil fuel combustion and cement production in

China"的研究论文首次核算了基于实测排放因子的中国化石燃料燃烧和水泥生产过程，结果表明中国 2013 年碳排放量比先前估计低约 14%，重新核算后的中国碳排放在 2000~2013 年间比原先估计少 10.6 Gt CO_2，是《联合国气候变化框架公约的京都议定书》下具有强制减排义务的西方发达国家自 1994 年以来实际减排量的近百倍。此修正量大于中国同期陆地总的碳汇吸收总量（95Gt CO_2）。该研究表明，经计算中国能源消费量比原先高 10%，但煤炭排放因子比 IPCC 推荐值低 40%，煤炭氧化率比 IPCC 推荐值低 6%，煤炭平均灰分含量达到 27%，水泥生产过程碳排放比 IPCC 推荐值低 40%（Liu et al., 2015）。

碳排放清单编制是全球碳循环研究、全球变化模拟、气候模型构建、各国制定减排政策和气候变化国际谈判的基础。当前国家和全球的碳排放主要由 IPCC 方法和能源统计数据进行估算，碳排放数据发布机构包括美国二氧化碳信息中心（Carbon Dioxide Information Analysis Center，CDIAC）、全球气候研究数据库（Emissions Database for Global Atmospheric Research，EDGAR）、世界银行、美国能源信息署（U.S. Energy Information Administration, EIA）和国际能源署（International Energy Agency, IEA）。中国已是世界上碳排放量最高的国家，其排放量占全球的四分之一。中国的工业规模和能源使用量居全球首位，工业技术和能源利用类型多样，但排放数据却主要由西方发达国家科研及政府机构发布，缺少自主的话语权和基础数据。Liu 等（2015）的研究系统梳理了中国能源总量、结构及排放部门格局，增加了中国在全球能源、经济、环境决策及国际谈判中的话语权，同时为中国开展针对具体部门和技术的减排措施提供数据支持。该研究可能会使气候科学家重新审视全球碳循环和碳失汇问题。

由于中国没有自己的化石燃料排放因子，国际组织一直应用发达国家的化石燃料的排放因子来核算中国及其他发展中国家的碳排放，这也是中国碳排放量被高估的主要原因。实际上，中国煤炭的质量与美国、欧洲和日本等发达国家相比还有一定的差距。中国煤炭的单位热值含碳量、低位热值、燃烧效率等排放因子的重要指标均低于发达国家。另外中国煤炭的含水量较高、灰分也较高，加之燃烧设备技术也相对落后，所有这些因素使中国煤炭平均排放因子低于 IPCC 推荐的排放因子（图 5-1）。与 IPCC 等国际机构推荐的排放因子相比，中国煤炭的排放因子高估达 40%，中国油品燃烧排放因子与 IPCC 等国际机构推荐的排放因子基本一致，中国天然气燃烧排放因子略高于 IPCC 等国际机构推荐的排放因子，中国水泥生产过程排放因子也存在高估的问题（图 5-2）。

与中国情况类似，印度、巴西等大多数发展中国家，都可能存在碳排放高估的问题，这使得在全球碳循环研究中，可能过高地估计了全球的排放，从而导致碳失汇的问题。

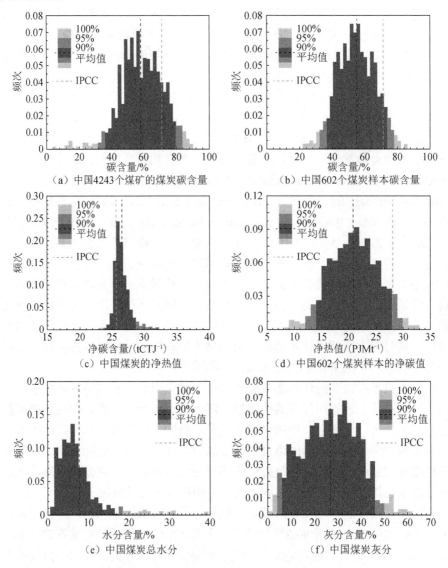

图 5-1　中国煤炭属性直方图（Liu et al., 2015）

灰色虚线是 IPCC 推荐值，黑色虚线是中国煤炭实测值，阴影显示间隔 90%和 95%概率

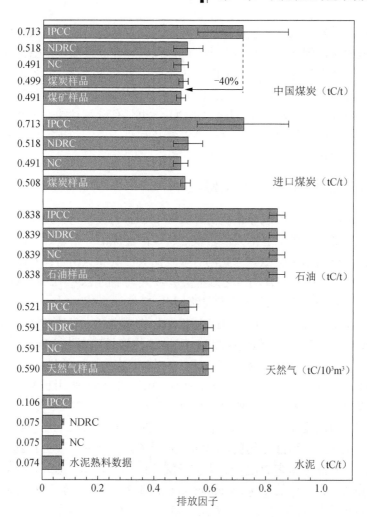

图 5-2 中国燃料排放因子与国际机构推荐的排放因子对比图（Liu et al., 2015）

IPCC：IPCC 默认推荐值来自《2006 年 IPCC 国家温室气体清单指南》（Eggleston et al., 2006）。NDRC：NDRC（国家发改委）报告的参考值。NC：中国国家温室气体初始信息通报，中国向《联合国气候变化框架公约》提交的报告（2012 年汇报的 2005 年报告中的参考值）。所有误差都是 2σ

5.1.6 水泥和石灰等人类活动产生的碱性物质的碳吸收

本书的研究表明水泥是重要的碳汇，水泥使用后会发生一系列碳化反应，从而吸收外界环境中的 CO_2，且随着水泥消费量的逐年增加，水泥碳汇量也呈逐年增加的趋势，水泥的年碳汇量已从 1930 年的 2.42 Mt C/a 增长到 2013 年的 245 Mt C/a。

除了水泥以外，人类大量使用的碱性建筑材料还有石灰，石灰碳化机理与水泥碳化机理相似，因此，石灰的工业生产过程也存在碳排放被高估的问题，石灰每年也不断地吸收外界环境中的 CO_2，也是一个重要的碳汇。此外，人类的活动还会生产大量具有碳吸收功能的碱性废弃物，如钢渣、锅炉渣、尾矿、粉煤灰等，其废弃物处理过程中不断吸收环境中的 CO_2，也具有碳汇功能。因此，如何揭示和量化这些碱性建筑材料和废弃物的碳汇量及其对碳失汇和碳循环的影响是未来研究的重点和难点。

5.1.7 自然碱性无机物的碳汇吸收

自然界中广泛存在的碱性无机物对大气中 CO_2 的吸收一直没有得到很好的量化。这些天然形成的碳汇包括火山岩碳汇、硅酸盐碳汇和溶岩过程碳汇等。火山喷发会导致大量的 CO_2 排放，与此同时喷发的火山灰和火山岩会不断地吸收空气中的 CO_2。自然界中硅酸盐的风化过程会吸收大气中的 CO_2。Beaulieu 等（2012）研究发现，在加拿大西北部麦肯齐河流域（Mackenzie watershed），风化引起的 CO_2 平均吸收速率为 1.5 Mt C/a。IPCC 报道生物圈消耗大气的 CO_2 从 1750 年的 400 Mt C/a 增长到 20 世纪末的 1400 Mt C/a。平均增长速率为 4 Mt C/a。尽管麦肯齐河流域风化引起的 CO_2 吸收速率很小，但是对于陆地的风化响应不可忽略（IPCC, 2007）。Matter 等（2016）对人类活动产生的 CO_2 采用长期埋藏玄武页岩中的方式来长期封存 CO_2，结果意外发现注入玄武页岩中的 CO_2 发生碳化反应生成碳酸盐矿物的速度比想象中的快很多，注入的 CO_2 大约 95%在不到 2 年的时间内发生碳化反应生成碳酸盐物质，此结果颠覆了人们认为需要上百到上千年才能完成的利用地质储存库来固定 CO_2 生成硅酸盐矿物的认知。另外，也有研究表明溶岩过程会吸收大气中的 CO_2（Beaulieu et al., 2012; 蒋忠诚等, 2012; Larson, 2011; 刘再华, 2000; 袁道先等, 2006; 袁道先, 1999）。据国际地球科学计划（International Geoscience Programme，IGCP）379 项"岩溶作用与碳循环"项目初步估算，中国全国岩溶回收大气中 CO_2 的量为 17.74 Mt C/a（Jiang and Yuan, 1999; Yuan, 2010），而全球年回收 220～608 Mt C/a（Yuan, 2010），如按 608 Mt C/a 计算，约占当前碳循环模型中碳失汇的 1/3。之后，蒋忠诚等（2012）通过深入研究，解决岩溶碳汇中的一些难题，更精确地估算出中国 344 万 km^2 岩溶区岩溶碳汇总量为 36.99 Mt CO_2/a。因此，岩溶的碳汇不可忽略，应在今后工作中予以重视。

5.1.8 农林业和土地利用变化的不确定性

众所周知，陆地森林系统的碳汇存在非常大的不确定性，这也是近年来全球的学者把碳失汇研究的重点放在森林生态系统的主要原因。农业上，耕作过程中土壤扰动的碳排放、农业管理过程碳排放、农业化肥施用过程碳排放等一直存在很大的不确定性。土地利用方式的改变所引起的碳储量和碳排放的变化也存在很大不确定性。特别是工业革命以后，土地的大量开垦，更导致陆地生态系统与大气间的 CO_2 通量增加（韩兴国等，1999; Wang et al., 1999），使陆地生态系统的源增加。近些年来，伴随着水危机和粮食危机，土地耕作制度的变化也导致全球碳循环研究的不确定性增加（Houghton, 1995），促使"碳失汇"的形成。同时，土地利用变化过程中，不同土地利用和覆盖类型之间的转变过程产生的碳排放也较难于精确估算，特别是居住地快速扩张过程中，其他用地类型被侵占而发生的土地利用变化碳排放。在城市用地内部，建筑施工过程的土壤扰动，建筑物和道路覆盖下的土壤碳排放动态也一直没有得到深入研究。这些都导致了森林、农田和其他土地利用变化过程中的碳排放和吸收的不确定性。

5.2 全球碳失汇量

5.2.1 全球碳失汇量估算方法

20 世纪 70 年代，全球碳失汇问题被提出后，很多科学家不断去量化碳失汇量，由于采用的方法和数据来源不同，不同的学者得出的碳失汇量估计值不尽相同。在众多研究中，伍兹霍尔研究中心（Woods Hole Research Center）多年研究结果和 CDIAC 近年的研究结果得到了学术界的公认(CDIAC，2017; Woods Hole Research Center, 2012; Hunghton, 2002)。

全球碳失汇量的计算公式如下（伍兹霍尔研究中心）：

碳失汇=化石燃料及工业过程排放+土地利用变化净排放−大气 CO_2 增加−海洋吸收

根据以上公式核算，伍兹霍尔研究中心多年的研究结果表明，20 世纪 80 年代全球每年碳失汇量为 1.8±1.2 Gt C，在 2000～2008 年全球每年碳失汇量增加到 2.8 ±0.9 Gt C。

5.2.2 全球年碳失汇量

根据 CDIAC（global carbon budget 2014 v1.0）全球碳信息的最新数据，全球历年的碳失汇量如表 5-1 所示，从 1959～2013 年，全球碳失汇量分阶段呈波动式增长。1959～1986 年，全球碳失汇量在 0.56～3.02 Gt C/a 波动，平均值为 1.75 Gt C/a；到 1987 年，全球碳失汇量达到最低点为-0.45 Gt C/a；之后全球碳失汇量从 1988 年的 0.87 Gt C/a 迅速增加到 1991 年的 4.03 Gt C/a;紧接着又有所降低，降到 1998 年的-0.07 Gt C/a。而 1999～2013 年的全球碳失汇量在 0.66～4.03 Gt C/a 波动，平均值为 2.58 Gt C/a。

表5-1 全球1959～2013年碳失汇量

年份	1959	1960	1961	1962	1963	1964	1965	1966	1967	1968
碳失汇量/（Gt C/a）	1.06	1.67	1.74	2.24	2.19	2.23	0.87	1.05	2.52	1.83
年份	1969	1970	1971	1972	1973	1974	1975	1976	1977	1978
碳失汇量/（Gt C/a）	1.31	2.06	2.80	1.01	1.33	3.02	1.77	2.50	0.58	1.95
年份	1979	1980	1981	1982	1983	1984	1985	1986	1987	1988
碳失汇量/（Gt C/a）	0.61	1.09	2.15	2.35	0.56	2.10	1.50	2.99	-0.45	0.87
年份	1989	1990	1991	1992	1993	1994	1995	1996	1997	1998
碳失汇量/（Gt C/a）	2.79	3.06	4.03	3.98	2.69	1.98	1.69	3.66	2.59	-0.07
年份	1999	2000	2001	2002	2003	2004	2005	2006	2007	2008
碳失汇量/（Gt C/a）	2.97	3.23	2.12	0.66	1.11	3.12	1.61	3.18	2.56	3.25
年份	2009	2010	2011	2012	2013					
碳失汇量/（Gt C/a）	3.31	2.34	4.03	2.66	2.51					

5.3 碳失汇解释贡献

5.3.1 水泥碳汇对碳失汇的贡献

全球水泥碳汇量随着全球水泥消费量的增长呈逐年递增的趋势。全球水泥行业1930～2013年碳排放累积量约为10.4 Gt C，水泥碳吸收累积量约为4.5 Gt C，水泥行业总碳排放中，约有5.9 Gt C保留在大气中。与水泥碳排放相比，每年水泥碳汇吸收量占当年水泥工业过程排放量的比例约为43%，约4.5 Gt C的水泥累积碳汇总量，为1930～2013年水泥碳汇对全球碳失汇的贡献总量。

根据CDIAC（global carbon budget 2014v1.0），全球1959～2013年碳失汇量如表5-1所示，全球碳失汇累积总量达到114.56 Gt C。与之相对应全球1959～2013年水泥碳汇量如表5-2所示，总量达到4.34 Gt C。

表5-2 全球1959～2013年水泥碳汇量

年份	1959	1960	1961	1962	1963	1964	1965	1966	1967	1968
水泥碳汇量/Gt C	0.01	0.02	0.02	0.02	0.02	0.02	0.02	0.02	0.03	0.03
年份	1969	1970	1971	1972	1973	1974	1975	1976	1977	1978
水泥碳汇量/Gt C	0.03	0.03	0.03	0.04	0.04	0.04	0.04	0.04	0.04	0.05
年份	1979	1980	1981	1982	1983	1984	1985	1986	1987	1988
水泥碳汇量/Gt C	0.05	0.05	0.05	0.05	0.05	0.06	0.06	0.06	0.06	0.07
年份	1989	1990	1991	1992	1993	1994	1995	1996	1997	1998
水泥碳汇量/Gt C	0.06	0.06	0.07	0.07	0.08	0.08	0.09	0.09	0.09	0.10

续表

年份	1999	2000	2001	2002	2003	2004	2005	2006	2007	2008
水泥碳汇量/Gt C	0.10	0.10	0.11	0.12	0.12	0.13	0.14	0.16	0.17	0.17

年份	2009	2010	2011	2012	2013					
水泥碳汇量/Gt C	0.19	0.20	0.22	0.23	0.25					

　　水泥碳汇对全球碳失汇的贡献呈逐年波动上升趋势（图 5-3），最高达到
2002 年的 17.4%。由于 1987 年和 1998 年是大气系统向陆地系统净输入碳，碳失
汇表现为负值，这个时候水泥碳汇量与负值比较没有意义，因此，取这两个年份
的贡献率为零。1959～2013 年全球水泥碳汇总量占全球碳失汇总量的平均比例约
为 4%。2001～2013 年，各个年份水泥碳汇量对全球碳失汇贡献的比例较大，贡
献比例分别为 5.15%、17.42%、11.20%、4.29%、8.89%、4.96%、6.60%、5.33%、
5.64%、8.64%、5.42%、8.72%和 9.77%。这些年份的比例一直稳定在 4.29%以上。
这是由于 2001～2013 年全球碳失汇量波动较小，而水泥碳汇量逐年增加。这意味
着水泥碳汇量最大可以解释全球 17.4%的碳失汇量，到 2013 年水泥碳汇量可以解
释全球近 10%的碳失汇量。

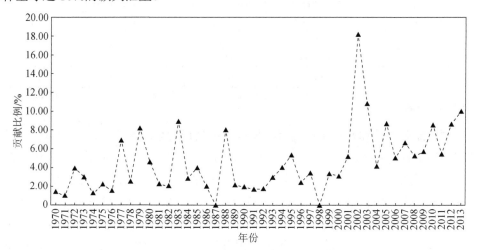

图 5-3　水泥碳汇对全球碳失汇的贡献比例

5.3.2　中国能源活动和水泥生产过程碳排放的高估对碳失汇的贡献

　　能源活动和水泥生产过程碳排放的高估是碳失汇的一个原因。以中国为例，
从 1970～2013 年，中国能源活动和水泥生产过程碳排放实际比 EDGAR 和 CDIAC
核算的平均低 12%（EDGAR）和 6.52%（CDIAC）。EDGAR 核算的高估量从
5.70 Mt C 增加到 353.87 Mt C；CDIAC 核算的高估量从 8.83 Mt C 增加到

225.50 Mt C。EDGAR 核算的中国能源活动和水泥生产过程碳排放平均年高估量为 112.35 Mt C，1970～2013 年累积高估量为 4934.41 Mt C。CDIAC 核算的中国能源活动和水泥生产过程碳排放平均年高估量为 68.07 Mt C，1970～2013 年累积高估量为 2995.24 Mt C（表 5-3）。

表5-3　1970～2013年中国能源活动和水泥生产过程碳排放的高估值

年份	1970	1971	1972	1973	1974	1975	1976	1977	1978	1979
EDGAR 高估量/Mt C	59.59	34.67	37.38	39.33	38.61	39.31	41.18	55.89	58.86	59.11
CDIAC 高估量/Mt C	8.83	11.46	11.97	12.26	11.94	13.86	16.43	18.86	13.30	12.92
年份	1980	1981	1982	1983	1984	1985	1986	1987	1988	1989
EDGAR 高估量/Mt C	58.82	57.27	54.46	57.52	64.95	28.17	35.49	5.70	50.51	63.27
CDIAC 高估量/Mt C	12.99	12.89	25.82	27.44	31.52	32.28	35.87	40.37	47.43	48.18
年份	1990	1991	1992	1993	1994	1995	1996	1997	1998	1999
EDGAR 高估量/Mt C	68.86	79.81	87.93	91.92	90.43	149.95	152.28	133.33	174.92	109.01
CDIAC 高估量/Mt C	55.45	60.59	63.89	53.03	55.20	95.58	108.74	101.09	86.44	40.38
年份	2000	2001	2002	2003	2004	2005	2006	2007	2008	2009
EDGAR 高估量/Mt C	79.97	77.65	99.57	109.61	113.03	139.85	165.20	205.53	353.87	320.33
CDIAC 高估量/Mt C	36.46	36.69	43.19	114.72	114.16	121.18	138.88	144.56	147.29	163.23
年份	2010	2011	2012	2013						
EDGAR 高估量/Mt C	272.60	321.54	265.36	340.77						
CDIAC 高估量/Mt C	147.21	196.10	199.09	225.50						

注：中国能源活动和水泥生产碳排放的高估值根据 Liu 等（2015）研究成果和 EDGAR（2015）、CDIAC（2017）提供的数据整理得到

　　中国能源活动和水泥生产过程碳排放的高估量对全球碳失汇的贡献总体上呈逐年波动上升趋势（图 5-4）。EDGAR 和 CDIAC 核算的中国 1970～2013 年能源活动和水泥生产过程碳排放的高估量对全球碳失汇的平均年贡献比例分别约为 5.22% 和 3.01%，最高可达 15.09% 和 10.33%。2002 年至 2013 年各个年份，EDGAR 核算的中国能源活动和水泥生产过程碳排放的高估量对全球碳失汇贡献的比例较大，这几年的平均贡献比例分别约为 9.52% 和 6.26%。这是由于 2002～2013 年全球碳失汇量波动较小，而 EDGAR 和 CDIAC 核算的中国能源活动和水泥生产过程碳排放的高估量逐年增加。这意味着 EDGAR 和 CDIAC 核算的中国能源活动和水泥生产过程碳排放的高估量分别最大可以解释全球 15.09% 和 10.33% 的碳失汇量，到 2013 年则可以分别解释全球近 13.58% 和 8.98% 的碳失汇量（图 5-4）。

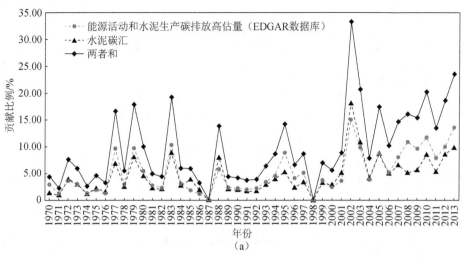

(a)

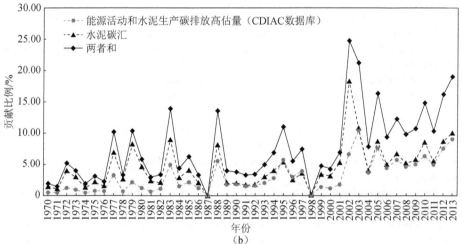

(b)

图 5-4　碳排放高估量以及水泥碳汇对全球碳失汇的贡献比例

能源活动和水泥生产过程碳排放的高估不仅存在于中国，许多发展中国家的能源活动和水泥生产过程碳排放的核算也存在着很大的不确定性。我们期待其他未知碳汇的发现和量化，并降低发展中国家碳排放的高估，以期解释全部的碳失汇。

参 考 文 献

韩兴国，李凌浩，黄建辉. 1999. 生物地球化学概论. 北京：高等教育出版社.

蒋忠诚, 袁道先, 曹建华, 等. 2012. 中国岩溶碳汇潜力研究. 地球学报, 33:129-34.

刘再华. 2000. 大气 CO_2 两个重要的江. 科学通报, 45(21):2348-2351.

王效科, 白艳莹, 欧阳志云, 等. 2002. 全球碳循环中的失汇及其形成原因. 生态学报, 22:94-103.

袁道先, 张美良, 姜光辉, 等. 2006. 我国典型地区地质作用与碳循环研究. "十五"重要地质科技成果暨重大找矿成果交流会材料四——"十五"地质行业重要地质科技成果资料汇编.

袁道先. 1999. "岩溶作用与碳循环"研究进展. 地球科学进展 14(05):425-431.

Amthor J S. 1995. Terrestrial higher-plant response to increasing atmospheric CO_2 in relation to the global carbon cycle. Global Change Biology, 1:243-274.

Beaulieu E, Goddéris Y, Donnadieu Y. 2012. High sensitivity of the continental-weathering carbon dioxide sink to future climate change. Nature Climate Change, 2(5): 346-349.

CDIAC. 2017. Latest global carbon budget estimates including CDIAC estimates. http://cdiae.ess-dive.lbl.gov/carbon_cycle_data.html[2018-1-19].

Dai A, Fung I Y. 1993. Can climate variability contributes to the "missing" CO_2 sinks. Global Biogeochemical Cycles, 7:599-609.

Dixon R K, Brown S, Houghton R A, et al. 1994. Carbon pools and flux of global forest ecosystems. Science, 263:185-190.

EDGAR (Emissions Database for Global Atmospheric Research). 2015. Global emissions EDGAR V4.2 FT 2012(November 2014). http://edgar.jrc.ec.europa.eu/overview.php?v=42[2017-11-9].

Eggleston S, Buendia L, Miwa K, et al. 2006. 2006 IPCC guidelines for national greenhouse gas inventories. Hayama: Institute for Global Environmental strategies.

Fan S, Gloor M, Mahlman J, et al. 1999. North American carbon sink. Science, 283: 1815.

Friedlingstein P, Fung I, Holland E, et al. 1995. On the contribution of CO_2 fertilization to the missing biospheric sink. Global Biogeochemical Cycles, 9:541-556.

Galloway J N, Schlesinger W H, Levy H, et al. 1995. Nitrogen fixation: Anthropogenic enhancement-environmental response. Global Biogeochemical Cycles, 9: 235-252.

Goulden M L, William Munger J, Fan S M, et al. 1996. Exchange of carbon dioxide by a deciduous forest: Response to interannual climate variability. Science, 271: 1576-1578.

Guan D B, Liu Z, Geng Y, et al. 2012. The gigatonne gap in China's carbon dioxide inventories. Nature Climate Change, 2: 672-675.

Holland E A, Braswell B H, Lamargue J F, et al. 1997. Variation in the predicted spatial distribution of atmospheric nitrogen deposition and their impact on carbon uptake by terrestrial ecosystems. Journal of Geophysical Research, 102: 15849-15866.

Houghton R A. 1993. Is carbon accumulating in the northern temperate zone? Global Biogeochemical Cycles, 7: 611-617.

Houghton R A. 1995. Effects of land-use change, surface temperature, and CO_2 concentration on terrestrial stores of carbon//Woodwell G M, Mackenzie F T. Biotic Feedbacks in the Global Climatic System: Will the Warming Feed the Warming? New York: Oxford University Press.

Houghton R A. 1996. Terrestrial sources and sinks of carbon inferred from terrestrial data. Munksgaard International Publishers, 48(4): 420-432.

Houghton R A. 1997. Historic role of forests in the global carbon cycle//Kohlmaier G H, Weber M, Houghton R A I. Carbon Dioxide Mitigation in Forestry and Wood industry. New York: Springer-Verlag.

Houghton R A, Davidson E A, Woodwell G M. 1998. Missing sinks, feedbacks, and understanding the role of terrestrial ecosystems in the global carbon balance. Global Biogeochemical Cycles, 12: 25-34.

IPCC. 2007. Climate Change 2001: Synthesis Report. Contribution of Working Groups I, II and III to the Forth Assessment Report of the Intergovernmental Panel on Climate Change. Geneva: IPCC.

Jiang Z C, Yuan D X. 1999. CO_2 source-sink in karst processes in karst areas of China. Episodes, 22(1): 33-35.

Koch G W, Mooney H A. 1995. carbon dioxide and terrestrial ecosystems. San Diego: Academic Press.

Kurz W A, Apps M J, Beukema S J, et al. 1995. 20th century carbon budget of Canadian forests. Tellus Series B-chemical and Physical Meteorology, 47(1-2): 170-177.

Larson C. 2011. An unsung Carbon Sink. Science, 334(6058): 886-887.

Liu Z, Guan D B, Wei W, et al. 2015. Reduced carbon emission estimates from fossil fuel combustion and cement production in China. Nature, 524: 335-338.

Matter J M, Stute M, Snæbjörnsdottir S Ó et al. 2016. Rapid carbon mineralization for permanent disposal of anthropogenic carbon dioxide emissions. Science, 352(6291): 1312-1314.

Melillo J M, McGuire A D, Kicklighter D W, et al. 1993. Global climate change and terrestrial net primary production. Nature, 363:234-240.

Pacala S W, Hurtt G C, Baker D, et al. 2001. Consistent land-and atmosphere-based U.S. carbon sink estimates. Science, 292(5525): 2316-2320.

Peterson B J, Melillo J M. 1985. The Potential storage of carbon by eutrophication of fir biosphere. Tellus B, 37:117-127.

Rastetter E B, Ryan M G, Shaver G R, et al. 1991. A general biogechemical model describing the responses of the C and N cycles in terrestrial ecosystems to changes in CO_2, climate , and N deposition. Tree physiology, 9(1-2): 101-126.

Sarmiento J L, Le Quere C, Pacala S W. 1995. Limiting future atmospheric carbon dioxide. Global Biogeochemical Cycles, 9:121-137.

Schindler D W, Bayley S E. 1993. The biosphere as an increasing sink for atmospheric carbon: Estimates from increased nitrogen deposition. Global Biogeochemical Cycles, 7: 717-733.

Strain B K, Cure J D. 1985. Direct effects on increasing carbon dioxide on vegetation. Washington: United States Department of Energy: DOE/ER-0238.

Tian H, Mellilo J M, Kichlighter D W, et al. 1998. Effects of interannual climate variability on carbon storage in Amazonian ecosystems. Nature, 396: 664-667.

Townsend A R, Braswell B H, Holland E A, et al. 1996. Spatial and temporal Patterns in terrestrial carbon storage due to deposition of fossil fuel nitrogen. Ecological Applications, 6: 806-814.

Wang Y X, Zhao S D, Niu D. 1999. Research state of soil carbon cycling in terrestrial ecosystem. Chinese Journal of Ecology, 18 (5) : 29-35.

Woods Hole Research Center. 2012. The Residual Carbon Sink. http://www.whrc.org/global/carbon/residual.html [2013-12-05].

Wullschleger S D, Post W M, King A W. 1995. On the potential for a CO_2 fertilization effect in forests: Estimates of the biotic growth factor, based on 58 controlled -exposure studies//Woodwell G M, Mackenzie F T. Biotic Feedbacks in the Global Climatic System: Will the Warming Feed the Warming? New York: Oxford University. Press.

Yuan D X. 2010. The carbon cycle in karst processes. International Seminar on Nuclear War and Planetary Emergencies-42nd Session. Erice: 369-385.

Zak D R, Groffman P M, Pregitzer K S, et al. 1990. The venial dam plant-microbe competition for nitrogen in northern hardwood forests. Ecology, 71: 651-656.

第6章　水泥碳汇量不确定性分析

不确定性估算是一份完整的温室气体清除清单的基本要素之一（Eggleston et al., 2006）。本章采用蒙特卡罗方法（Monte Carlo method, MCM）详细分析了水泥碳汇的不确定性，根据水泥碳吸收的计算过程确定了 26 个水泥碳固定不确定的来源。通过蒙特卡罗方法，模拟 10 万次，详细分析和量化了全球不同国家或地区混凝土碳汇的不确定性、水泥砂浆碳汇的不确定性、建筑损失水泥碳汇不确定性、水泥窑灰碳汇不确定性以及水泥碳汇的总体不确定性，为科学的水泥碳汇数据表达提供了数据基础。

6.1　不确定性分析概念基础

6.1.1　不确定性理论概念基础

关于"不确定性"（uncertainty）一词，早在 1836 年詹姆斯·穆勒临终前发表的《政治经济学是否有用》一文中就已明确提出。不确定性理论是概率论、可信性理论、信赖性理论的统称。格麦哲·摩根认为"不确定性"是一个很宽泛的术语，它通常涵盖很多概念，不确定性的产生是因为信息不完全性、信息来源的不一致性、语言表述不精确性以及所描述的内容具有变化性；不确定性可以是关于某个量，也可以是一种模型的结构。作为不确定性的第一种类型——随机性，荷兰著名天文学家、物理学家兼数学家惠更斯早在 1657 年出版的著作《论机会游戏的计算》中就已提出并进行了研究。但随机性问题真正被人类所重视，还要归功于苏联数学家柯尔莫哥洛夫，他于 1933 年在其专著《概率论的基本概念》中首次提出并建立了在测度论基础上的概率论与公理化方法。因此，在哲学、统计学、经济学、金融学、保险学、心理学、社会学中均有不确定性的概念。不确定性就是指事先不能准确知道某个事件或某种决策的结果，或者说，只要事件或决策的可能结果不止一种，就会产生不确定性。美国管理学家休·考特尼将那些经过最精密的可能性分析之后仍然存在的不确定性，称之为剩余不确定性，并将其分成 4 个层次：前景清晰明确，有几种可能的前景，有一定变化范围的前景，前景不明。

6.1.2　不确定性描述方法

在温室气体清单编制过程中，采用两种方法描述不确定性：①使用误差传播公式并通过规则 A 和 B 来估算源类别的不确定性，源类别的不确定性的简单合并就可以估算一年的总体不确定性以及趋势的不确定性；②使用蒙特卡罗方法来估算源类别的不确定性，然后使用蒙特卡罗技术来估算一年的总体不确定性以及趋势的不确定性。

碳排放的不确定性可以通过误差传播方程从活动和排放因子的不确定性中传播，使用这种方法的条件是：①不确定性相对较小，标准偏差除以平均值要小于0.3；②不确定性具有高斯（正态）分布；③不确定性没有很大的协方差。而蒙特卡罗分析适用于详细的分类别不确定性估算，尤其是在不确定性大、分布非正态、算法是复杂函数和/或某些活动数据集、排放因子间或两者相关的情况。

在《2006 年 IPCC 国家温室气体清单指南》（Eggleston et al., 2006）中，推荐采用蒙特卡罗方式估算不确定性。考虑本书水泥碳汇核算数据来源广泛，公式复杂，因此采用蒙特卡罗方法评估水泥碳汇的不确定性。

6.1.3 蒙特卡罗方法不确定性分析

蒙特卡罗方法又称统计模拟法、随机抽样技术，是一种随机模拟方法，以概率和统计理论方法为基础的一种计算方法，是使用随机数（或更常见的伪随机数）来解决很多计算问题的方法。将所求解的问题同一定的概率模型相联系，用电子计算机实现统计模拟或抽样，以获得问题的近似解。这一方法源于美国在第一次世界大战时期研制原子弹的"曼哈顿计划"过程中。该计划的主持人之一、数学家冯·诺伊曼用驰名世界的赌城——摩纳哥的蒙特卡罗来命名这种方法，为它蒙上了一层神秘色彩。

蒙特卡罗方法的基本思想很早以前就被人们发现和利用。早在 17 世纪，人们就知道用事件发生的"频率"来决定事件的"概率"。19 世纪人们用投针试验的方法来决定圆周率 π。20 世纪 40 年代电子计算机的出现，特别是近年来高速电子计算机的出现，使得用数学方法在计算机上大量、快速地模拟这样的试验成为可能。

当所要求解的问题是某种事件出现的概率，或者是某个随机变量的期望值时，它们可以通过某种"试验"的方法，得到这种事件出现的频率，或者这个随机变数的平均值，并用它们作为问题的解，这就是蒙特卡罗方法的基本思想。蒙特卡罗方法通过抓住事物运动的几何数量和几何特征，利用数学方法来加以模拟，即进行一种数字模拟试验。它是以一个概率模型为基础，按照这个模型所描绘的过程，通过模拟实验的结果，得到问题的近似解。

考虑平面上的一个边长为 1 的正方形及其内部的一个形状不规则的"图形"，如何求出这个"图形"的面积呢？适用蒙特卡罗方法的求解过程是这样的：向该正方形"随机地"投掷 N 个点，有 M 个点落于"图形"内，则该"图形"的面积近似为 M/N。该方法是按照实际问题所遵循的概率统计规律，用电子计算机直接进行抽样试验，然后计算其统计参数。

蒙特卡罗方法的解题过程可以归结为三个主要步骤：构造或描述概率过程，实现从已知概率分布抽样，建立各种估计量，具体如下。

（1）构造或描述概率过程。对于本身就具有随机性质的问题，如粒子输运问题，主要是正确描述和模拟这个概率过程；对于本来不是随机性质的确定性问题，比如计算定积分，就必须事先构造一个人为的概率过程，它的某些参量正好是所要求问题的解；即要将不具有随机性质的问题转化为随机性质的问题。

（2）实现从已知概率分布抽样。构造了概率模型以后，各种概率模型都可以看作是由各种各样的概率分布构成的，因此产生已知概率分布的随机变量（或随机向量），就成为实现蒙特卡罗方法模拟实验的基本手段，这也是蒙特卡罗方法被称为随机抽样的原因。最简单、最基本、最重要的一个概率分布是（0,1）上的均匀分布（或称矩形分布）。随机数就是具有这种均匀分布的随机变量。随机数序列就是具有这种分布的总体的一个简单子样，也就是一个具有这种分布的相互独立的随机变数序列。产生随机数的问题，就是从这个分布的抽样问题。在计算机上，可以用物理方法产生随机数，但价格昂贵、不能重复、使用不便。另一种方法是用数学递推公式产生。这样产生的序列，与真正的随机数序列不同，所以称为伪随机数或伪随机数序列。不过，经过多种统计检验表明，它与真正的随机数或随机数序列具有相近的性质，因此可把它作为真正的随机数来使用。已知分布随机抽样有多种方法，与从（0,1）上均匀分布抽样不同，这些方法都是借助于随机序列来实现的，也就是说，都是以产生随机数为前提的。由此可见，随机数是我们实现蒙特卡罗模拟的基本工具。

（3）建立各种估计量。一般说来，构造了概率模型并能从中抽样后，即实现模拟实验后，我们就要确定一个随机变量，作为所要求的问题的解，我们称它为无偏估计。建立各种估计量，相当于对模拟实验的结果进行考察和登记，并从中得到问题的解。

6.2 水泥及其不同使用类型碳汇不确定性来源

水泥碳汇不确定性的原因与碳吸收评估有关。不确定性分析是基于本书中 CO_2 固定清单过程分类（混凝土、水泥砂浆、建筑损失水泥和水泥窑灰）的概念进行。地理区域范围是全球水泥的年 CO_2 固定，生命周期为 100 年。不确定性主要是来自于数据有效性、CO_2 去除因子以及碳固定所采用的模型。本书采用《2006年 IPCC 国家温室气体清单指南》建议的蒙特卡罗方法来估算水泥材料碳固定的不确定性（Eggleston et al., 2006），在 10 万次模拟的基础上进行统计分析。根据水泥碳吸收的计算确定了 26 个不确定性的来源，每一个参数及其变化具体如表 6-1 所示。

表6-1 不确定性分析的来源与参数

水泥利用类型	不确定性类型	来源		分布	分布参数						
					平均值	标准差	众数	形状参数	尺度参数	最大值	最小值
水泥	活动数据	1.水泥生产和消费比例/%		正态分布	0	4.0	—	—	—	30.6	−30.0
	碳化影响因素	2.水泥中水泥熟料的含量/%		韦伯分布	—	—	—	91.0	25	97.0	75.0
	碳化影响因素	3.水泥熟料中CaO含量/%		三角分布	—	—	65.0	—	—	67.0	60.0
	碳化影响因素	4.水泥熟料中MgO含量/%		三角分布	—	—	2.5	—	—	5.0	0
	碳化影响因素	5.CaO转化为CaCO$_3$比例/%	对于混凝土	韦伯分布	—	—	—	86.0	25	90.0	50.0
			对于砂浆	韦伯分布	—	—	—	92.0	20	100	50.0
	活动数据	6.混凝土等级分布使用比例/%		韦伯分布	见表6-2						
混凝土	活动数据	7.用于混凝土水泥比例/%	中国	韦伯分布	—	—	—	73.4	13	87.4	47.2
			欧洲		—	—	—	74.9	14.8	87.8	62.3
			美国		—	—	—	89.1	25.5	90.8	70.0
			其他国家		—	—	—	74.9	14.8	87.8	62.3
	活动数据	8.混凝土中水泥含量/(kg/m³)		均匀分布	见表6-3						
	活动数据	9.混凝土碳化速率系数/(mm/a$^{0.5}$)		均匀分布	见表6-4						
	活动数据	10.建筑使用寿命/a	中国	韦伯分布	—	—	—	42	4	73	4
			欧洲		—	—	—	75	8	90	50
			美国		—	—	—	74.1	4.4	90	45
			其他地区		—	—	—	50	3	90	10
	活动数据	11.废弃混凝土处理粒径/mm		均匀分布	表6-6~表6-9						

续表

水泥利用类型	不确定性类型	来源	分布	分布参数						
				平均值	标准差	众数	形状参数	尺度参数	最大值	最小值
混凝土	活动数据	12.废弃混凝土拆除破碎阶段暴露时间/a	韦伯分布	—	—	—	0.5	4	1	0.1
	碳化影响因素	13.水泥添加剂校正系数	韦伯分布	—	—	—	1.16	20	1.3	1
	碳化影响因素	14.CO₂浓度校正系数	韦伯分布	—	—	—	1.18	25	1.2	0.93
	碳化影响因素	15.涂层覆盖校正系数	韦伯分布	—	—	—	1	6	1.0	0.5
	活动数据	16.水泥砂浆使用占比/% 中国	韦伯分布	—	—	—	30.8	12	53.8	12.6
		欧洲		—	—	—	29.0	12	37.7	12.2
		美国		—	—	—	13.2	12.5	30.0	9.2
		其他国家		—	—	—	29.0	12	37.7	12.2
水泥砂浆	活动数据	17.砂浆利用使用方式	韦伯分布	见表6-5						
	活动数据	用于抹灰和装饰砂浆	韦伯分布	—	—	—	22	4	80	3
		用于砌筑砂浆		—	—	—	11	8	20	5
	活动数据	18.砂浆厚度/mm 用于维修和护理砂浆		—	—	—	26.8	7	50	10
	活动数据	19.砌筑墙抹灰占比/% 两面抹灰占比	三角分布	—	—	60	—	—	90	40
		一面抹灰占比		—	—	30	—	—	50	10
		不抹灰占比		—	—	10	—	—	20	0
	活动数据	20.墙体厚度/mm	均匀分布	—	—	—	—	—	610	60

续表

水泥利用类型	不确定性类型	来源	分布	分布参数						最大值	最小值
				平均值	标准差	众数	形状参数	尺度参数			
水泥砂浆	砂浆固碳因素	21.砂浆碳化速率系数/（mm/a^0.5）	三角分布	—	—	19.6	—	—	36.8	6.1
建筑损失水泥	活动数据	22.建筑损失水泥占比/%	三角分布	—	—	1.5	—	—	3.0	1.0
	活动数据	23.建筑损失废弃混凝土碳化时间/a	三角分布	—	—	5	—	—	10	1
水泥窑灰	活动数据	24.水泥窑灰产率/%	三角分布	—	—	6.0	—	—	11.5	4.1
	活动数据	25.水泥窑灰填埋比例/%	三角分布	—	—	80.0	—	—	90.0	52.0
	碳化影响因素	26.水泥窑灰中 CaO 含量/%	正态分布	44.0	8.01	—	—	—	61.23	19.40

6.2.1 水泥碳汇不确定性来源

6.2.1.1 水泥生产和消费比例

水泥的货架寿命很短，保质期仅为 3～6 个月，并且所有的水泥在生产 1 年后均会被消费掉。经统计发现，在中国，1996～2005 年水泥生产量与消费量平均相差 3.4%（0.1%～10.8%）（中国建筑业统计年鉴，1996～2005），美国 1930～2013 年水泥生产量与消费量平均相差 4.5%（-30.0%～30.6%）（USGS, 2014），欧洲 2003～2012 年水泥生产量与消费量平均相差 4.0%（-15.1%～12.8%）（ERMCO, 2001～2013）。通过分析我们发现水泥生产-消费差值占水泥产量的比例服从正态分布，平均值 0，标准差 4.0%，最大值 30.6%，最小值-30.0%。

6.2.1.2 水泥中水泥熟料的含量

根据《1996 年 IPCC 国家温室气体清单指南修订本》，水泥中熟料的含量约为 97%，2006 年 IPCC 指南更新为 75%（Eggleston et al., 2006），经过分析发现水泥中熟料的含量符合韦伯分布，韦伯分布的形状参数和尺度参数分别为 91.0% 和 25。

6.2.1.3 水泥熟料中 CaO 含量

根据《2006 年 IPCC 国家温室气体清单指南》，水泥熟料中 CaO 含量为 60%～67%，平均为 65%（Eggleston et al., 2006）。经过分析发现水泥熟料中 CaO 含量符合三角分布，众数、最大值、最小值分别为 65.0%、67.0% 和 60.0%。

6.2.1.4 水泥熟料中 MgO 含量

以往研究发现，水泥熟料中 MgO 含量为 0～5%，平均含量是 2.5%（Kurdowski, 2014；陈立军，2008）。经过分析发现水泥熟料中 MgO 含量符合三角分布，众数、最大值、最小值分别为 2.5%、5.0% 和 0。

6.2.1.5 CaO 转化为 $CaCO_3$ 比例

混凝土和砂浆是水泥的两种利用类型，我们分别分析这两种利用类型的 CaO 转化为 $CaCO_3$ 比例。对于混凝土，CaO 转化为 $CaCO_3$ 比例在 50.0%（Andersson et al., 2013; Pade and Guimaraes, 2007; Chang and Chen, 2006; Gajda, 2001）和 90.0%（Andersson et al., 2013）之间，经过分析发现符合韦伯分布，形状参数和尺度参数分别为 86.6% 和 25；对于砂浆，CaO 转化为 $CaCO_3$ 比例在 50.0% 和 100% 之间，经过分析发现符合韦伯分布，形状参数和尺度参数分别为 92.0% 和 20。

6.2.2 混凝土不确定性来源

6.2.2.1 混凝土等级分布使用比例

不同国家和地区不同强度混凝土使用比例不同，但是，使用比例的分布方式类似，中国、欧洲、美国和其他国家混凝土强度分级均符合韦伯分布。表 6-2 列出了不同强度等级混凝土的使用比例分布参数。

表6-2 全球不同国家或地区不同强度等级混凝土使用比例

国家/地区	强度等级	分布模式	形状参数	尺度参数	最大值	最小值	平均值
中国	≤C15	韦伯分布	16.5%	3.5	33.5%	0.0	14.9%
	C16～C22	韦伯分布	13.7%	3	25.80%	0.0	12.5%
	C23～C35	韦伯分布	66.0%	7	82.8%	41.6%	66.2%
	>C35	韦伯分布	11.6%	3.5	23.4%	0.0	10.4%
欧洲	≤C15	韦伯分布	5.5%	12	8.0%	2.9%	5.3%
	C16～C22	韦伯分布	40.7%	12	54.0%	18.9%	39.0%
	C23～C35	韦伯分布	46.8%	16	62.9%	32.0%	45.3%
	>C35	韦伯分布	10.9%	12	13.5%	8.0%	10.4%
美国	≤C15	韦伯分布	22.2%	12	40.0%	0.0	21.2%
	C16～C22	韦伯分布	40.5%	12	60.0%	5.0%	38.8%
	C23～C35	韦伯分布	29.5%	8	80.0%	20.0%	27.7%
	>C35	韦伯分布	12.7%	16	15.0%	10.0%	12.3%
其他国家	≤C15	韦伯分布	5.5%	12	8.0%	2.9%	5.3%
	C16～C22	韦伯分布	40.7%	12	54.0%	18.9%	39.0%
	C23～C35	韦伯分布	46.8%	16	62.9%	32.0%	45.3%
	>C35	韦伯分布	10.9%	12	13.5%	8.0%	10.4%

6.2.2.2 用于混凝土水泥比例

中国、欧洲、美国和其他国家混凝土水泥的使用比例符合韦伯分布。中国，混凝土水泥的使用比例介于 47.2% 和 87.4% 之间，韦伯分布的形状参数和尺度参数分别为 73.4% 和 13；欧洲和其他国家，混凝土水泥的使用比例介于 62.3% 和 87.8% 之间，韦伯分布的形状参数和尺度参数分别为 74.9% 和 14.8（ERMCO，2001～2013；Jonsson and Wallevik，2005）；美国，混凝土水泥的使用比例介于 70.0% 和 90.8% 之间，韦伯分布的形状参数和尺度参数分别为 89.1% 和 25.5（USGS，2014）。

6.2.2.3 混凝土中水泥含量

不同强度混凝土中水泥的含量相差较大（ERMCO，2001～2013；Pade and Guimaraes，2007；Low，2005；周晖，2003），在实际使用中，不同强度混凝土中水泥含量符合均匀分布，在 15 MPa 强度以下的混凝土中，水泥含量的最大值和最小值分别为 288 kg/m³ 和 165 kg/m³；强度 16～23 MPa 的混凝土中，水泥含量的最大值和最小值分别为 390 kg/m³ 和 240 kg/m³；强度 24～35 MPa 的混凝土中，水泥含量的最大值和最小值分别为 400 kg/m³ 和 280 kg/m³；强度高于 35 Mpa 的混凝土中，水泥含量的最大值和最小值分别为 670 kg/m³ 和 300 kg/m³。混凝土水泥含量满足均匀分布（表 6-3）。

表6-3 混凝土水泥含量参数

强度等级	分布	最大值/（kg/m³）	最小值/（kg/m³）
≤15MPa	均匀分布	288	165
16～22 MPa	均匀分布	390	240
23～35 MPa	均匀分布	400	280
>35 MPa	均匀分布	670	300

6.2.2.4 混凝土碳化速率系数

结合已有研究和野外调查数据，确定了混凝土碳化速率系数的分布及其取值（Silva et al., 2014; Andersson et al., 2013; Monteiro et al., 2012; Pade and Guimaraes, 2007），本书中混凝土碳化速率系数符合均匀分布。混凝土碳化速率受混凝土强度、暴露条件影响。在室内和室外暴露条件及室外遮蔽环境中，强度 15 MPa 以下的混凝土，碳化速率为 $5～15mm/a^{0.5}$；$16～22MPa$ 混凝土，碳化速率为 $2.5～9.0mm/a^{0.5}$；$23～35MPa$ 混凝土，碳化速率为 $1.5～6.0mm/a^{0.5}$；强度高于 35MPa 的混凝土，碳化速率为 $1.0～3.5mm/a^{0.5}$。在掩埋和潮湿的环境中，强度 15MPa 以下的混凝土，碳化速率为 $1.9～5.0mm/a^{0.5}$；$16～22MPa$ 混凝土，碳化速率为 $1.0～2.5mm/a^{0.5}$；$23～35MPa$ 混凝土，碳化速率为 $0.7～1.5mm/a^{0.5}$；强度高于 35MPa 的混凝土，碳化速率为 $0.3～1.0mm/a^{0.5}$。表 6-4 列出了混凝土水泥碳化速率系数分布及其参数。

表6-4 混凝土水泥碳化速率系数分布及其参数

暴露环境	强度等级	分布	最大值/（mm/a^{0.5}）	最小值/（mm/a^{0.5}）
室内和室外暴露环境	≤15MPa	均匀分布	15.0	5.0
	16～22 MPa	均匀分布	9.0	2.5
	23～35 MPa	均匀分布	6.0	1.5
	>35 MPa	均匀分布	3.5	1.0
埋藏潮湿环境	≤15MPa	均匀分布	5.0	1.9
	16～22 MPa	均匀分布	2.5	1.0
	23～35 MPa	均匀分布	1.5	0.7
	>35 MPa	均匀分布	1.0	0.3

6.2.2.5　建筑使用寿命

根据 Kapur 等（2008）的研究，建筑使用寿命符合韦伯分布。中国建筑使用寿命韦伯分布的形状参数和尺度参数分别是 42 和 4，中国建筑使用寿命的最长和最短时间分别为 73a 和 4a；欧洲地区，建筑使用寿命介于 50a 和 90a 之间，韦伯分布的形状参数和尺度参数分别是 75 和 8；美国，建筑使用寿命介于 45a 和 90a 之间，韦伯分布的形状参数和尺度参数分别是 74.1 和 4.4；全球其他地区，建筑使用寿命介于 10a 和 90a 之间，韦伯分布的形状参数和尺度参数分别是 50 和 3（表 6-5）。

表6-5　建筑使用寿命分布类型及其参数

国家/地区	类型	形状参数	尺度参数	最大值/a	最小值/a	分布
中国	建筑使用阶段	42	4	73	4	韦伯分布
	建筑拆除阶段	0.5	4	0.8	0.1	韦伯分布
美国	建筑使用阶段	74.1	4.4	90	45	韦伯分布
	建筑拆除阶段	0.5	4	0.7	0.1	韦伯分布
欧洲	建筑使用阶段	75	8	90	50	韦伯分布
	建筑拆除阶段	0.5	4	0.7	0.1	韦伯分布
其他国家	建筑使用阶段	50	3	90	10	韦伯分布
	建筑拆除阶段	0.5	4	1	0.1	韦伯分布

6.2.2.6　废弃混凝土处理粒径

中国废弃混凝土粒径分布通过野外采样方式确定，通过 179 个野外采样数据集，最终确定中国混凝土处理粒径比例符合均匀分布（表 6-6）；根据文献（Pade and Guimaraes, 2007）可确定欧洲地区废弃混凝土粒径分布符合均匀分布（表 6-7）；美国废弃混凝土处理粒径参考中国和欧洲确定（表 6-8）；全球其他地区，废弃混凝土处理粒径根据 Kikuchi 和 Kuroda（2011）的研究结果确定（表 6-9）。

表6-6　中国废弃混凝土粒径分布调查数据

用途	颗粒粒径等级/mm	平均值/%	最大值/%	最小值/%	分布类型
回收用于新混凝土骨料	<5	14.9	20.0	2.1	均匀分布
	5～10	25.1	41.2	17.5	均匀分布
	10～20	40.6	45.0	32.0	均匀分布
	20～40	19.4	26.7	10.0	均匀分布
回收用于路基材料和其他	<1	11.7	20.0	5.1	均匀分布
	1～10	26.9	36.7	20.0	均匀分布
	10～30	42.0	60.0	35.6	均匀分布
	30～53	19.4	28.0	0.0	均匀分布

用途	颗粒粒径 等级/mm	平均值/%	最大值/%	最小值/%	分布类型
填埋和堆积	<10	17.8	25.6	12.2	均匀分布
	10~30	27.1	35.4	19.5	均匀分布
	30~50	17.3	22.5	10.6	均匀分布
	>50	37.8	48.4	24.8	均匀分布
回收用于含沥青 的混凝土*	<5	14.9	20.0	2.1	均匀分布
	5~10	24.4	41.2	17.5	均匀分布
	10~20	40.3	45.0	32.0	均匀分布
	20~40	20.5	26.7	10.0	均匀分布

*回收用于含沥青的混凝土参考回收用于新混凝土的情况

表6-7　欧洲废弃混凝土粒径分布比例

用途	颗粒粒径 等级/mm	平均值/%	最大值/%	最小值/%	分布类型
回收用于新混凝土 骨料	<5	29.4	36.0	22.5	均匀分布
	5~10	13.8	15.0	12.5	均匀分布
	10~20	39.2	44.0	20.0	均匀分布
	20~40	17.6	45.0	5.0	均匀分布
回收用于路基材料 和其他	<1	15.7	21.0	10.0	均匀分布
	1~10	27.5	30.0	25.0	均匀分布
	10~30	39.2	44.0	20.0	均匀分布
	30~53	17.6	45.0	5.0	均匀分布
填埋和堆积	<10	17.8	25.6	12.2	均匀分布
	10~30	27.1	35.4	19.5	均匀分布
	30~50	17.3	22.5	10.6	均匀分布
	>50	37.8	48.4	24.8	均匀分布
回收用于含沥青的 混凝土	<5	29.4	36.0	22.5	均匀分布
	5~10	13.8	15.0	12.5	均匀分布
	10~20	39.2	44.0	20.0	均匀分布
	20~40	17.6	45.0	5.0	均匀分布

注：利用北欧国家的情况代表欧洲部分

表6-8　美国废弃混凝土粒径分布比例

用途	颗粒粒径 等级/mm	平均值/%	最大值/%	最小值/%	分布类型
回收用于新混 凝土骨料*	<5	29.4	36.0	10.0	均匀分布
	5~10	13.8	30.0	5.0	均匀分布
	10~20	39.2	44.0	20.0	均匀分布
	20~40	17.6	30.0	10.0	均匀分布

续表

用途	颗粒粒径 等级/mm	平均值/%	最大值/%	最小值/%	分布类型
回收用于路基 材料和其他*	<1	15.7	21.0	10.0	均匀分布
	1～10	27.5	30.0	25.0	均匀分布
	10～30	39.2	44.0	20.0	均匀分布
	30～53	17.6	45.0	5.0	均匀分布
填埋和堆积**	<10	17.8	25.6	12.2	均匀分布
	10～30	27.1	35.4	19.5	均匀分布
	30～50	17.3	22.5	10.6	均匀分布
	>50	37.8	48.4	24.8	均匀分布
回收用于含沥 青的混凝土	<5	29.4	36.0	10.0	均匀分布
	5～10	13.8	30.0	5.0	均匀分布
	10～20	39.2	44.0	20.0	均匀分布
	20～40	17.6	30.0	10.0	均匀分布

*　参考欧洲情况;

**　参考中国情况

表6-9　全球其他国家废弃混凝土粒径分布比例*

用途	颗粒粒径 等级/mm	平均值/%	最大值/%	最小值/%	分布类型
回收用于新混 凝土骨料*	<5	24.1	37.0	15.0	均匀分布
	5～10	17.0	23.0	12.0	均匀分布
	10～20	33.9	46.0	24.0	均匀分布
	20～40	25.0	39.0	16.0	均匀分布
回收用于路基 材料和其他	<1	16.1	24.7	10.0	均匀分布
	1～10	25.0	28.0	20.3	均匀分布
	10～30	42.3	51.3	35.3	均匀分布
	30～53	16.7	26.0	10.7	均匀分布
填埋和堆积**	<10	17.8	25.6	12.2	均匀分布
	10～30	27.1	35.4	19.5	均匀分布
	30～50	17.3	22.5	10.6	均匀分布
	>50	37.8	48.4	24.8	均匀分布
回收用于含沥 青的混凝土	<5	24.1	37.0	15.0	均匀分布
	5～10	17.0	23.0	12.0	均匀分布
	10～20	33.9	46.0	24.0	均匀分布
	20～40	25.0	39.0	16.0	均匀分布

*　基于日本和韩国情况;

**　参考中国情况

6.2.2.7 废弃混凝土拆除阶段暴露时间

中国废弃混凝土拆除阶段暴露时间通过野外采样方式确定，通过对 985 个拆除工程的调研，确定中国废弃混凝土拆除阶段暴露时间符合韦伯分布，形状参数和尺度参数分别为 0.5 和 4，暴露时间介于 0.1a 和 0.8a 之间；欧洲废弃混凝土拆除阶段暴露时间通过文献查阅方式获得，符合韦伯分布，形状参数和尺度参数分别为 0.5 和 4，暴露时间介于 0.1a 和 0.7a 之间（Dodoo et al., 2009; Pade and Guimaraes, 2007; Pommer and Pade, 2006）；美国及全球其他地区废弃混凝土拆除阶段暴露时间与欧洲地区类似，直接采用欧洲的参数评估不确定性。

6.2.2.8 水泥添加剂校正系数

混凝土和水泥砂浆中添加剂影响水泥的碳化速率（Pade and Guimaraes, 2007; Papadakis, 2000）。在全球范围内，水泥添加剂的校正系数符合韦伯分布，形状参数和尺度参数分别为 1.16 和 20，取值范围介于 1.0 和 1.3 之间（Pade and Guimaraes, 2007）。

6.2.2.9 CO_2 浓度校正系数

工业区、道路两侧，CO_2 浓度相对较高，导致这些区域碳化速率增加（Yoon et al., 2007; Papadakis, 2000）。经过分析发现 CO_2 浓度校正系数符合韦伯分布，形状参数和尺度参数分别为 1.18 和 25，取值范围介于 0.93 和 1.2 之间。

6.2.2.10 涂层覆盖校正系数

混凝土表面涂层的应用能够降低碳化速率（Roy et al., 1996）。如果混凝土强度和使用年龄已知，一些研究发现表面涂层（如油漆）能够降低碳化速率 0~50%（Andersson et al., 2013; Pade and Guimaraes, 2007; Lagerblad, 2005; Gajda, 2001）。我们假设涂层的校正系数为韦伯分布，具有全球通用的形状参数和尺度参数分别为 1.0 和 6.0，最大值为 1.0，最小值为 0.5。

6.2.3 水泥砂浆不确定性来源

6.2.3.1 水泥砂浆使用占比

不同国家，用于砂浆的水泥占水泥消费总量的比例不同。水泥砂浆使用占比符合韦伯分布。中国，形状参数和尺度参数分别为 30.8%和 12，取值范围介于 12.6%和 53.8%之间（中国建筑业统计年鉴 1996~2005）。欧洲，韦伯分布的形状参数和尺度参数分别为 29.0%和 12，取值范围介于 12.2%和 37.7%之间（ERMCO, 2001~2013）。美国，韦伯分布的形状参数和尺度参数分别为 13.2%和 12.5，取值范围介于 9.2% 和 30.0% 之间（USGS, 2014）。其他国家，韦伯分布的形状参数和尺度参数参考欧洲。

6.2.3.2 水泥砂浆使用方式

水泥砂浆（包括水泥石灰砂浆）用于抹灰和装饰、砌筑（砖块堆砌）、砖瓦黏合和灌浆、外墙保温系统、粉末涂料、水泥基防水密封浆、自调水平和定墙上灰、维修和护理及其他用途（Lutz and Bayer, 2010）。其中，用于抹灰和装饰的砂浆比例较大（Winter and Plank, 2007），而用于砖瓦黏合和灌浆、外墙保温系统、粉末涂料、水泥基防水密封浆、自调水平和定墙上灰的砂浆消耗很少。各个国家或地区，砂浆利用类型占比符合韦伯分布，分布和参数见表 6-10。

表6-10 砂浆利用类型的分布和参数

国家/地区	砂浆利用类型	分布	形状参数	尺度参数	最大值	最小值
中国	抹灰和装饰砂浆	韦伯分布	52.4%	14	72.5%	24.0%
	砌筑砂浆	韦伯分布	18.8%	12	52.2%	1.7%
	维修和护理砂浆	韦伯分布	33.2%	10	59.9%	13.3%
欧洲	抹灰和装饰砂浆	韦伯分布	52.4%	14	72.5%	24.0%
	砌筑砂浆	韦伯分布	18.8%	12	52.2%	1.7%
	维修和护理砂浆	韦伯分布	33.2%	10	59.9%	13.3%
美国	抹灰和装饰砂浆	韦伯分布	39.4%	12	57.2%	12.9%
	砌筑砂浆	韦伯分布	32.8%	12	43.8%	12.5%
	维修和护理砂浆	韦伯分布	31.8%	12	72.2%	12.6%
其他国家	抹灰和装饰砂浆	韦伯分布	52.4%	14	72.5%	24.0%
	砌筑砂浆	韦伯分布	18.8%	12	52.2%	1.7%
	维修和护理砂浆	韦伯分布	33.2%	10	59.9%	13.3%

6.2.3.3 水泥砂浆厚度

在土木工程应用中，水泥砂浆的厚度一般很小。水泥砂浆厚度对碳化影响明显。我们认为水泥砂浆厚度符合韦伯分布。用于抹灰和装饰及表面加工的水泥砂浆，韦伯分布的形状参数和尺度参数分别为 22 和 4，取值范围介于 3 mm 和 80 mm 之间；用于砌筑的水泥砂浆，韦伯分布的形状参数和尺度参数分别为 11 和 8，取值范围介于 5 mm 和 20 mm 之间；用于维修和护理的水泥砂浆，韦伯分布的形状参数和尺度参数分别为 26.8 和 7，取值范围介于 10 mm 和 50 mm 之间。

6.2.3.4 砌筑墙抹灰占比

用于砌筑的水泥砂浆将会花费更长的时间来完成碳化，用于砌筑墙的水泥在表面抹灰砂浆碳化完成之后才能开始碳化。抹灰砂浆需花费几年时间才能完成碳化。如果用于砌筑墙的水泥没有抹灰，则在建筑完成之后就会立即开始碳化。因此我们将砌筑墙分为两面抹灰、一面抹灰和无抹灰。抹灰面数据来自于在中国开展的 1144 个实地调研项目，砌筑墙抹灰占比符合三角分布。两面抹灰，其分布众数为 60%（40%～90%）；一面抹灰，其众数为 30%（10%～50%）；无抹灰，其众数为 10%（0～20%）。由于缺乏除中国外的其他国家数据，本书认为全球其他地区亦符合此种分布。

6.2.3.5 墙体厚度

据研究，全球范围内，墙体厚度介于 60 mm 和 610 mm 之间（Gajda, 2001; Hendry, 2001; 周晖, 2003），绝大多数位于 100～490 mm 范围内，如砖墙的厚度为 120 mm、180 mm、240 mm、370 mm 和 490 mm；加固混凝土承重墙的厚度为 160～180 mm；外墙的厚度为 200～250 mm；加气混凝土隔离墙厚度为 100～150 mm。经过分析发现，全球墙体的厚度介于 60～610 mm，符合均匀分布。

6.2.3.6 砂浆碳化速率系数

根据中国 1600 项测定结果，水泥砂浆碳化速率系数符合三角分布，众数为 19.6 mm/a$^{0.5}$，取值范围介于 6.1 mm/ a$^{0.5}$ 和 36.8 mm/ a$^{0.5}$ 之间。由于缺乏除中国外的其他国家数据，本书中全球其他地区的砂浆碳化速率系数根据中国数据确定。

6.2.4 建筑损失水泥不确定性来源

6.2.4.1 建筑损失水泥占比

根据建筑预算标准（周晖, 2003）和调查数据（Lu et al., 2011），在建筑阶段损失水泥占建筑项目总水泥消耗的 1%～3%。经过分析发现建筑损失水泥占比符合三角分布，众数为 1.5%，取值范围为 1%～3%。

6.2.4.2 建筑损失废弃混凝土碳化时间

建筑建设过程中，大部分建筑损失混凝土以碎片的形式存在，在工程结束后，废弃混凝土碎块主要处于填埋、露天堆放、回收利用等条件下，其碳化速率低于建筑使用阶段和建筑拆除阶段（Huang et al., 2013; Bossink and Brouwers, 1996）。废弃混凝土碳化时间符合三角分布，众数为 5a，最大值、最小值分别为 1a 和 10a。

6.2.5 水泥窑灰不确定性来源

6.2.5.1 水泥窑灰生产率

水泥窑灰是水泥生产过程的副产品，水泥窑灰的产量根据美国环境保护署的熟料产量计算（USEPA, 1993），约 65% 水泥窑灰重新用于水泥熟料生产，余下的

35%左右作为废弃物处理。水泥熟料中水泥窑灰的产率符合三角分布，众数为6.0%，最大值、最小值分别为11.5%和4.1%。

6.2.5.2 水泥窑灰填埋比例

各个国家水泥窑灰的处理方式基本相似，80%被填埋处理，20%被回收用于土壤及黏土稳定和固化、废物稳定化和固化、水泥添加剂和混合剂、矿山复垦、农业土壤改良剂、废水中和与稳定、铺路材料制造等（Khanna, 2009; Hawkins et al., 2004）。经过分析发现水泥窑灰填埋比率符合三角分布，众数为80.0%，最大值和最小值分别为90.0%和52.0%。

6.2.5.3 水泥窑灰中 CaO 含量

水泥窑灰平均 CaO 含量约为44%，在处理和回收利用过程中会不断吸收环境中的 CO_2。经过分析发现水泥窑灰中 CaO 的含量符合正态分布，均值为44.0%，标准差为8.01，最大值和最小值分别为61.2%和19.4%（Khanna, 2009; Sreekrishnavilasam et al., 2006）。

6.3 水泥不同使用类型碳汇量不确定性

6.3.1 混凝土碳汇量不确定性

根据蒙特卡罗估计结果，中国混凝土碳汇不确定性逐年累加，不确定性呈增加的趋势。1930 年，混凝土碳吸收量95%置信区间为［966，2182］t，不确定性模拟均值为1547 t，标准差为368.7t；1950 年，混凝土碳吸收量95%置信区间为［8100，20 800］t，不确定性模拟均值为12 800 t，标准差为5900t；1980 年，混凝土碳吸收量95%置信区间为［0.58，1.34］Mt，不确定性模拟均值为0.91 Mt，标准差为0.23 Mt；2000 年，混凝土碳吸收量95%置信区间为［4.76，11.28］Mt，不确定性模拟均值为7.40 Mt，标准差为2.09 Mt；2010 年，混凝土碳吸收量95%置信区间为［3.79，32.61t］，不确定性模拟均值为20.39 Mt，标准差为5.94 Mt；2013 年，混凝土碳吸收量95%置信区间为[18.57，43.79] Mt，不确定性模拟均值为27.57 Mt，标准差为7.94 Mt［图 6-1（a）］。

美国混凝土碳汇不确定性逐年累加，不确定性呈增加的趋势。1930 年，混凝土碳吸收量95%置信区间为［0.07，0.14］Mt，不确定性模拟均值为0.10 Mt，标准差为0.02 Mt；2013 年，混凝土碳吸收量95%置信区间为[2.83，5.67] Mt，不确定性模拟均值为4.08 Mt，标准差为0.86 Mt［图 6-1（b）］。

欧洲混凝土碳汇不确定性逐年累加，不确定性呈增加的趋势。1930 年，混凝土碳吸收量 95%置信区间为 [0.09，0.18] Mt，蒙特卡罗不确定性模拟均值为 0.14 Mt，标准差为 0.03 Mt；2013 年，混凝土碳吸收量 95%置信区间为 [6.94，14.28] Mt，不确定性模拟均值为 9.61 Mt，标准差为 2.27 Mt [图 6-1（c）]。

其他国家混凝土碳汇不确定性逐年累加，不确定性呈增加的趋势。1930 年，混凝土碳吸收量 95%置信区间为 [0.007，0.01] Mt，蒙特卡罗不确定性模拟均值为 0.01 Mt，标准差为 0.002 Mt；2013 年，混凝土碳吸收量 95%置信区间为 [18.33，45.07] Mt，不确定性模拟均值为 27.10 Mt，标准差为 8.13 Mt [图 6-1（d）]。

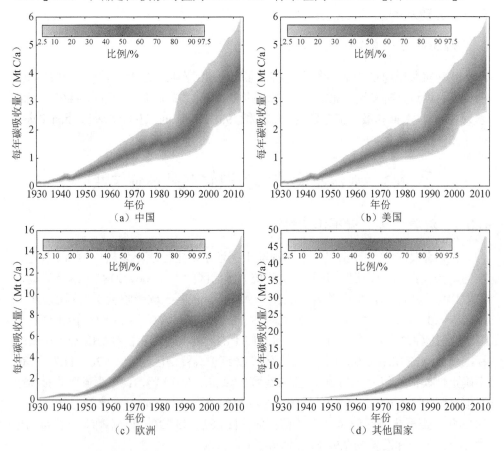

图 6-1　中国、美国、欧洲和其他国家混凝土碳汇的不确定性

全球混凝土碳汇不确定性逐年累加，不确定性呈累积增加的趋势。1930 年，混凝土碳吸收量 95%置信区间为 [0.20，0.31] Mt，不确定性模拟均值为 0.25 Mt，标准差为 0.04 Mt；2013 年，混凝土碳吸收量 95%置信区间为 [56.69，95.35] Mt，

不确定性模拟均值为 68.35 Mt，标准差为 11.70 Mt（图 6-2）。

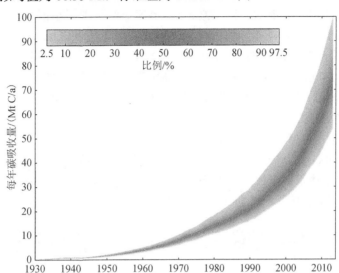

图 6-2　全球混凝土水泥碳汇的不确定性

6.3.2　水泥砂浆碳汇量不确定性

　　根据蒙特卡罗估计结果，在中国，随着水泥砂浆碳汇不确定性的逐年累加，不确定性呈增加的趋势。1930 年，水泥砂浆碳吸收量 95%置信区间为[0.008，0.02] Mt C，模拟均值为 0.014 Mt C，标准差为 0.004 Mt C；1950 年，水泥砂浆碳吸收量 95%置信区间为[0.02，0.03] Mt C，模拟均值为 0.02 Mt C，标准差为 0.006 Mt C；2013 年，水泥砂浆碳吸收量 95%置信区间为［65.91，130.75］Mt C，模拟均值为 90.94 Mt C，标准差为 19.87 Mt C［图 6-3（a）］。

　　1930～2010 年美国水泥砂浆碳汇不确定性呈增加的趋势，2010 年以后，水泥砂浆碳汇出现下降的趋势。1930 年，水泥砂浆碳吸收量 95%置信区间为［0.20，0.53］Mt C，模拟均值为 0.40 Mt C，标准差为 0.10 Mt C；2010 年，水泥砂浆碳汇 95%置信区间为［0.99，2.07］Mt C，模拟均值为 1.32 Mt C，标准差为 0.34 Mt C；2013 年，水泥砂浆碳吸收量 95%置信区间为［1.06，2.22］Mt C，模拟均值为 1.43 Mt C，标准差为 0.36 Mt C［图 6-3（b）］。

　　欧洲水泥砂浆碳汇不确定性范围在 20 世纪 80 年代至 90 年代达到峰值。1930 年，水泥砂浆碳吸收量 95%置信区间为［0.68，1.74］Mt C，模拟均值为 1.31 Mt C，标准差为 0.32 Mt C；1980 年，水泥砂浆碳吸收量 95%置信区间为 ［10.81，20.44］Mt C，模拟均值为 14.69 Mt C，标准差为 2.90 Mt C；1990 年，水泥砂浆碳吸收量 95%置信区间为［10.60，19.95］Mt C，模拟均值为 14.37 Mt C，标准差为 2.81 Mt C；1996 年，欧洲水泥砂浆碳汇出现极小值，95%置信区间为［7.48，14.09］Mt C，模拟均值为 10.09 Mt C，标准差为 2.00 Mt C；1996~2010 年，欧洲水泥砂浆碳汇呈增加的趋势，2010 年，水泥砂浆碳吸收量 95%置信区间为[8.85，16.46] Mt C，模拟均值为 12.09 Mt C，标准差为 2.32 Mt C；2013 年，水泥砂浆碳吸收量 95%置信区间为［8.78，16.35］Mt C，模拟均值为 12.13 Mt C，标准差为 2.29Mt C［图 6-3（c）］。

其他国家水泥砂浆碳汇不确定性范围呈增加的趋势。1930 年，水泥砂浆碳吸收量 95%置信区间为[0.04，0.11]Mt C，模拟均值为 0.08 Mt C，标准差为 0.02 Mt C；2013 年，水泥砂浆碳吸收量 95%置信区间为［32.83，61.29］Mt C，模拟均值为 44.46 Mt C，标准差为 8.58 Mt C［图 6-3（d）］。

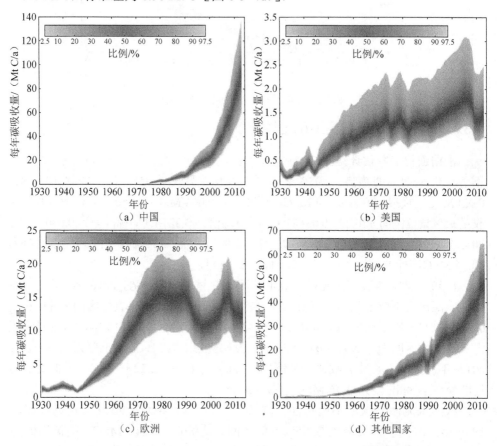

图 6-3　中国、美国、欧洲和其他国家水泥砂浆碳汇的不确定性

全球水泥砂浆碳汇不确定性范围呈增加的趋势。1930 年，水泥砂浆碳吸收量 95%置信区间为［1.10，2.21］Mt C，模拟均值为 1.70 Mt C，标准差为 0.34 Mt C；2013 年，水泥砂浆碳吸收量 95%置信区间为［122.94，193.77］Mt C，模拟均值为 148.96 Mt C，标准差为 21.83 Mt C（图 6-4）。

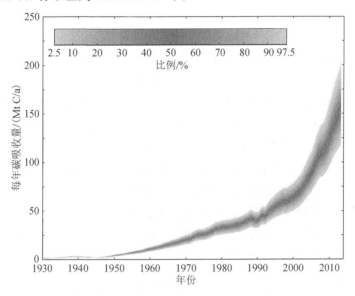

图 6-4　全球水泥砂浆碳汇的不确定性

6.3.3　水泥窑灰碳汇量不确定性

根据蒙特卡罗估计结果，中国水泥窑灰碳汇量呈增加的趋势。1930 年，水泥窑灰碳吸收量 95%置信区间为［0.001，0.003］Mt C，模拟均值为 0.002 Mt C，标准差为 0.002 Mt C；1940 年，水泥窑灰碳吸收量 95%置信区间为［0.004，0.01］Mt C，模拟均值为 0.007 Mt C，标准差为 0.002 Mt C；中华人民共和国成立初期，中国水泥窑灰水泥碳汇量与 1930 年类似，水泥窑灰碳吸收量 95%置信区间为［0.001，0.003］Mt C，模拟均值为 0.002 Mt C，标准差为 0.0006 Mt C，其后迅速增加；1960 年，水泥窑灰碳吸收量 95%置信区间为［0.04，0.10］Mt C，模拟均值为 0.06 Mt C，标准差为 0.02 Mt C；20 世纪 70 年代，受"文化大革命"影响，稍有下降；1980 年，水泥窑灰碳汇量迅速增加，95%置信区间为［0.26，0.71］Mt C，模拟均值为 0.43 Mt C，标准差为 0.14 Mt C；1990 年，水泥窑灰碳汇量比 1980 年增加 1 倍多，95%置信区间为［0.54，1.51］Mt C，模拟均值为 0.91 Mt C，标准差为 0.30 Mt C；2000 年，中国水泥窑灰碳汇量是 1990 年的 3 倍，95%置信区间为［1.54，4.34］Mt C，模拟均值为 2.62 Mt C，标准差为 0.86 Mt C；到 2013 年，中国水泥窑灰碳汇量是2010年的1.2倍,是2000年的4.1倍,95%置信区间为[6.40,17.96] Mt C,模拟均值为10.85 Mt C,标准差为3.57 Mt C [图6-5 (a)]。

1930～1933 年,美国大萧条期间,水泥窑灰碳汇量呈降低的趋势。1930 年,水泥窑灰碳汇量95%置信区间为 [0.07,0.21] Mt C,模拟均值为0.13 Mt C,标准差为0.04 Mt C;1933 年,水泥窑灰碳汇量95%置信区间为 [0.03,0.08] Mt C,模拟均值为 0.05 Mt C,标准差为 0.02 Mt C;大萧条结束后,水泥窑灰碳汇量迅速增加,至石油危机前期(1973 年)达到峰值,95%置信区间为 [0.21,0.59] Mt C;1975 年石油危机末期,水泥窑灰碳汇量95%置信区间为 [0.17,0.47] Mt C,模拟均值为0.28 Mt C,标准差为0.09 Mt C;1980～1982 年,美国发生严重的经济衰退,水泥窑灰碳汇量也出现下滑,1982 年,水泥窑灰碳汇量95%置信区间为 [0.15,0.43] Mt C,模拟均值为0.26 Mt C;其后,水泥窑灰碳汇量恢复增长,2006 年,次贷危机爆发,水泥窑灰碳汇量迅速降低,水泥窑灰碳汇量95%置信区间为 [0.26,0.74] Mt C,模拟均值为0.45 Mt C,到2009 年,迅速降低到0.17～0.48 Mt C (95%置信区间),模拟均值为0.29 Mt C [图6-5 (b)]。

在欧洲,1945 年第二次世界大战结束,水泥窑灰碳汇量降到最低,95%置信区间为 [0.05,0.14] Mt C,至1980 年达到峰值,95%置信区间为 [1.08,3.01] Mt C,模拟均值为1.82 Mt C;1989～1996 年,水泥窑灰碳汇量持续降低,1989 年,介于 1.04～2.92 Mt C (95%置信区间),模拟均值为1.77 Mt C,标准差为0.57 Mt C,1996 年,欧洲各国水泥窑灰碳汇量95%置信区间为 [0.67,1.87] Mt C,模拟均值为1.13 Mt C,其后,直至2007 年,欧洲水泥窑灰碳汇量持续增加;2007 年,肇始的美国次贷危机开始席卷欧洲,水泥窑灰碳汇量开始快速降低,水泥窑灰碳汇量 95%置信区间为 [1.04,2.91] Mt C,模拟均值为 1.76 Mt C,标准差为0.57 Mt C;2013 年,水泥窑灰碳汇量95%置信区间为 [0.82,2.28] Mt C,模拟均值为1.38 Mt C,标准差为0.45 Mt C [图6-5 (c)]。

其他国家,1930～2013 年,水泥窑灰碳汇量不断增加。1930 年,水泥窑灰碳汇量 95%置信区间为 [0.007,0.02] Mt C,模拟均值为 0.01 Mt C,标准差为0.004 Mt C;2013 年,水泥窑灰碳汇量95%置信区间为 [3.20,8.83] Mt C,模拟均值为5.42 Mt C,标准差为1.74 Mt C [图6-5 (d)]。

全球范围内,水泥窑灰碳汇量呈持续增加的趋势。1930 年,全球水泥窑灰碳汇量为0.23～0.47 Mt C (95%置信区间),模拟均值为0.33 Mt C。2013 年,全球水泥窑灰碳汇量为12.96～26.03 Mt C (95%置信区间),模拟均值为17.99 Mt C,标准差为4.00 Mt C (图6-6)。

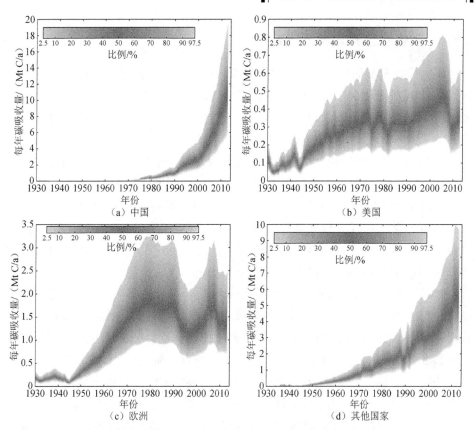

图 6-5　中国、美国、欧洲和其他国家水泥窑灰碳汇的不确定性

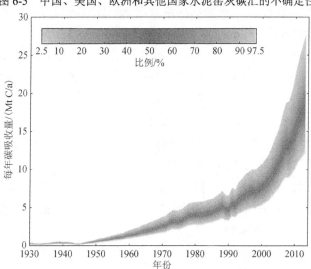

图 6-6　全球水泥窑灰碳汇的不确定性

6.3.4 损失水泥碳汇量不确定性

根据蒙特卡罗估计结果，1930 年以来，中国损失水泥碳汇量呈增加的趋势。1930 年，损失水泥碳汇量 95%置信区间为［0.0005，0.0013］Mt C，模拟均值为 0.0008 Mt C，标准差为 0.0002 Mt C；2013 年，损失水泥碳汇量 95%置信区间为［3.92，8.99］Mt C，模拟均值为 5.87 Mt C，标准差为 1.56 Mt C［图 6-7（a）］。

1930 年以来，美国损失水泥碳汇量总体呈增加的趋势，2006 年以后开始下降。1933 年，损失水泥碳汇量 95%置信区间为［0.02，0.05］Mt C，模拟均值为 0.04 Mt C，标准差为 0.008 Mt C；2006 年，损失水泥碳汇量 95%置信区间为［0.13，0.30］Mt C，模拟均值为 0.25 Mt C，标准差为 0.008 Mt C；2006 年后，损失水泥碳汇呈降低的趋势，2013 年，损失水泥碳汇量 95%置信区间为［0.13，0.30］Mt C，模拟均值为 0.19 Mt C，标准差为 0.05 Mt C［图 6-7（b）］。

1930～1945 年，欧洲损失水泥碳汇量变化不大。1945～1981 年，损失水泥碳汇呈增加的趋势：1945 年，损失水泥碳汇量 95%置信区间为［0.04，0.08］Mt C，模拟均值为 0.06 Mt C；1981 年，欧洲损失水泥碳汇量 95%置信区间为［0.68，1.55］Mt C，模拟均值为 1.00 Mt C。1981～1996 年，损失水泥碳汇量呈下降趋势，1996 年，水泥碳汇量 95%置信区间为［0.44，1.00］Mt C，模拟均值为 0.66 Mt C。1996～2007 年，水泥碳汇量呈增加的趋势，2007 年，损失水泥碳汇量 95%置信区间为［0.65，1.47］Mt C，模拟均值为 0.97 Mt C。2007～2013 年，损失水泥碳汇量呈降低的趋势，2013 年，损失水泥碳汇量 95%置信区间为［0.52，1.18］Mt C，模拟均值为 0.78 Mt C，标准差为 0.20 Mt C［图 6-7（c）］。

1930～2013 年，其他国家损失水泥碳汇量呈增加的趋势。1930 年，损失水泥碳汇量 95%置信区间为［0.003，0.008］Mt C，模拟均值为 0.005 Mt C，标准差为 0.001 Mt C；2013 年，损失水泥碳汇量 95%置信区间为［2.01，4.60］Mt C，模拟均值为 3.01 Mt C，标准差为 0.80 Mt C［图 6-7（d）］。

全球范围内，损失水泥碳汇量的可能取值呈指数增加的趋势。1930～2013 年，损失水泥的平均碳汇量为 0.15～10.28 Mt（$p=0.05$）。1930 年，损失水泥碳汇量 95%置信区间为［0.11，0.20］Mt C，模拟均值为 0.15 Mt C，标准差为 0.03 Mt C；2013 年，损失水泥碳汇量 95%置信区间为［7.66，13.45］Mt C，模拟均值为 9.85 Mt C，标准差为 1.76 Mt C（图 6-8）。

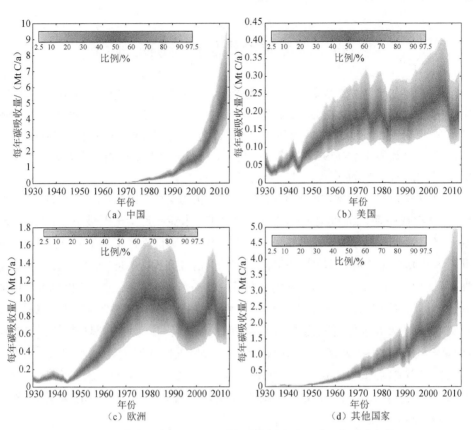

图 6-7　中国、美国、欧洲和其他国家损失水泥碳汇的不确定性

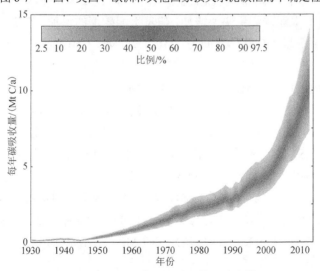

图 6-8　全球损失水泥碳汇的不确定性

6.4 水泥碳汇量总体不确定性

根据蒙特卡罗估计结果，中国水泥碳汇量呈指数增加的趋势。1930～2013 年，中国平均水泥碳汇量为 0.02～143.67 Mt（p=0.05）。1930 年，水泥碳汇总量 95% 置信区间为[0.01，0.02] Mt，不确定性模拟均值为 0.02 Mt，标准差为 0.004 Mt；2013 年，水泥碳汇总量 95%置信区间为［109.81，182.03］Mt，不确定性模拟均值为 135.23 Mt，标准差为 22.16 Mt［图 6-9（a）］。

1930 年以来，美国水泥碳汇量呈波动增加的趋势，20 世纪 40 年代中期、20 世纪 70 年代中期、20 世纪 80 年代和 2009 年，水泥碳汇量出现极小值。1933 年，水泥碳汇量 95%置信区间为［0.30，0.50］Mt，不确定性模拟均值为 0.37. Mt，标准差为 0.06 Mt；1944 年，水泥碳汇量 95%置信区间为［0.56，0.94］Mt，不确定性模拟均值为 0.72 万 t，标准差为 0.11 万 t；1975 年，水泥碳汇量 95%置信区间为［2.38，3.93］Mt，不确定性模拟均值为 3.01 Mt，标准差为 0.47 Mt；1982 年，水泥碳汇量 95%置信区间为［2.41，4.00］Mt，不确定性模拟均值为 3.05 Mt，标准差为 0.48 Mt；2009 年，水泥碳汇量 95%置信区间为［4.34，7.17］Mt，不确定性模拟均值为 5.03 Mt，标准差为 0.86 Mt；2013 年，水泥碳汇量 95%置信区间为［4.72，7.94］Mt，不确定性模拟均值为 6.05 Mt，标准差为 0.98 Mt［图 6-9（b）］。

1930～1945 年，欧洲水泥碳汇量变化不大，1932 年、1945 年出现极小值，1945～1980 年，水泥碳汇量快速增加，随着水泥碳汇的增加，不确定性不断累积。1945 年，水泥碳汇量 95%置信区间为[1.10,1.77]Mt，不确定性模拟均值为 1.30 Mt，标准差为 0.21 Mt。1980 年，水泥碳汇量 95%置信区间为［18.91，29.92］Mt，不确定性模拟均值为 23.22 Mt，标准差为 3.33 Mt。1980～1990 年，水泥碳汇量分布范围变化不大，1985 年，水泥碳汇量 95%置信区间为［18.80，29.49］Mt，不确定性模拟均值为 22.90 Mt，标准差为 3.25 Mt。1990 年，水泥碳汇量 95%置信区间为[19.76,30.89]Mt，不确定性模拟均值为 24.00 Mt，标准差为 3.40 Mt。1990～2013 年，水泥碳汇量变化较大，1996 年和 2012 年，水泥碳汇量处于低谷，1996 年，水泥碳汇量 95%置信区间为[15.54,24.27]Mt，不确定性模拟均值为 18.64 Mt，标准差为 2.68 Mt。2013 年，水泥碳汇量 95%置信区间为［19.63，30.80］Mt，不确定性模拟均值为 23.89 Mt，标准差为 3.41 Mt［图 6-9（c）］。

1930～2013 年，其他国家水泥碳汇量的不确定性范围呈现逐渐增大的趋势，1930 年，水泥碳汇量 95%置信区间为［0.07，0.13］Mt，模拟均值为 0.10 Mt，标准差为 0.02 Mt；2013 年，水泥碳汇量 95%置信区间为［65.33，107.68］Mt，模拟均值为 79.99 Mt，标准差为 12.85 Mt［图 6-9（d）］。

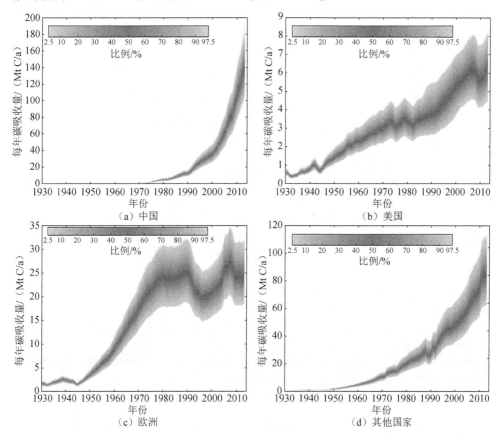

图 6-9　中国、美国、欧洲和其他国家水泥碳汇的不确定性

全球范围内，水泥碳汇量的可能取值呈指数增加的趋势。1930～2013 年，碳汇量由 2.42 Mt 增加到 245.15 Mt（p=0.05）。1930 年，碳汇量 95%置信区间为［1.82，3.00］Mt，不确定性模拟均值为 2.42 Mt，标准差为 0.36 Mt；2013 年，碳汇量 95%置信区间为［219.25，304.68］Mt，不确定性模拟均值为 245.15 Mt，标准差为 26.07 Mt（图 6-10）。

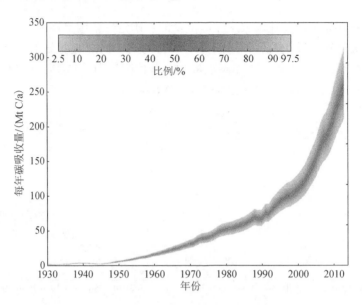

图 6-10 全球水泥碳汇的不确定性

参 考 文 献

陈立军. 2008. 水泥化学组成对混凝土使用寿命的影响. 混凝土, 7: 78-79.

周晖. 2003. 建筑安装工程预算师手册. 北京: 机械工业出版社.

Andersson R, Fridh K, Stripple H, et al. 2013. Calculating CO_2 uptake for existing concrete structures during and after service life. Environmental Science and Technology, 47: 11625-11633.

Bossink B, Brouwers H J H. 1996. Construction waste: quantification and source evaluation. Journal of Construction Engineering and Management, 122: 55-60.

Chang C F, Chen J W. 2006. The experimental investigation of concrete carbonation depth. Cement and Concrete Research, 36: 1760-1767.

Dodoo A, Gustavsson L, Sathre R. 2009. Carbon implications of end-of-life management of building materials. Resources, Conservation and Recycling, 53: 276-286.

Eggleston S, Buendia L, Miwa K, et al. 2006. 2006 IPCC guidelines for national greenhouse gas inventories. Hayama: Institute for Global Environmental Strategies.

ERMCO (European Ready Mixed Concrete Organization). 2001-2013. Ready-mixed concrete industry statistics 2001-2013. http://www.ermco.eu[2017-3-3].

Gajda J. 2001. Absorption of atmospheric carbon dioxide by portland cement concrete. Portland Cement Association. Chicago: R & D: Serial no. 2255a.

Hendry E A W. 2001. Masonry walls: materials and construction. Construction and Building Materials, 15: 323-330.

Huang T, Shi F, Tanikawa H, et al. 2013. Materials demand and environmental impact of buildings construction and demolition in China based on dynamic material flow analysis. Resources, Conservation and Recycling, 72: 91-101.

Jonsson G, Wallevik O. 2005. Information on the use of concrete in Denmark, Sweden, Norway and Iceland. Icelandic Building Research Institute: 9979-9174.

Kapur A, Keoleian G, Kendall A, et al. 2008. Dynamic modeling of in-use cement stocks in the United States.Journal of Industrial Ecology, 12: 539-556.

Khanna O S. 2009. Characterization and utilization of cement kiln dusts (CKDs) as partial replacements of portland cement doctor. Toronto: University of Toronto.

Kikuchi T, Kuroda Y. 2011. Carbon dioxide uptake in demolished and crushed concrete. Journal of Advanced Concrete Technology, 9:115-124.

Kurdowski W. 2014. Cement and Concrete Chemistry. Berlin:Springer Netherlands.

Lagerblad B. 2005. Carbon dioxide uptake during concrete life cycle: state of the art. Olso: Swedish Cement and Concrete Research Institute.

Low M S. 2005. Material flow analysis of concrete in the United States. Cambridge: Massachusetts Institute of Technology.

Lu, W. Yan H, Li J, et al. 2011. An empirical investigation of construction and demolition waste generation rates in Shenzhen city, South China. Waste management, 31: 680-687.

Lutz H, Bayer R. 2010. Dry mortars//Elvers B, Bellussi G, Bohnet M, et al. Ullmann's encyclopedia of industrial chemistry. Berlin: Wiley-VCH: 121-231.

Monteiro I, Branco F, Brito J D,et al. 2012. Statistical analysis of the carbonation coefficient in open air concrete structures. Construction and Building Materials, 29: 263-269.

Pade C, Guimaraes M. 2007. The CO_2 uptake of concrete in a 100 year perspective. Cement and Concrete Research, 37:1348-1356.

Papadakis V G. 2000. Effect of supplementary cementing materials on concrete resistance against carbonation and chloride ingress. Cement and Concrete Research, 30: 291-299.

Pommer K, Pade C. 2006. Guidelines-uptake of carbon dioxide in the life cycle inventory of concrete. Olso: Nordic Innovation Centre.

Silva A, Neves R, de Brito J. 2014. Statistical modelling of carbonation in reinforced concrete. Cement Concrete Comp, 50: 73-81.

Sreekrishnavilasam A, King S, Santagata M. 2006. Characterization of fresh and landfilled cement kiln dust for reuse in construction applications. Engineering Geology, 85: 165-173.

USGS. 2014. Nickel end-use statistics//Kelly T D, Matos G R. Historical statistics for mineral and material commodities in the United States (2014 version). U.S. Geological Survey . http://minerals.usgs.gov/minerals/pubs/historical-statistics/[2018-1-17].

Winter C, Plank J. 2007. The European dry-mix mortar industry (Part 1). Zkg international, 60: 62.

Yoon I S, Çopuroğlu O, Park K B. 2007. Effect of global climatic change on carbonation progress of concrete. Atmospheric Environment, 41: 7274-7285.

第 7 章　水泥碳汇研究展望

水泥材料碳汇研究涉及地球化学、生态学、土木工程、环境科学等多学科领域的知识，需要学术界开展广泛的合作，才有可能解决方法学和碳汇量核算的难题。科学量化水泥材料碳汇功能对于应对气候变化、评价温室气体排放总量和碳循环的影响具有重要意义。目前，水泥材料碳汇的研究十分有限，未来应加强以下工作。

7.1　完善水泥碳汇核算方法

本书已经系统建立了水泥材料的碳汇核算方法体系，但仍待更多实例进行检验与验证，有些参数的选取采用典型代表值，不具有普遍性，未来仍需继续加强水泥材料碳化参数的研究，建立更加完善的水泥材料碳汇核算方法体系。由于施工过程中水泥 CO_2 吸收核算方法复杂、数据收集困难等，目前还没有建立水泥在建筑施工过程的碳汇核算方法，未来应量化此阶段的碳汇量。在国内外土木工程领域，混凝土建筑使用阶段的碳化参数体系较为健全，但对于建筑拆除阶段（拆除方式、暴露时间、废弃混凝土拆除粒径）、掩埋混凝土（建筑地基、道路、填埋处理的废弃混凝土）和水泥砂浆的碳化参数，目前国际上研究较少，应加强此方面的研究。对于建筑拆除阶段，应量化建筑拆除方式、暴露时间、废弃混凝土粒级分布等因素对碳化参数的影响，并确定相应的碳化参数。建筑地基、道路、废弃混凝土大部分处于埋藏条件，应加强土壤呼吸和土壤 CO_2 浓度对用于地基、路基和填埋处理的废弃混凝土碳汇的影响研究，并明确不同条件的碳化参数。水泥砂浆的使用量较大，国际上水泥砂浆碳汇的研究较少，应加强水泥砂浆碳化参数的研究，进一步优化完善水泥碳汇核算方法。

7.2　发挥水泥碳汇生态效益

混凝土建筑的生态效益主要体现在水泥的低碳排放及混凝土的高碳吸收两方面。现代混凝土从传统混凝土的高能耗、低能效、高污染的建筑材料，逐渐向绿色、生态与低碳、碳负性（carbon negative）水泥制品转变，如何合理利用混凝土的固碳作用来获取最高的生态效益，也是建筑工作者们即将面临的新挑战。

为响应全球应对气候变化和节能减排的号召，世界各国积极研制环保型生态水泥，让水泥从排放 CO_2 的源头变成吸收 CO_2 的有力武器。在减少 CO_2 排放方面，日本等发达国家利用炉渣和废弃颗粒代替石灰石，能够减少80%左右的 CO_2 排放量（周一妍，2009）。再有，混凝土建筑达到其使用年限后需进行破碎拆除，其过程会产生大量的废弃混凝土，通常采用露天堆放或填埋的方式进行处理，从而导致环境污染（王有为等，2006）。再生混凝土技术是将废弃的破碎混凝土进行等级划分，再按比例配比成新混凝土骨料的技术，能够解决废弃混凝土处理引发的环境问题，并满足新混凝土骨料的生产需求，节约资金与能源。粉煤灰混凝土技术将粉煤灰矿物掺和料加入混凝土中，目前，粉煤灰的掺量从起初建议的 15%～20%，增加到25%～35%，并最终高达 50%以上（刘子全等，2008）。以大量的粉煤灰取代硅酸盐水泥制备混凝土，一方面有效地减少了水泥的消耗量，进而大大减少了水泥工业产生的温室气体的排放；另一方面，火力发电厂排放的大量烟尘得到了妥善处置，避免了直接排放引起的大气污染；更重要的是，随着粉煤灰掺量的增加，混凝土的工作性、耐硫酸盐腐蚀性均得以显著提高或改善（胡勇虎等，2013）。透光混凝土技术将光导纤维添加到混凝土中能够制造出半透明的效果，能够使可见光从室外直接射入室内，从而改善建筑室内的光环境，减少照明。上海世界博览会意大利馆运用了透光混凝土技术，可见光通过透光混凝土射入室内可代替大部分室内房间的人工照明，从而节约能源（陈瑶，2011）。泡沫混凝土（foam concrete）是指用物理方法将泡沫剂（发泡剂、微沫剂）水溶液制备成微小泡沫，再将泡沫引入包含混凝土胶凝材料、骨料、掺合料、外加剂和水等制成的料浆中，经搅拌、成型、养护而成的轻质多孔材料（肖建庄等，2008）。由于所形成的材料孔隙微小封闭、分布均匀，使得泡沫混凝土具有比普通混凝土低得多的导热系数、高得多的比热容和热阻，特别适宜用作建筑物的围护构件（如墙体、屋面板），可大大提高建筑物的节能效果。绿色混凝土技术这一代表混凝土未来发展趋势和方向的新概念逐渐兴起，主要体现在地方特色材料、工业副产品和废料的利用，废弃混凝土的回收再生，水泥生产成本的降低，水泥和混凝土工业中温室气体的减排，水泥替代材料的开发以及混凝土耐久性的提高等。

在增加 CO_2 吸收方面，美国的卡利拉公司利用发电厂排放的 CO_2 与盐水或海水混合制作碳酸盐，可取代石灰石加入水泥中（马贵，2007）。英国的 Novacem 公司采用镁硅酸盐代替石灰岩，使其具有可回收性及耐腐蚀性，制造过程中具有能耗小、碳吸收大的特点，在总体上呈现出"碳源小于碳汇"的趋势，为"碳负性"，生产 1t 传统的石灰石水泥会释放 0.8t 的 CO_2，生产 1t "碳负性"水泥会产生 0.5t 的 CO_2，碳化过程中却能吸收 0.6t 的 CO_2，即每生产 1t "碳负性"水泥就有 0.1t

的 CO_2 被吸收（史春树，2012；徐东旭，2014）（图7-1）。西班牙加泰罗尼亚理工大学研制了一种适合藻类、菌类和藓类生长但又不破坏墙体结构的有机生物混凝土，该混凝土用于建筑外墙，能够美化墙体、提高建筑的保温性能，并吸收 CO_2（专利之家，2012）。2012 年日本鹿岛公司首次在中野中央公园住宅楼中使用了吸收 CO_2 的混凝土"CO_2-SUICOM"。据计算，建筑中采用"CO_2-SUICOM"混凝土可达到 264 kg/m^3 的 CO_2 减排效果，与"碳负性"水泥同理，"CO_2-SUICOM"混凝土的实际排放量低于零，其 CO_2 吸收量超过其排放量，原因在于该混凝土加入了能够与 CO_2 发生反应的特殊材料用以吸收 CO_2（专利之家，2012）。此外，混凝土中含有大量的钙、铝和铁，三种元素对磷有凝固作用。据数据显示，粉碎的混凝土固磷率高达 90%，拆除后的碎混凝土垃圾转变成了有利于环境的宝贵资源（沛县环境保护局，2011）。

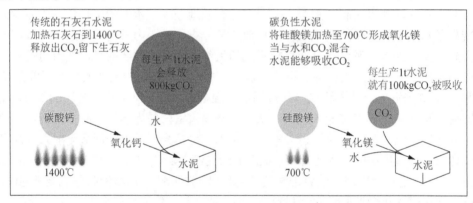

图7-1　普通水泥与"碳负性"水泥生产过程中碳排量对比示意图（徐东旭，2014）

鉴于不同水泥材料在不同环境条件下的碳汇功能存在差异，应加强先进水泥生产技术和先进水泥材料及水泥使用方法的研究，使其充分发挥碳汇作用，吸收更多的 CO_2。中国也应大力引进和研发减少水泥生产 CO_2 排放和增加 CO_2 吸收方面的先进技术。此外，未来政府部门也应出台相关政策鼓励企业生产新型水泥材料，鼓励更多人消费使用具有 CO_2 吸收功能的新型水泥材料。

7.3　分析水泥碳汇对城市碳循环的影响

本书核算了中国及全球水泥材料碳汇量并分析了其在碳失汇中的贡献比例。根据水泥材料的碳汇量，未来应提出改进《2006 年 IPCC 国家温室气体清单指南》水泥行业碳排放的部分原则和方法，优化全球碳排放权的分配原则的具体方案，为中国水泥行业应对气候变化谈判提供科学依据。水泥材料碳汇功能及其对生态系统影响问题,早在约20年前生物圈2号大型科学实验失败原因总结中就被提出,"动植物呼吸释放的 CO_2 逐渐被混凝土建筑吸收,生成碳酸钙,导致植物光合作用不足,氧气产生不足,直至整个系统崩溃"(Severinghaus et al.,1994)。这充分说明了水泥材料碳汇对生态系统和碳循环具有重要影响,应加强水泥材料碳汇功能对城市碳循环影响的分析。城市面积仅占全球陆地表面的 1%~2%,却是水泥消费最集中的区域,然而至今鲜有学者从生态学和气候变化角度阐述水泥材料碳汇功能对城市碳循环及全球碳循环的影响。因此,在当今快速城市化及全球变暖的背景下,应加强水泥材料碳汇功能对城市碳循环的影响研究,明确其影响机制,促进城市碳循环学科发展。

7.4 水泥等矿物的碳封存技术研发与产业化

为实现可持续发展,树立负责任大国形象,中国坚持走低碳发展道路,积极推动气候变化国际谈判。碳捕捉和碳封存是应对气候变化的重要途径。世界银行报告显示,预计到2050年,碳封存将贡献14%~19%的 CO_2 减排量。IPCC 将碳封存分为三种方式:地质封存、海洋封存和矿物封存。矿物封存是一个无泄露、容量大、环保友好的长期 CO_2 封存方法(Azdarpour et al., 2015)。加强水泥等矿物质材料和废弃物的碳封存技术研究与产业化示范,对中国实现低碳发展、构建气候变化谈判话语权、占领碳封存技术制高点有重要战略意义。

7.4.1 水泥等矿物的碳封存技术研发与产业化缺乏的不利影响

(1)我国碳排放总量被高估。由于水泥等碱性矿物 CO_2 吸收没有科学的量化方法,我国大量矿物封存的 CO_2 未被核算,碳排放总量被高估。以水泥为例,我国水泥的生产和消费量占全球的一半以上,我国水泥生产过程的 CO_2 排放占我国总排放量的比例高达11%。然而,水泥材料在使用过程中,又不断吸收外界的 CO_2,其碳吸收一直没有得到科学量化。第5章研究结果显示水泥材料有巨大的 CO_2 封存能力,水泥生产过程排放的 CO_2 大约43%被使用后的水泥材料吸收并封存(Xi et al., 2016)。但是我国水泥材料 CO_2 封存量未被核算到碳汇中,导致我国水泥行业碳排放被高估近50%,我国碳排放总量被高估5%。

(2)不利于应对气候变化国际谈判。我国在国际气候变化谈判面临巨大压力,缺乏支撑谈判的科学数据是重要原因之一。我国的水泥等矿物质材料 CO_2 矿物封存量和封存能力一直没有得到科学量化,导致我国在 CO_2 矿物封存领域的碳减排量缺乏科学数据支撑,矿物封存的大量 CO_2 未得到国际社会的认可,直接影响我国应对气候变化谈判的主动权。水泥等矿物质材料和废弃物 CO_2 封存理论和技术的科研投入较低，也将使我国失去 CO_2 矿物封存产业化发展契机。

（3）不利于争夺国际话语权。发达国家一直主导温室气体清单编制方法学的话语权，一些方法学对我国十分不利。我国很多行业缺乏碳排放因子和方法学。发达国家一直使用 IPCC 缺省排放因子核算我国碳排放量，导致我国碳排放量被高估比例达 14%（Liu et al., 2015）；《2006 年 IPCC 国家温室气体清单指南》（Eggleston et al., 2006）的方法学有缺陷，没有考虑水泥材料碳化的碳封存，我国 CO_2 矿物封存未被量化，碳排放高估比例超过 5%。虽然我国矿业活动产生的碱性矿物具有较大的碳封存能力，但是一直缺乏科学量化的方法学。如果我国缺失在 CO_2 矿物封存方法学制定的主导权，将十分不利于我国争夺碳捕捉和碳封存的话语权。

7.4.2   加强水泥等矿物的碳封存技术研发与产业化的对策

我国需加强水泥等矿物质材料碳封存理论方法研究，为气候变化谈判提供科学依据。我国水泥等矿物质材料封存的 CO_2 数量巨大，但一直未被重视和量化。例如，第 5 章结果显示我国 2013 年水泥材料 CO_2 封存量占碳排放总量的 5%，但一直未被发现和重视。除水泥材料外，钢铁、石灰、电石、采矿等产业活动产生大量的具有 CO_2 封存能力的矿物（Harrison et al., 2013; Siriwardena and Peethamparan, 2015），其每年的 CO_2 封存量尚未被量化。因此，我国急需加强 CO_2 矿物封存的理论方法研究，建立各类矿物材料 CO_2 封存核算方法学；量化当前和未来我国各类矿物的 CO_2 封存量，为我国气候变化谈判提供科学数据。组建 CO_2 矿物封存专家组，向 IPCC 提出修改《2006 年 IPCC 国家温室气体清单指南》（Eggleston et al., 2006）编制方法学缺陷的申请，争取我国 CO_2 矿物封存量得到国际社会认可，并计算到我国碳汇中，抵消我国 CO_2 排放，可使我国每年总排放量降低比例达 5%～10%。

加快水泥等矿物质材料的 CO_2 封存的技术研发，推动产业化示范工程建设。利用水泥等矿物质材料进行 CO_2 矿物封存技术的市场前景广阔。我国急需加快 CO_2 矿物封存技术研发和产业化示范工程建设。如果出现 CO_2 矿物封存的关键技术被国外机构控制和垄断，就会导致我国在技术应用中处于产业链下游，支付高额技术成本。我国应加强技术研发和产业化投入，占领产业先机，实现向全球输出 CO_2 矿物封存技术和装备的目标。我国应加强 CO_2 矿物封存的材料筛选、核心装备研发、示范工程建设和产业化推广。重点在废弃混凝土（Ashraf, 2016）、钢渣（Siriwardena and Peethamparan, 2015）、粉煤灰（Polettini et al., 2016）、尾矿（Harrison et al., 2013）等大宗矿物循环利用领域应用碳封存技术，建设示范工程。政府出台相关政策，将 CO_2 矿物封存量引入碳交易体系，通过碳金融手段推动 CO_2

矿物封存技术和产业发展。

发起 CO_2 矿物封存的国际学术组织，增强国际影响力和话语权。IPCC 等国际学术组织对于温室气体清单编制方法学制定和国际气候谈判有重要影响力（董亮和张海滨, 2014）。我国应尽快筹划建立 CO_2 矿物封存研究的国际学术组织，立项组织全球相关领域专家共同研究利用水泥等矿物质材料进行 CO_2 封存的技术和方法，推动以我国科学家为主导的相关方法学建设，增强国际影响力，争取该领域的国际话语权。我国应加大资金投入，推荐和鼓励更多的中国专家参与到国际学术组织和国际机构中，培育和主导新兴的国际学术组织，争取发表更多中国声音。

参 考 文 献

陈瑶. 2011. 浅谈上海世博会上的新型混凝土建筑. 山西建筑, 37(3): 104-105.

董亮, 张海滨. 2014. IPCC 如何影响国际气候谈判——一种基于认知共同体理论的分析. 世界经济与政治, (8):64-83.

胡勇虎, 江晨晖, 杨杨. 2013. 新型混凝土技术与建筑节能. 浙江建筑, 30(4): 52-54.

刘子全, 王波, 李兆海, 等. 2008. 泡沫混凝土的研究开发进展. 混凝土, 12: 2 4-26.

马贵. 2007. 建筑细部设计研究. 重庆: 重庆大学建筑城规学院.

沛县环境保护局. 2011. 废弃混凝土可二次利用保护环境. http://www.jshb.gov.cn:8080/pub/pxhb/xwzx_1/gngj/201308/ t20130830_243341.html[2017-11-6].

史春树. 2012. 绿色水泥: 不是零碳而是负碳. 环境与生活, (2-3): 69-72.

王有为, 韩继红, 曾捷, 等. 2006. 绿色建筑评价标准(GB/T50378—2006). 北京: 中国建筑工业出版社.

周一妍. 2011. 吸收二氧化碳的水泥. http://www.360doc.com/content/11/1103/09/7197533_161269995.shtml[2017-11-6].

专利之家. 2012. 适合藻类生长的有机生物混凝土. http://www.patent-cn.com/2012/12/28/78000.shtml[2018-3-19].

Ashraf W. 2016. Carbonation of cement-based materials: Challenges and opportunities. Construction and Building Materials, 120: 558-570.

Azdarpour A M, Asadullah E, Mohammadian H, et al. 2015. A review on carbon dioxide mineral carbonation through pH-swing process. Chemical Engineering Journal, 279: 615-630.

Harrison A L, Power I M, Dipple G M. 2013. Accelerated carbonation of brucite in mine tailings for carbon sequestration. Environmental Science & Technology, 47(1): 126-134.

Liu Z, Guan D B, Wei W, et al. 2015. Reduced carbon emission estimates from fossil fuel combustion and cement production in China. Nature, 524(7565): 335-338.

Polettini A, Pomi R, Stramazzo A. 2016. Carbon sequestration through accelerated carbonation of BOF slag: Influence of particle size characteristics. Chemical Engineering Journal, 298: 26-35.

Severinghaus J P, Broecker W S, Dempster W F, et al. 1994. Oxygen loss in Biosphere 2. Eos Transactions American Geophysical Union, 75（3）: 33-37.

Siriwardena D P, Peethamparan S. 2015. Quantification of CO_2 sequestration capacity and carbonation rate of alkaline industrial byproducts. Construction and Building Materials, 91: 216-224.

Xi F M, Davis S J, Ciais P, et al. 2016. Substantial global carbon uptake by cement carbonation. Nature Geoscience, 9(12): 880-883.

后　记

本书即将付印，作者向本书撰写过程中给予大力支持和帮助的各有关单位和各位专家、同事和同学们表示最衷心的感谢。

感谢国家自然科学基金委员会、中国科学院、沈阳建筑大学、中南大学、东北大学、同济大学、沈阳农业大学、中国航天建设集团有限公司、四川省城乡规划设计研究院、辽宁省本溪市城乡规划建设委员会、贵州省贵阳市城乡规划建设委员会、黑龙江省城市规划勘测研究院、安徽省建筑设计研究院、沈阳药科大学、美国地质调查局、欧洲预拌混凝土组织、二氧化碳信息分析中心、加州大学尔湾分校等单位给予数据、资金、人员的支持。

感谢中国科学院沈阳分院姬兰柱研究员、中国科学院植物研究所韩兴国研究员、沈阳建筑大学刘亚臣教授、李丽红教授、闫勇硕士、徐东旭硕士，沈阳农业大学吕杰教授、王志刚博士，中南大学徐荫硕士、刘强硕士，东北师范大学贺红士教授，国惠环保新能源有限公司陈坚总裁，英国东安格利亚大学 Annela Anger博士，英国剑桥大学 Margaret Thorley 博士、Jose Andres Vallejo-Bermeo 教授，英国利兹大学 Philip Purnell 教授，中国科学院沈阳应用生态研究所胡远满研究员、台培东研究员、陈欣研究员、贾永峰研究员、区域低碳发展研究组全体师生，特别是尹岩助理研究员对数据收集以及本书撰写过程中给予的建议和帮助。

感谢 *Nature Geoscience* 论文 "substantial global carbon uptake by cement carbonation" 的合作者加州大学 Steven J. Davis 教授、法国国家科学研究中心 Philippe Ciais 教授、剑桥大学 Douglas Crawford-Brown 教授、东英吉利大学关大博教授、丹麦科技研究院 Claus Pade 教授、剑桥大学 Mark Syddall 助理教授、中国科学院低碳转化科学与工程重点实验室魏伟研究员、京畿大学 Keun-Hyeok Yang 教授、瑞典水泥与混凝土研究所 Björn Lagerblad 教授、英国阿伯丁大学 Isabel Galan 博士、西班牙国家研究委员会爱德华托罗哈建设科学研究所 Carmen Andrade 教授、沈阳药科大学张莹副教授的大力支持。本书以 2016 年发表在 *Nature Geoscience* 的论文为基础，梳理、丰富和细化了核心研究内容，系统论述了创新性的研究成果。

本书在撰写过程中，学习和借鉴了国内外多位学者的研究成果，为此，我们努力收集详尽列在各章节的参考文献中，但难免有所疏漏，敬请各位专家多多理解，还望不吝赐教，多指正。

本书得到国家自然科学基金（41473076；41603068；41501605）、中国科学院青年创新促进会（2016180）和中国科学院国际人才计划项目（2017VCB0004）的资助。

　　最后，作为第一作者，我衷心感谢中国科学院沈阳应用生态研究所的各位领导、同事和同学们长期以来对我们在工作、学习和生活中的大力支持。特别感谢父母的辛勤培养和教育，感谢夫人徐萌在工作和生活中给予的大力支持和无微不至的关怀，感谢女儿郗妍开带给我们的开心快乐。

　　谨以本书献给关注气候变化的所有人。

郗凤明

2018 年 3 月

公式符号与缩略语

公式符号:

f_c: 混凝土的轴心抗压强度

f_t: 混凝土的抗拉强度

C_u: 水泥总碳汇

$\sum_{Con}$: 混凝土水泥碳汇

$\sum_{Mor}$: 水泥砂浆碳汇

$\sum_{Waste}$: 建筑损失水泥碳汇

$\sum_{CKD}$: 水泥窑灰碳汇

$C_l^{t_l}$: 建筑使用阶段 t_l 年混凝土累积碳汇

$C_d^{t_d}$: 建筑拆除阶段 t_d 年混凝土累积碳汇量

$C_s^{t_s}$: 建筑垃圾处理与回用阶段 t_s 年废弃混凝土累积碳汇量

k_{li}: 混凝土碳化速率系数

β_{csec}: 暴露环境影响系数

β_{ad}: 添加剂影响系数

β_{CO_2}: CO_2 浓度影响系数

β_{cc}: 覆盖层影响系数

i: 混凝土强度等级

d_i: i 强度等级混凝土的碳化深度

t_l: 混凝土建筑使用阶段的时间

V_i: 建筑使用阶段碳化的 i 强度等级混凝土体积

A_i: 建筑使用阶段混凝土暴露表面积

W_{li}: i 强度等级混凝土在建筑使用阶段碳化的水泥质量

C_i: 不同强度等级的混凝土中水泥用量

$C_{clinker}$: 水泥中水泥熟料的比例

f_{CaO}: 水泥熟料中 CaO 的比例

γ: 混凝土 CaO 完全碳化为 $CaCO_3$ 的比例

M_γ: C 元素与 CaO 的比例

$C_l^{t_l}$：建筑使用阶段 t_l 年混凝土累积碳汇量

$C_l^{(t_l-1)}$：建筑使用阶段（t_l-1）年混凝土累积碳汇量

$\Delta C_l^{t_l}$：建筑使用阶段第 t_l 年的年碳汇量

F_{di}：建筑拆除阶段 i 强度等级的废弃混凝土的碳化比例

D_{0i}：i 强度等级的废弃混凝土碎块完全碳化的最大粒径

t_d：建筑拆除阶段的时间

D：建筑拆除阶段的废弃混凝土碎块的粒径

a：建筑拆除阶段的废弃混凝土碎块在给定范围内的最小粒径

b：建筑拆除阶段的废弃混凝土碎块在给定范围内的最大粒径

W_{di}：i 强度等级的混凝土在建筑拆除阶段碳化的水泥质量

W_{ci}：用于 i 强度等级混凝土的水泥总质量

W_d：建筑拆除阶段碳化的混凝土水泥质量

$C_d^{t_d}$：建筑拆除阶段混凝土水泥碳汇量

d_{di}：i 强度等级的混凝土在建筑拆除阶段的碳化深度

k_{di}：建筑拆除阶段 i 强度等级混凝土暴露空气环境下的碳化速率系数

t_{di}：建筑拆除阶段 i 强度等级混凝土达到碳化深度 d_{di} 所用时间

d_{si}：i 强度等级的混凝土在建筑垃圾处理与回用阶段的碳化深度

k_{si}：建筑垃圾处理与回用阶段 i 强度等级混凝土埋藏环境下的碳化速率系数

t_{si}：建筑垃圾处理与回用阶段 i 强度等级混凝土埋藏环境下碳化深度 d_{di} 所用时间

Δt_i：埋藏环境下比暴露空气环境下在达到相同碳化深度 d_{di} 的滞后时间

d_{ti}：建筑拆除阶段与建筑垃圾处理与回用阶段总的碳化深度

D_{li}：建筑拆除阶段与建筑垃圾处理与回用阶段的 i 强度等级废弃混凝土碎块完全碳化的最大粒径

F_{si}：建筑垃圾处理与回用阶段 i 强度等级废弃混凝土的碳化比例

W_{si}：建筑垃圾处理与回用阶段 i 强度等级的混凝土的水泥质量

$C_s^{t_s}$：建筑垃圾处理与回用阶段 t_s 年废弃混凝土累积碳汇量

$C_s^{(t_s-1)}$：建筑垃圾处理与回用阶段（t_s-1）年废弃混凝土累积碳汇量

$\Delta C_s^{t_s}$：建筑垃圾处理与回用阶段第 t_s 年废弃混凝土年碳汇量

C_{rpt}：抹灰水泥砂浆碳汇量

C_{rmt}：维修和护理砂浆碳汇量

C_{rmat}：砌筑砂浆碳汇量

d_{rp}：抹灰砂浆碳化深度

K_m：砂浆碳化速率系数

d_{rpt}：抹灰砂浆 t 年的碳化深度

$d_{rp(t-1)}$：抹灰砂浆（$t-1$）年的碳化深度

d_{Tpt}：抹灰砂浆使用厚度

f_{rpt}：抹灰砂浆第 t 年的年碳化比例

W_m：用于砂浆的水泥质量

r_{rp}：用于水泥抹灰砂浆的比例

γ_1：水泥砂浆 CaO 完全碳化为 $CaCO_3$ 的比例

d_{rm}：维修和护理砂浆的碳化深度

d_{rmt}：维修和护理砂浆在 t 年的碳化深度

$d_{rm(t-1)}$：维修和护理砂浆在($t-1$)年的碳化深度

d_{Trm}：维修和护理砂浆的使用厚度

f_{rmt}：维修和护理砂浆第 t 年的年碳化比例

C_{rmt}：用于维修和护理砂浆的碳汇量

r_{rr}：用于维修和护理砂浆的水泥比例

C_{mbt}：具有两面抹灰的砌筑砂浆墙的碳汇量

C_{mot}：具有一面抹灰的砌筑砂浆墙的碳汇量

C_{mnt}：不具有抹灰的砌筑砂浆墙的碳汇量

d_{mb}：具有两面抹灰的砌筑砂浆的累积碳化深度

t_r：抹灰砂浆在 d_{Trp} 厚度完全碳化所需的时间

d_{Trp}：砌筑砂浆墙抹灰厚度

f_{mbt}：用于具有两面抹灰的砌筑砂浆在第 t 年的年碳化比例

d_{mbt}：具有两面抹灰的砌筑砂浆在 t 年的累积碳化深度

$d_{mb(t-1)}$：具有两面抹灰的砌筑砂浆在（$t-1$）年的累积碳化深度

d_w：砌筑砂浆墙厚度

$d_{mbt_{sl}}$：具有两面抹灰的砌筑砂浆在服务期（t_{sl}）的累积碳化深度

C_{mbt}：具有两面抹灰的砌筑砂浆在 t 年内的年碳汇量

r_{rm}：用于砌筑砂浆的比例

r_b：用于两面抹灰的砌筑砂浆比例

d_{mo}：具有一面抹灰的砌筑砂浆的累积碳化深度

f_{mot}：用于具有一面抹灰的砌筑砂浆的年碳化比例

d_{mot}：具有一面抹灰的砌筑砂浆在 t 年的累积碳化深度

$d_{mo(t-1)}$：具有一面抹灰的砌筑砂浆在（$t-1$）年的累积碳化深度

$d_{mot_{sl}}$：具有一面抹灰的砌筑砂浆在服务期（t_{sl}）的累积碳化深度

C_{mot}：具有一面抹灰的砌筑砂浆在 t 年内的年碳汇量

r_o：用于一面抹灰的砌筑砂浆比例

d_{mn}：不具有抹灰的砌筑砂浆的累积碳化深度

f_{mnt}：用于不具有抹灰的砌筑砂浆在 t 年的年碳化比例

d_{mnt}：不具有抹灰的砌筑砂浆在 t 年的累积碳化深度

$d_{mn(t-1)}$：不具有抹灰的砌筑砂浆在（$t-1$）年的累积碳化深度

$d_{mnt_{sl}}$：不具有抹灰的砌筑砂浆在服务期（t_{sl}）的累积碳化深度

C_{mnt}：不具有抹灰的砌筑砂浆在 t 年内的年碳汇量

r_n：用于不具有抹灰的砌筑砂浆比例

$C_{wastecon}$：建筑损失混凝土碳汇量

$C_{wastemor}$：建筑损失砂浆碳汇量

f_{con}：建筑阶段用于混凝土水泥的损失率

r_{cont}：建筑阶段损失混凝土年碳化比例

W_{mi}：i 强度等级的砂浆的水泥质量

f_{mor}：建筑阶段用于水泥砂浆的的损失率

r_{mor}：建筑阶段损失砂浆年碳化比例

W_i：i 地区水泥产量

r_{CKD}：基于水泥熟料的水泥窑灰产生率

$r_{landfill}$：用于垃圾填埋处理的水泥窑灰比例

$f_{1_{CaO}}$：水泥窑灰中 CaO 比例

γ_2：水泥窑灰中 CaO 完全碳化为 $CaCO_3$ 的比例

缩略语：

AIMES：地球系统分析综合与模拟计划

$CaCO_3$：碳酸钙

CaO：氧化钙

CO_2：二氧化碳

CH_4：甲烷

C_3S：硅酸三钙

C_2S：硅酸二钙

C_3A：铝酸三钙

C_4AF：铁铝四钙

CH：氢氧化钙

DIC：溶解无机碳

DOC：溶解有机碳

CBMA：中国建筑材料科学研究总院

CBCSD：中国可持续发展工商理事会

CCDMF：中国清洁发展机制基金

CDIAC：二氧化碳信息中心

CSI：水泥可持续发展倡议

CCS：碳捕集与封存

DTA：差热分析

DSC：差示扫描量热

ERMCO：欧洲预拌混凝土组织

ESEM：环境扫描电镜

EIA：美国能源信息署

EPMA：电子探针显微分析仪

BEI：背散射电子图像

EDGAR：全球气候研究数据库

FTIR：红外光谱

GDP：国民生产总值

IPCC：联合国政府间气候变化专门委员会

IGSNRR, CAS：中国科学院地理科学与自然资源研究所

IGBP：国际地圈生物圈计划

IGCP：国际地球科学计划

ISO：国际标准化组织

IEA：国际能源署

IMAGES：国际海洋全球变化合作研究

LCA：生命周期评价

MgO：氧化镁

N_2O：氧化亚氮

NEP：净生态系统生产力

NPP：净初级生产力

NMR：核磁共振

OACES：海洋大气碳交换研究

POC：颗粒有机碳

PCA：美国波特兰水泥协会

SR：土壤呼吸

SEM：扫描电镜

SETAC：国际环境毒理学和化学学会

TGA：热重分析

USGS：美国地质调查局

USBS：美国标准局

UNFCCC：联合国气候变化框架公约

WCRP：世界气候研究计划

XRD：X 射线衍射

X-CT：X 射线断层扫描技术

附录 1 水 泥 产 量

附表 1.1 不同国家或地区 1930～2013 年水泥产量

（单位：Mt）

地区	1930 年	1931 年	1932 年	1933 年	1934 年	1935 年	1936 年	1937 年	1938 年	1939 年	1940 年	1941 年	1942 年	1943 年	1944 年	1945 年	1946 年
美国	27.80	21.60	13.17	10.91	13.37	13.26	19.40	20.14	18.28	21.27	22.64	28.47	31.61	23.07	15.72	17.79	28.40
中国	0.45	0.48	0.19	0.27	0.23	0.20	0.45	0.80	0.82	1.34	1.45	1.19	1.57	1.54	1.18	0.43	0.21
欧洲	35.18	37.15	27.59	27.77	33.75	37.73	38.64	42.83	47.05	49.13	42.65	40.15	34.08	35.93	24.21	19.05	31.02
其他国家	7.54	12.98	8.36	9.26	10.95	14.21	4.31	18.94	19.75	21.26	14.25	18.19	13.64	10.66	13.80	12.24	12.87
全球	70.97	72.21	49.30	48.20	58.30	65.40	62.80	82.70	85.90	93.00	81.00	88.00	80.90	71.20	54.90	49.50	72.50

地区	1947 年	1948 年	1949 年	1950 年	1951 年	1952 年	1953 年	1954 年	1955 年	1956 年	1957 年	1958 年	1959 年	1960 年	1961 年	1962 年	1963 年
美国	32.31	35.63	36.31	39.27	42.55	43.09	45.65	47.05	53.71	56.87	53.51	55.66	60.67	56.99	57.75	60.02	62.83
中国	0.61	0.77	1.22	0.43	1.30	2.05	3.88	4.60	4.50	6.42	6.81	9.30	12.27	13.50	10.00	9.00	10.00
欧洲	37.68	48.10	56.82	65.72	75.82	83.73	92.33	100.02	113.25	119.21	126.87	134.48	152.16	167.75	184.57	197.66	208.22
其他国家	15.20	17.51	20.65	27.58	29.34	32.13	36.13	43.23	45.84	52.90	59.71	63.06	69.20	78.26	80.88	91.82	96.95
全球	85.80	102.00	115.00	133.00	149.00	161.00	178.00	194.90	217.30	235.40	246.90	262.50	294.30	316.50	333.20	358.50	378.00

地区	1964 年	1965 年	1966 年	1967 年	1968 年	1969 年	1970 年	1971 年	1972 年	1973 年	1974 年	1975 年	1976 年	1977 年	1978 年	1979 年	1980 年
美国	65.73	66.32	68.52	65.81	70.27	71.06	67.68	73.67	75.91	79.43	75.18	63.24	67.57	72.61	77.53	77.91	69.58
中国	10.50	11.10	11.13	8.15	9.26	10.25	10.23	12.25	14.22	25.00	25.00	30.02	58.04	65.97	76.68	85.78	95.44
欧洲	232.34	243.57	260.10	272.77	281.04	292.39	316.21	329.75	346.51	364.98	369.81	370.05	382.70	393.58	403.35	401.20	404.91
其他国家	107.03	112.41	124.44	133.08	154.63	169.40	177.68	174.33	224.35	232.59	233.21	238.89	227.09	264.94	295.43	307.51	313.18
全球	415.60	433.40	464.20	479.80	515.20	543.10	571.80	590.00	661.00	702.00	703.20	702.20	735.40	797.10	853.00	872.40	883.10

续表

地区	1981年	1982年	1983年	1984年	1985年	1986年	1987年	1988年	1989年	1990年	1991年	1992年	1993年	1994年	1995年	1996年	1997年
美国	66.15	58.36	64.71	71.38	71.53	72.48	72.11	70.97	71.25	71.30	68.47	70.88	75.12	79.35	78.32	80.82	84.26
中国	83.98	94.05	108.23	121.06	142.49	161.45	179.59	203.17	206.80	203.17	252.61	308.22	367.88	421.18	445.61	491.19	511.73
欧洲	391.61	383.79	387.51	378.25	376.54	376.96	380.72	386.61	392.73	383.50	364.95	323.62	289.95	280.12	273.48	251.83	260.42
其他国家	344.96	351.20	356.15	370.42	368.85	397.11	420.59	457.25	371.22	381.11	498.98	450.41	559.46	589.34	647.59	669.16	690.59
全球	886.7	887.4	916.6	941.1	959.4	1008.0	1053.0	1118.0	1042.0	1039.1	1185.0	1153.1	1292.4	1370.0	1445.0	1493.0	1547.0

地区	1998年	1999年	2000年	2001年	2002年	2003年	2004年	2005年	2006年	2007年	2008年	2009年	2010年	2011年	2012年	2013年
美国	85.52	87.78	89.51	90.45	91.27	94.33	99.02	100.90	99.71	96.85	87.61	64.84	67.18	67.90	74.15	77.20
中国	536.00	573.00	583.19	661.04	725.00	862.08	970.00	1038.30	1236.77	1361.17	1400.00	1644.00	1880.00	2000.00	2209.84	2416.14
欧洲	263.33	270.71	278.36	290.91	294.81	308.59	326.52	376.71	369.85	391.71	363.65	307.01	305.70	310.24	296.36	306.85
其他国家	655.14	668.52	708.94	707.60	738.92	755.00	794.47	834.09	913.67	970.27	998.74	1014.14	1057.12	1231.86	1219.65	1199.81
全球	1540.00	1600.00	1660.00	1750.00	1850.00	2020.00	2190.00	2350.00	2620.00	2820.00	2850.00	3030.00	3310.00	3610.00	3800.00	4000.00

资料来源：USGS，2014

附录 2　用于混凝土和砂浆的水泥比例

附表 2.1　中国混凝土和砂浆利用比例调查数据

	1980年	1981年	1982年	1983年	1984年	1985年	1986年	1987年	1988年	1989年	1990年	1991年	1992年	1993年	1994年	1995年	1996年	最大值	最小值	平均值
用于混凝土的水泥年均比例/%	67.2	71.5	69.1	72.2	71.1	71.3	72.1	68.6	68.1	69.9	70.2	70.2	68.9	71.1	69.6	69.6	70.2	72.2	67.2	69.7
	1997年	1998年	1999年	2000年	2001年	2002年	2003年	2004年	2005年	2006年	2007年	2008年	2009年	2010年	2011年	2012年				
	69.6	69.0	69.5	71.8	72.0	71.5	70.4	70.8	71.0	69.0	71.6	71.0	70.5	70.6	71.8	71.9				
	1980年	1981年	1982年	1983年	1984年	1985年	1986年	1987年	1988年	1989年	1990年	1991年	1992年	1993年	1994年	1995年	1996年	最大值	最小值	平均值
用于砂浆的水泥年均比例/%	32.8	28.5	30.9	27.8	28.9	28.7	27.9	31.4	31.9	30.1	29.8	29.8	31.1	28.9	30.4	30.4	29.8	32.8	27.8	28.8
	1997年	1998年	1999年	2000年	2001年	2002年	2003年	2004年	2005年	2006年	2007年	2008年	2009年	2010年	2011年	2012年				
	30.4	31.0	30.5	28.2	28.0	28.5	29.6	29.2	29.0	31.0	28.4	29.0	29.5	29.4	28.2	28.1				

附表 2.2　美国混凝土和砂浆利用比例

	1975年	1976年	1977年	1978年	1979年	1980年	1981年	1982年	1983年	1984年	1985年	1986年	1987年	最大值	最小值	平均值
用于混凝土的水泥年均比例/%	86.8	87.2	86.8	86.5	86.0	87.9	88.6	88.6	88.3	88.8	89.3	89.4	89.8	90.8	70.0	86.0
	1988年	1989年	1990年	1991年	1992年	1993年	1994年	1995年	1996年	1997年	1998年	1999年	2000年			
	89.8	89.8	88.9	87.2	87.5	75.6	70.0	76.0	74.9	89.3	90.8	89.8	90.3			
	2001年	2002年	2003年	2004年	2005年	2006年	2007年	2008年	2009年	2010年	2011年					
	90.3	90.5	90.4	89.1	90.3	89.3	88.7	89.8	90.2	88.1	88.5					
	1975年	1976年	1977年	1978年	1979年	1980年	1981年	1982年	1983年	1984年	1985年	1986年	1987年	最大值	最小值	平均值
用于砂浆的水泥年均比例/%	13.2	12.8	13.2	13.5	14.0	12.1	11.4	11.4	11.7	11.2	10.7	10.6	10.2	30.0	9.2	12.5
	1988年	1989年	1990年	1991年	1992年	1993年	1994年	1995年	1996年	1997年	1998年	1999年	2000年			
	10.2	10.2	11.1	12.8	12.5	24.4	30.0	24.0	25.1	10.7	9.2	10.2	9.7			

续表

用于砂浆的水泥年均比例/%	2001年	2002年	2003年	2004年	2005年	2006年	2007年	2008年	2009年	2010年	2011年
	9.7	9.5	9.6	10.9	9.7	10.7	11.3	10.2	9.8	11.9	11.5

资料来源：USGS，2014

附表 2.3 欧洲混凝土和砂浆的水泥利用比例

年份	2003	2004	2005	2006	2007	2008	2009	2010	2011	2012	2013	最大值	最小值	平均值
用于混凝土的水泥比例/%	62.3	65.3	66.2	72.7	74.0	76.3	83.1	87.8	70.6	70.9	65.7	87.8	62.3	72.3
用于砂浆的混凝土比例/%	37.7	34.7	33.8	27.3	26.0	23.7	16.9	12.2	29.4	29.1	34.3	37.7	12.2	27.7

资料来源：ERMCO，2003—2013

附录 3 水泥窑灰的生产估算

附表 3.1 水泥窑灰的生产估算

（单位：Mt）

地区	1930年	1931年	1932年	1933年	1934年	1935年	1936年	1937年	1938年	1939年	1940年	1941年	1942年	1943年	1944年	1945年	1946年
美国	1.38	1.07	0.65	0.54	0.66	0.66	0.96	1.00	0.91	1.05	1.12	1.41	1.57	1.14	0.78	0.88	1.41
中国	0.02	0.02	0.01	0.01	0.01	0.01	0.02	0.04	0.04	0.07	0.07	0.06	0.08	0.08	0.06	0.02	0.01
欧洲	1.74	1.84	1.37	1.38	1.67	1.87	1.91	2.12	2.33	2.43	2.11	1.99	1.69	1.78	1.20	0.94	1.54
其他国家	0.37	0.64	0.41	0.46	0.54	0.70	0.21	0.94	0.98	1.05	0.71	0.90	0.68	0.53	0.68	0.61	0.64

地区	1947年	1948年	1949年	1950年	1951年	1952年	1953年	1954年	1955年	1956年	1957年	1958年	1959年	1960年	1961年	1962年	1963年
美国	1.60	1.76	1.80	1.95	2.11	2.13	2.26	2.33	2.66	2.82	2.65	2.76	3.01	2.82	2.86	2.97	3.11
中国	0.03	0.04	0.06	0.02	0.06	0.10	0.19	0.23	0.22	0.32	0.34	0.46	0.61	0.67	0.50	0.45	0.50
欧洲	1.87	2.38	2.81	3.26	3.76	4.15	4.57	4.95	5.61	5.90	6.28	6.66	7.54	8.31	9.14	9.79	10.31
其他国家	0.75	0.87	1.02	1.37	1.45	1.59	1.79	2.14	2.27	2.62	2.96	3.12	3.43	3.88	4.01	4.55	4.80

地区	1964年	1965年	1966年	1967年	1968年	1969年	1970年	1971年	1972年	1973年	1974年	1975年	1976年	1977年	1978年	1979年	1980年
美国	3.26	3.28	3.39	3.26	3.48	3.52	3.35	3.65	3.76	3.93	3.72	3.13	3.35	3.60	3.84	3.86	3.45
中国	0.52	0.55	0.55	0.40	0.46	0.51	0.51	0.61	0.70	1.24	1.24	1.49	2.88	3.27	3.80	4.25	4.73
欧洲	11.51	12.06	12.88	13.51	13.92	14.48	15.66	16.33	17.16	18.08	18.32	18.33	18.96	19.49	19.98	19.87	20.06
其他国家	5.30	5.57	6.16	6.59	7.66	8.39	8.80	8.63	11.11	11.52	11.55	11.83	11.25	13.12	14.63	15.23	15.51

地区	1981年	1982年	1983年	1984年	1985年	1986年	1987年	1988年	1989年	1990年	1991年	1992年	1993年	1994年	1995年	1996年	1997年
美国	3.28	2.89	3.21	3.54	3.59	3.57	3.52	3.52	3.53	3.53	3.39	3.51	3.72	3.93	3.88	4.00	4.17
中国	4.16	4.66	5.36	6.00	7.06	8.00	8.90	10.06	10.24	10.06	12.51	15.27	18.22	20.86	22.07	24.33	25.35
欧洲	19.40	19.01	19.19	18.74	18.65	18.67	18.86	19.15	19.45	19.00	18.08	16.03	14.36	13.88	13.55	12.47	12.90
其他国家	17.09	17.40	17.64	18.35	18.27	19.67	20.83	22.65	18.39	18.88	22.31	24.72	27.71	29.19	32.08	33.14	34.21

地区	1998年	1999年	2000年	2001年	2002年	2003年	2004年	2005年	2006年	2007年	2008年	2009年	2010年	2011年	2012年	2013年
美国	4.24	4.35	4.43	4.52	4.48	4.67	4.90	5.00	4.94	4.80	4.34	3.21	3.33	3.36	3.67	3.82
中国	26.55	28.38	28.89	35.91	32.74	42.70	48.05	51.43	61.26	67.42	69.34	81.43	93.12	99.06	109.46	119.68
欧洲	13.04	13.41	13.79	14.60	14.41	15.29	16.17	18.66	18.32	19.40	18.01	15.21	15.14	15.37	14.68	15.20
其他国家	32.45	33.11	35.12	36.60	35.05	37.40	39.35	41.31	45.26	48.06	49.47	50.23	52.36	61.02	60.41	59.43

注：数据基于水泥产量，IPCC 导则的熟料/水泥窑灰的平均生产率及水泥窑灰熟料的生产率(USEPA, 1993)计算获得

附录 4 混凝土利用类型和比例

附表 4.1 1997~2005 年美国混凝土利用类型

（单位：%）

混凝土利用类别	1997 年*	1998 年**	1999 年**	2000 年**	2003 年**	2005 年**	平均值
居住建筑	27	31	31	22	31	31	29
商业、工业建筑	22	18	18	19	10	10	16
水处理和固废处理	8	8	8	9	8	8	8
街道公路	26	26	26	32	32	33	29
公共建筑	9	8	8	8	6	6	8
农场	3	3	3	4	5	5	4
其他	6	5	5	6	6	6	6
公用事业	1	1	1	1	1	1	1

*数据来源于 Gajda, 2001
**数据来源于 Kapur et al., 2008; Low, 2005

附表 4.2 中国混凝土利用类型和比例

混凝土消费类型		混凝土利用比例/%
1）建筑		79.57
	工业建筑	11.83
	居住建筑	46.89
	办公建筑	6.71
	商业建筑	5.42
	教育、文化、科研建筑	4.58
	医院	0.80
	其他建筑	3.35
2）铁路、公路、隧道、桥梁		13.79
3）大坝、电站、码头		2.94
4）其他土木工程		3.69

资料来源：1996—2012 年的《中国建筑业统计年鉴》

附录 5 不同国家或地区混凝土强度等级分类

附表 5.1 美国混凝土强度等级分类

								最大值	最小值	平均值
≤C15/%	2001年	2002年	2003年	2004年	2005年	2006年	2007年	40.0	0.0	21.2
	10	0	40	40	40	5	5			
	2008年	2009年	2010年	2011年	2012年	2013年				
	5	5	5	40	40	40				
C16~C23/%	2001年	2002年	2003年	2004年	2005年	2006年	2007年	60.0	5.0	38.8
	50	5	25	25	25	60	60			
	2008年	2009年	2010年	2011年	2012年	2013年				
	60	60	60	25	25	25				
C23~C35/%	2001年	2002年	2003年	2004年	2005年	2006年	2007年	80.0	20.0	27.7
	30	80	25	25	25	20	20			
	2008年	2009年	2010年	2011年	2012年	2013年				
	20	20	20	25	25	25				
>C35/%	2001年	2002年	2003年	2004年	2005年	2006年	2007年	15.0	10.0	12.3
	10	15	10	10	10	15	15			
	2008年	2009年	2010年	2011年	2012年	2013年				
	15	15	15	10	10	10				

资料来源：ERMCO, 2001—2013; Nisbet, 2000; Low, 2005

附表5.2 中国混凝土强度等级分类

中国混凝土强度等级分类

来自1980~2012年的1144个调查数据

≤C15/%																						
0.0	15.7	0.0	16.0	8.8	100.0	84.7	87.7	80.5	2.1	1.9	5.9	0.0	0.0	15.3	0.0	8.4	13.4	9.8	10.8	25.0	10.7	58.9
10.9	9.2	17.0	0.0	0.0	18.8	18.6	40.3	0.0	0.0	65.3	90.2	16.6	92.3	0.0	82.0	0.0	0.0	28.0	21.8	22.0	21.1	92.3	64.7
15.7	16.8	11.9	4.3	10.8	7.4	0.0	0.0	23.2	66.2	86.1	0.0	23.8	100	100	71.8	0.0	0.0	11.3	94.5	0.0	69.1	0.0
0.7	3.3	21.1	17.1	28.0	16.7	6.5	18.5	14.0	13.7	17.2	2.2	9.0	16.7	18.0	20.4	0.0	0.0	13.9	19.3	10.5	12.3	20.0	17.8
9.3	13.3	16.7	8.9	11.1	3.6	18.1	9.9	10.0	11.6	10.2	1.8	7.3	12.1	3.4	7.0	1.5	18.2	20.8	5.8	6.8	11.1	9.6	15.6
12.5	7.9	11.7	2.9	2.5	7.0	9.6	0.0	6.8	6.4	14.2	12.1	5.6	13.7	12.0	0.0	8.9	16.3	4.9	10.3	11.3	22.3	0.0	7.6
0.4	10.0	15.2	0.0	13.9	37.4	13.4	11.5	17.5	16.5	0.0	12.1	8.0	12.4	8.9	14.2	0.0	9.2	16.1	7.7	0.0	10.5	0.0	12.8
10.0	14.2	13.9	16.1	12.7	6.3	7.0	13.5	9.0	9.2	10.5	9.6	13.1	14.5	7.9	0.7	0.0	16.6	4.6	17.9	10.4	14.0	18.3	23.3
7.4	0.0	19.9	6.8	7.0	6.8	15.8	15.2	16.4	15.1	10.0	15.3	12.2	4.2	14.1	19.8	18.7	8.5	3.5	0.0	6.0	11.5	15.9	9.9
18.7	12.9	11.8	10.5	6.8	5.8	14.6	14.2	20.3	27.0	16.3	12.4	14.6	6.0	0.0	7.6	11.8	7.7	7.4	10.1	34.5	2.5	13.9	0.0
10.6	8.5	10.6	11.3	16.1	11.5	3.0	20.1	17.0	21.9	14.3	17.5	9.6	12.3	15.5	9.8	21.0	10.4	1.7	22.5	20.1	18.3	10.5	6.6
10.4	14.8	12.8	0.0	7.0	13.9	0.4	17.3	13.1	10.3	16.4	18.8	34.7	14.0	24.8	16.2	19.3	10.5	2.9	0.0	16.5	15.4	27.9	1.8

续表

中国混凝土强度等级分类	来自1980~2012年的1144个调查数据										
22.8	16.4	2.6	12.6	15.7	0.0	11.1	12.5	12.0	15.2	0.0	39.1
12.9	16.1	2.1	0.0	6.4	12.3	1.5	19.1	16.5	16.2	13.2	0.0
13.4	18.4	27.0	6.8	9.9	0.0	17.6	20.7	14.6	33.6	25.4	0.0
17.4	0.0	25.4	18.2	14.7	11.7	16.0	12.5	9.0	0.0	15.4	0.0
14.9	7.5	9.3	9.0	8.1	0.0	13.3	16.9	11.3	28.5	21.2	0.0
11.7	4.2	0.0	0.0	4.2	14.1	14.5	14.9	0.0	11.6	0.0	0.0
20.5	5.3	0.0	13.4	11.1	0.0	13.7	17.7	12.4	11.7	22.9	0.0
7.9	0.7	2.8	21.1	13.6	20.8	10.5	4.7	14.6	11.5	13.6	46.5
0.0	13.9	0.0	2.3	6.2	16.3	9.3	0.0	18.2	23.3	9.2	87.7
15.0	14.4	10.9	15.9	19.9	16.8	14.8	15.7	12.6	17.0	18.9	0.0
20.2	9.2	0.0	16.5	14.4	7.5	16.8	12.8	12.2	100	15.7	15.7
18.0	11.1	0.0	14.5	14.1	9.2	17.2	0.0	30.9	20.4	0.0	17.5
13.1	1.5	0.0	15.0	0.0	14.3	5.8	6.7	22.6	100.0	5.7	13.2
14.4	26.0	19.0	0.0	21.6	14.6	9.4	0.0	17.6	72.7	0.0	0.0
4.8	0.0	21.1	3.5	21.4	5.5	23.9	21.8	10.4	0.0	0.0	0.0
18.6	0.0	21.0	19.6	16.1	7.1	11.5	16.1	6.9	0.0	0	0
16.5	0.0	14.9	12.0	0.0	1.6	13.7	13.5	5.7	77.5	100	100
7.3	23.1	0.0	19.0	14.7	13.1	11.5	0.0	16.8	0.0	16.8	16.8
12.3	15.6	21.4	6.5	9.1	0.0	13.1	17.0	12.0	0.0	12.6	0
12.9	0.0	25.6	0.0	28.9	2.3	9.6	12.1	14.8	0	0	0.0
18.6	20.2	29.1	7.7	13.6	7.9	29.2	5.3	19.1	0	100	80.7
18.2	28.7	8.8	18.1	14.9	17.6	16.0	7.2	3.8	16.9	100	23.6
18.5	0.0	16.3	10.9	4.1	18.3	13.3	10.7	18.8	6.1	0	0.0
7.3	17.2	12.1	13.2	12.1	9.2	15.1	16.0	0.0	0.0	23.3	100.0
11.9	14.5	5.6	0.0	18.0	11.1	4.8	22.3	18.7	0.0	7.8	0

≤C15/%

续表

中国混凝土强度等级分类 ≤C15/%	来自1980～2012年的1144个调查数据										
13.1	21.4	10.1	8.0	11.9	22.0	15.4	17.4	19.3	11.3	22.0	7.5
15.5	10.4	11.2	18.8	6.4	0.0	11.5	15.1	10.6	17.2	0.0	25.1
18.8	28.8	0.0	0.0	9.5	7.8	9.4	12.1	13.7	3.7	10.8	6.7
7.4	10.6	16.8	17.9	0.0	13.9	12.8	3.1	11.6	0.0	0.0	15.8
13.1	0.0	0.0	16.8	0.0	14.3	16.0	11.7	15.4	61.5	0.0	0.0
15.0	0.0	0.0	16.2	3.3	12.5	16.6	7.2	15.9	0.0	0.0	0.0
0.0	19.4	0.0	8.6	18.6	11.6	14.3	15.7	19.2	0.0	0.0	0.0
14.9	9.2	14.5	10.9	13.4	8.8	3.6	5.4	1.4	87.0	97.7	72.4
0.0	9.4	30.0	31.4	0.0	0.0	24.2	1.0	9.7	0.0	0.0	0.0
0.0	20.7	29.2	14.0	0.0	7.1	13.7	10.8	21.8	15.7	15.7	29.1
0.0	20.3	14.8	36.2	12.1	8.2	10.4	9.1	16.9	13.9	18.0	10.8
26.7	0.0	28.3	9.2	10.6	8.7	11.2	14.0	7.8	9.2	0.0	20.8
86.9	21.5	18.3	19.6	4.4	13.8	0.0	19.0	15.8	0.0	15.6	18.1
37.8	12.7	40.0	9.0	0.0	16.0	12.1	15.4	7.5	100.0	18.6	10.8
0.0	10.9	8.9	12.7	17.1	16.5	14.3	10.3	0.0	0	0.0	5.0
0.0	0.0	0.0	0.0	2.9	18.4	7.2	12.5	14.1	0	15.0	11.8
86.2	2.8	10.4	19.1	14.3	16.9	18.2	9.9	10.1	16.1	12.4	9.7
0.0	9.2	0.0	15.1	21.7	19.6	10.7	15.3	38.8	0.0	100.0	0.0
0.0	0.0	7.0	17.6	18.6	10.1	3.2	22.1	0.3	40.0	5.0	0.0
11.3	15.6	7.4	15.4	25.9	16.6	12.7	15.6	13.8	0.0	0.0	0.0
0.0	12.4	0.0	14.9	15.8	13.5	10.4	9.9	17.7	73.0	73.7	19.2
0	6.5	0.0	14.6	7.0	17.4	14.6	0.0	6.2	0.0	0.0	84.5
100	0.0	12.6	0.0	17.5	11.7	0.0	13.6	10.1	0.0	0.0	8.0
100	17.4	25.7	5.4	27.9	3.4	2.9	1.2	18.2	62.4	71.4	43.5
7.2	0.0	14.5	0.0	12.6	12.7	7.1	19.5	12.0	14.1	0.0	23.5

续表

来自 1980～2012 年的 1144 个调查数据

（注：本表中部分列为"平均值""最小值""最大值"统计值）

中国混凝土强度等级分类												
≤C15/%	88.7	17.3	21.2	28.5	13.8	0.0	10.3	13.1	9.4	15.4	16.3	5.9
	0.0	9.8	0.0	8.8	10.5	17.6	12.1	0.6	5.5	17.6	13.7	6.4
	40.7	12.0	1.8	0.0	5.1	15.3	11.2	0.0	5.2	26.9	5.5	27.7
	0.0	0.0	9.2	12.3	11.3	0.0	8.0	11.1	21.2	21.2	13.7	0.0
	76.6	11.2	0.0	16.3	0.0	20.0	17.6	1.8	10.8	6.1	15.7	14.5
	0.0	5.7	0.0	0.0	28.9	0.0	0	0	0	17.4	9.8	8.2
	3.6	19.5	15.0	50.0	0.0	31.2	100	18.4	27	13.6	5.5	13.1
	5.8	8.4	18.5	22.2	0.0	94.4	12.4	100	9.3	20.1	16.1	14.3
	16.8	11.6	19.0	36.5	0.0	89.6	0.0	100.0	18.4	6.8	11.2	11.7
	12.5	7.4	8.0	18.2	8.5	13.7	0.0	100.0	74.7	1.9	6.5	0.0
	9.5	10.8	14.1	10.0	0.0	3.1	3.8	21.7	14.8	6.5	11.8	4.2
	8.1	12.4	23.1	7.9	9.8	11.8	18.1	16.5	18.4	12.8	6.9	18.3
	6.4	15.4	3.7	12.6	18.7	0.0	11.7	11.0	8.3	10.1	0.0	11.2
	21.0	5.7	10.3	3.2	5.0	17.2	16.4	6.2	22.3	7.6	22.8	18.8
	14.4	18.3	10.6	6.3	18.4	10.5	16.4	0.0	37.6	6.5	17.7	20.8
	0.0	4.4	12.7	16.0	5.0	20.7	0.0	8.6	13.7	2.1	4.6	10.3
	17.4	16.6	23.0	2.5	1.6	18.2	25.7	15.9	12.0	3.2	7.5	21.4
	0.0	14.3	2.8	11.0	18.9	5.4	19.9	18.2	15.4	0.0	0.0	100.0
	4.0	18.0	9.2	7.3	0.0	17.5	15.5	16.7	0.0	34.9	36.0	50.7
	0.0	18.6	13.1	21.2	21.2	14.1	15.5	16.6	15.2	9.4	0.0	16.6
	9.8	100.0	0.0	8.8	14.8	3.8	9.5	7.9	17.1	0.0	26.5	13.3
最大值 / 最小值 / 平均值	87.1	28.5	62.6	47.4	15.0	9.5	100.0	7.9	0.0	34.9	14.9	9.7
C16～C23/%	10.5	10.1	10.0	8.5	0.0	6.3	0.0	17.6	6.1	18.1	12.1	17.6
	12.0	16.4	0.4	11.4	13.2	13.2	5.2	0.0	6.8	9.3	12.7	11.8
	10.4		9.5	0.0	17.5	17.5	0.0	9.1	9.1	12.3	7.2	

续表

中国混凝土强度等级分类　C16～C23/%　来自1980～2012年的1144个调查数据

0.5	0.3	15.3	0.0	3.6	12.6	0.0	14.2	16.5	15.7	0.0	0.0
0.0	9.4	18.2	15.5	2.6	19.4	5.0	6.6	5.8	0.0	8.9	6.3
12.3	14.9	13.8	11.5	5.7	0.0	7.9	5.9	3.7	14.2	6.4	9.4
13.3	15.4	9.6	12.5	5.8	2.5	0.0	8.4	5.8	14.1	1.0	9.3
3.3	0.0	4.9	10.3	8.0	9.6	10.4	10.3	5.6	0.0	6.5	12.1
2.5	0.0	10.6	18.5	8.2	0.0	8.6	11.6	17.8	15.3	5.4	0.0
0.0	13.2	0.0	9.0	8.9	12.2	14.9	8.2	5.0	0.0	7.0	7.7
12.3	8.3	19.5	8.5	13.2	6.8	18.6	22.0	21.5	8.7	15.2	16.2
17.4	11.2	15.5	15.8	18.8	14.1	0.0	9.7	8.7	15.5	10.5	16.9
15.0	21.6	29.2	17.7	24.8	27.7	5.5	0.0	0.0	41.4	32.7	11.0
9.5	29.0	17.5	6.0	20.1	13.8	24.3	16.8	9.3	11.5	13.9	9.6
0.5	0.0	0.0	12.3	14.3	10.4	15.1	57.1	52.6	17.0	13.4	16.4
18.2	8.3	17.6	6.1	15.5	26.9	13.0	47.8	19.8	11.9	13.9	6.7
29.1	1.5	7.6	0.1	12.4	14.9	24.1	15.1	9.2	23.8	0.0	21.0
8.1	16.0	25.2	13.7	22.1	10.7	26.7	10.1	14.3	13.0	10.7	15.8
12.6	14.0	12.8	14.8	30.2	15.1	15.7	19.0	13.5	0.0	13.1	10.5
17.9	13.6	9.7	13.7	13.3	11.1	15.8	8.5	12.8	18.8	12.0	8.1
5.3	14.8	29.1	28.0	7.8	8.9	22.8	11.9	13.5	11.5	22.2	9.7
9.1	19.5	5.6	8.0	9.3	19.1	17.3	17.5	14.2	11.9	10.9	9.5
12.7	12.4	9.5	16.1	10.3	12.2	39.9	0.0	41.0	23.0	11.9	16.4
15.1	72.9	67.0	0.0	8.3	0.0	14.9	15.0	12.0	10.6	35.7	13.5
15.2	11.9	17.0	32.6	14.6	12.5	25.9	11.8	28.5	6.9	29.1	27.8
17.3	5.8	24.6	0.0	39.1	12.5	0.0	26.5	6.2	21.6	7.1	15.3
22.2	11.7	15.7	15.4	14.4	5.3	22.9	12.2	21.9	17.8	15.8	0.0
0.0	15.3	24.4	9.5	15.4	15.7	8.9	21.6	18.1	12.9	14.9	6.8

续表

中国混凝土强度等级分类	来自 1980~2012 年的 1144 个调查数据											
	15.9	10.0	2.1	18.5	20.7	11.7	14.8	7.0	10.3	27.2	18.7	18.7
	18.8	31.8	9.8	8.1	4.3	12.2	27.0	13.8	7.3	18.6	10.6	17.7
	55.8	0.0	0.8	14.2	10.9	26.4	15.1	15.8	18.7	13.6	21.0	12.9
	17.5	7.8	6.6	0.0	9.6	7.5	9.9	11.9	0.0	15.7	6.8	25.0
	8.7	21.6	11.3	23.7	21.3	13.7	20.9	12.1	22.5	26.3	35.2	14.7
	13.3	12.6	7.4	23.7	18.7	9.0	20.4	21.7	13.3	8.6	17.2	13.7
	20.6	10.3	19.6	25.3	10.6	13.2	19.2	5.4	19.2	16.2	13.5	24.5
	7.4	27.6	21.3	17.7	29.2	19.6	27.0	12.9	17.9	15.7	13.7	11.9
	0.0	20.8	11.9	3.0	14.8	10.3	4.3	16.2	16.0	16.5	11.0	19.2
	15.9	10.8	21.5	7.9	10.4	22.3	10.1	23.5	13.1	9.9	14.1	10.0
	11.3	15.0	30.8	2.4	13.3	24.8	14.4	22.7	12.9	15.3	12.5	15.3
	18.4	17.4	12.4	7.3	12.6	6.5	11.7	14.3	13.1	13.5	14.5	6.7
	14.9	10.2	8.6	14.0	27.7	18.6	24.1	12.1	5.7	3.1	7.9	6.4
	11.8	12.2	3.3	19.6	38.0	13.5	17.5	8.9	13.5	18.6	11.1	11.7
C16~C23/%	12.4	9.3	18.8	6.6	23.4	7.6	12.7	7.2	31.3	10.0	7.7	83.9
	3.2	2.4	25.2	10.0	2.0	10.2	8.0	12.7	35.6	16.9	11.2	40.4
	18.8	29.9	13.1	10.3	9.9	4.8	9.2	23.9	23.1	25.0	2.6	9.8
	20.0	19.5	19.7	12.8	9.2	23.7	4.7	9.4	22.0	11.0	11.0	9.3
	20.1	5.4	13.2	15.2	12.3	21.9	11.2	21.0	4.5	29.2	18.5	9.1
	15.0	12.6	11.5	2.6	15.6	10.2	20.0	9.8	20.0	9.7	13.1	12.6
	15.9	17.7	17.1	7.1	13.4	11.7	21.9	10.2	15.7	13.6	11.3	8.1
	10.3	12.9	0.0	10.6	1.4	0.3	0.0	8.7	7.7	31.9	0.0	10.4
	0.0	21.0	5.5	32.3	9.9	12.2	60.6	36.1	1.6	0.0	8.1	17.3
	19.3	8.3	7.2	14.2	7.2	0.0	9.5	8.2	16.2	16.1	14.6	18.0
	7.7	0.0	30.3	12.6	0.0	16.6	19.3	5.1	9.3	13.5	10.2	9.3

续表

来自 1980～2012 年的 1144 个调查数据

中国混凝土强度等级分类											
18.9	30.4	12.5	0.0	8.2	16.2	0.1	0.4	0.5	17.4	14.7	9.5
14.0	7.9	0.5	0.5	11.9	0.8	11.2	9.7	0.0	14.4	0.0	16.7
6.9	0.9	12.0	10.8	4.0	12.4	0.0	18.8	11.3	13.5	0.0	0.0
0.6	0.2	7.6	0.0	12.8	12.8	9.6	0.0	0.0	11.9	11.9	11.9
0.0	7.9	20.7	0.0	11.6	11.2	5.6	7.9	12.3	6.6	11.3	0.0
9.7	0.1	20.3	0.0	0.9	0.0	8.8	0.0	0.0	2.6	0.1	12.0
3.4	0.0	0.0	0.0	6.9	10.8	0.0	12.4	18.4	18.8	11.3	3.5
0.0	0.0	21.8	12.9	12.8	0.0	24.0	0.0	15.4	17.6	14.2	7.9
11.6	11.2	0.0	7.9	12.3	6.6	11.3	5.7	14.4	13.4	0.0	6.5
18.0	7.5	0.0	17.7	0.0	9.8	14.9	21.8	10.3	8.6	9.3	1.5
4.6	0.0	10.8	0.0	13.1	0.0	5.1	0.0	17.9	14.2	11.3	0.0
10.2	19.3	7.6	12.1	22.6	21.4	7.2	13.3	0.0	19.6	13.4	20.3
12.4	11.7	15.0	18.0	14.1	12.9	18.0	17.8	0.0	3.0	6.1	7.5
5.9	0.0	12.0	15.3	12.0	17.7	18.0	12.5	16.4	34.3	8.8	0.0
19.9	0.0	0.0	0.0	46.9	0.0	0.0	0.0	67.1	0.0	9.4	0.0
0.0	0.0	0.0	0.0	0.0	0.0	0.0	0.0	0.0	100.0	0.0	0.0
12.3	0.0	0.0	9.2	0.0	5.6	0.0	0.0	7.1	0.0	0.0	10.0
0.0	8.6	0.0	0.0	10.4	15.6	2.2	20.0	20.0	0.0	5.3	8.0
2.6	13.1	0.0	5.5	0.0	13.0	20.5	0.0	0.0	0.0	0.0	0.0
11.3	12.9	0.0	0.0	0.0	0.0	0.0	4.5	38.5	0.0	0.0	0.0
0.0	1.2	0.0	0.0	0.0	30.9	0.0	0.0	0.0	0.0	0.0	19.3
16.5	12.3	19.3	39.7	27.3	3.0	13.9	0.8	7.7	20.0	10.0	0.0
0.0	0.0	26.3	19.3	19.5	0.0	0.0	0.0	0.9	28.2	23.0	2.3
23.4	27.0	0.0	0.0	0.0	0.0	0.0	0.0	0.0	0.0	0.0	0.0
0.0	0.0								0.0	0.0	0.0

C16～C23/%

续表

来自 1980～2012 年的 1144 个调查数据

中国混凝土强度等级分类																	最大值	最小值	平均值	
C16～C23/%	0.0	0.0	0.0	0.0	21.1	0.0	0.0	0.0	0.0	0.0	0.0	0.0	6.5	20.4	0.0
	0.0	0	0	0	0	0	0	73	81.6	0	82.1267	83.2	0	0	0
	82.1267	0	0	0	0	93.9	92.8	0	27.6	13.8	27.6	83.9	83.1	0
	83.2	87.6	0.0	90.7	92.8	11.1	22.0	14.4	0.0	0.0	0.0	93.3	87.4	0
	27.6	59.7	5.2	6.7	22.0	0.0	18.1	0.9	0.0	0.0	0.0	4.5	12.9	24.6
	0.0	0.0	12.2	12.0	18.1	27.6	12.1	13.9	8.9	0.0	0.0	15.0	11.4	15.2
	0.0	8.9	0.0	20.8	12.1	0.0	16.6	10.7	0.0	23.2	15.2	17.4	9.7
	0.0	0.0	0.0	100.0	16.6	10.7	0.0	0.0	10.0	8.8	12.5	17.0	11.9	11.0
	0	10.0	5.0	0.0	0.0	0.0	14.1	41.9	9.5	9.2	4.1	0	9.4	1.1
C23～C35/%	74.9	9.5	0.0	13.0	14.1	12.5	0.1	11.1	3.8	0.0	21.4	17.6	10.5	9.8
	34.9	3.8	12.1	0.1	0.1	4.1	12.8	19.4	16.5	17.7	13.4	11.4	0.0	20.0
	11.1	16.5	8.7	11.6	12.8	21.4	13.7	20.5	7.6	26.3	16.0	19.9	16.0	33.1
	10.4	3.6	7.6	19.1	13.7	13.4	14.8	14.8	8.7	18.8	22.9	23.6	26.1	20.2
	0.4	12.4	8.7	0.0	14.8	16.0	16.0	1.2	18.0	11.2	9.3	12.2	9.2	29.4
	20.2	14.0	18.0	9.6	16.0	22.9	10.4	4.7	4.5	21.0	0.0	12.0	26.5	9.7
	42.4	0.0	4.5	14.5	10.4	9.3	7.2	100.0	12.6	19.2	19.5	13.5	19.5	7.2
	68.1	10.1	12.6	12.6	7.2	0.0	7.8	17.0	0.0	17.0	16.7
	6.6	6.1	6.1		100.0	6.1		0.0	12.5	平均值
	71.9	71.3	76.5	75.0	72.5	84.6	75.8	72.5	76.5	68.1	84.6	65.9	70.3	75.3
	84.7	89.0	76.8	72.8	69.2	71.9	79.6	69.2	76.8	80.9	71.9	58.0	56.7	71.8
	69.8	77.4	60.1	75.1	45.2	87.3	93.0	45.2	60.1	71.0	87.3	73.8	79.1	53.3
	99.1	50.5	74.1	72.9	62.6	64.9	79.0	62.6	74.1	68.7	64.9	67.5	87.6	96.3
	76.6	67.6	56.5	77.5	69.1	78.0	85.0	69.1	56.5	72.9	78.0	62.7	69.4	72.3
	68.1	65.5	72.1	73.5	74.0	84.1	74.3	74.0	72.1	68.6	84.1	64.3	73.1	71.7
	76.4	48.7	72.4	84.4	81.0	74.2	82.7	81.0	72.4	68.1	74.2	82.0	80.7	69.7

续表

中国混凝土强度等级分类	来自1980~2012年的1144个调查数据										
C23~C35/%											
80.3	76.2	69.5	73.8	81.5	83.2	75.4	72.3	77.2	71.3	82.7	57.2
71.9	78.4	77.0	58.7	76.4	79.2	79.3	76.8	73.1	72.6	74.4	86.4
65.1	77.2	85.4	69.9	68.6	79.8	64.4	71.7	78.2	83.3	73.2	83.1
65.3	83.2	55.4	82.0	56.7	83.2	65.1	53.9	71.7	65.8	65.3	58.2
61.0	72.1	67.6	69.6	66.2	61.3	52.7	44.5	51.3	55.9	65.0	63.2
54.9	52.2	57.5	67.2	50.7	54.7	82.5	96.6	82.0	41.7	55.9	74.6
63.7	49.4	64.7	66.8	67.5	72.0	67.8	71.2	63.2	60.5	76.3	64.3
80.1	79.0	64.0	58.5	69.3	80.7	65.3	41.4	47.4	58.8	55.5	70.1
70.8	68.9	62.8	73.6	67.9	55.7	63.2	28.3	71.6	46.9	64.9	69.8
68.1	87.3	85.0	80.3	73.5	57.4	71.0	64.1	64.2	66.8	69.4	59.8
64.6	59.7	67.1	74.4	60.4	70.0	49.0	56.6	77.9	69.0	67.0	73.5
69.9	69.6	56.7	73.3	55.9	74.4	69.9	63.4	72.2	67.4	76.6	62.2
70.6	62.5	66.8	64.0	40.2	76.6	54.7	74.9	61.3	72.8	64.5	58.4
41.6	57.7	70.9	72.0	70.8	59.4	61.3	68.8	56.7	72.2	71.9	70.8
73.9	47.3	71.2	72.9	71.7	63.1	50.5	69.1	49.1	65.2	72.7	69.7
74.7	57.0	79.9	72.8	63.3	59.0	51.3	83.2	32.0	56.9	50.4	59.0
73.8	20.7	20.6	69.3	63.7	73.0	55.2	61.6	62.9	69.8	43.6	56.9
65.7	64.9	83.0	42.4	51.8	62.4	70.3	62.1	65.4	70.6	45.2	56.3
57.6	79.5	55.9	76.0	48.4	72.3	71.2	47.6	76.4	58.4	48.6	58.4
72.8	50.9	63.1	66.5	78.3	49.0	60.2	78.7	59.2	70.0	68.6	98.6
51.8	72.7	75.6	71.7	57.6	69.8	64.7	42.3	75.1	58.1	62.3	83.4
52.0	57.0	71.5	70.4	69.0	59.3	58.5	64.2	65.2	60.4	66.3	67.6
66.4	44.4	55.6	78.0	66.9	63.9	60.5	68.0	53.0	56.9	70.0	60.3
23.0	86.6	70.6	61.1	46.8	64.3	75.4	63.6	67.3	63.5	61.8	72.2
57.8	73.2	51.9	70.1	56.6	71.4	74.4	57.4	67.2	66.2	69.1	60.2

续表

来自 1980～2012 年的 1144 个调查数据

中国混凝土强度等级分类												
66.2	54.9	55.5	52.2	63.3	69.5	57.8	61.3	52.6	64.5	33.1	68.8
54.7	66.3	64.7	53.9	62.9	61.6	70.9	68.8	65.1	62.7	62.1	72.0
56.9	69.2	61.9	66.3	70.4	69.4	74.1	70.9	68.9	67.7	65.6	68.3
67.0	59.3	70.5	44.6	48.5	41.2	63.1	67.0	52.0	70.0	54.8	57.7
66.2	68.8	72.5	69.1	65.0	58.2	73.9	55.8	57.5	53.3	56.1	62.0
77.0	69.1	53.3	63.3	72.3	66.2	57.5	63.4	53.1	61.1	45.7	79.1
60.0	55.9	52.4	69.0	65.2	62.1	78.1	48.3	59.1	52.0	62.6	47.8
56.3	54.1	49.3	56.6	65.2	75.5	76.8	63.0	38.5	70.2	58.5	68.4
57.9	65.0	61.6	72.9	63.9	59.2	52.3	63.0	77.3	76.1	71.5	68.7
71.7	68.3	69.8	51.5	62.0	43.9	70.3	67.3	74.4	57.0	68.1	54.9
74.0	48.0	68.6	85.7	52.2	73.2	58.1	74.1	53.3	72.0	59.1	12.7
68.5	64.6	54.3	65.9	66.8	72.2	53.1	80.1	62.5	51.9	64.6	31.0
57.1	59.2	71.4	71.4	67.9	67.8	66.4	59.0	52.7	70.0	76.6	72.5
66.8	54.6	71.1	61.1	69.3	64.5	85.0	73.2	54.7	76.9	76.5	74.1
70.5	76.6	62.3	80.0	65.4	65.7	58.4	73.9	69.9	45.5	73.5	63.8
70.2	70.7	60.8	82.0	67.0	55.4	55.7	63.4	67.6	48.4	75.8	61.1
67.9	69.1	71.4	68.6	48.4	72.8	68.7	34.6	51.6	75.2	41.3	60.2
68.7	79.3	82.3	63.2	87.3	88.0	77.2	70.1	83.4	46.5	68.8	80.3
96.9	75.5	64.0	49.5	77.8	58.2	36.2	38.2	71.2	71.1	68.6	59.3
68.3	84.4	74.0	56.4	73.7	70.7	63.1	78.9	68.6	73.8	59.4	40.4
50.0	74.5	44.6	70.4	60.1	73.2	75.4	65.6	59.0	76.1	74.9	67.3
70.3	61.1	66.8	84.3	75.8	65.6	90.8	47.8	78.2	53.7	63.9	78.9
74.0	78.3	78.2	74.2	72.4	80.6	61.8	71.4	67.9	75.2	66.2	78.1
69.4	87.3	70.8	86.9	60.5	73.2	62.5	48.1	68.9	65.3	79.1	72.5
95.7	84.0	79.9	75.9	70.6	71.8	66.2	77.8	68.5	72.4	72.4	72.4
77.6	78.2	68.2	81.1	67.9	72.4	65.9	65.7	80.3	70.8	71.2	77.5
71.4	61.6	47.6	70.0	25.5	81.0	64.3	64.3	83.8	84.2	47.3	39.5

C23～C35/%

来自 1980~2012 年的 1144 个调查数据

中国混凝土强度等级分类 · C23~C35/%

69.0	100.0	91.9	34.9	78.1	55.6	60.5	65.5	73.2	48.1	68.9	64.3
71.3	73.2	62.9	70.6	59.3	75.8	65.8	68.5	73.7	60.7	74.2	75.4
67.9	73.9	61.0	70.9	51.3	70.8	58.4	77.5	65.8	73.6	73.1	70.0
69.5	70.0	70.0	63.7	63.8	64.7	54.2	67.8	76.5	55.8	70.0	54.9
68.9	78.0	70.6	72.7	63.2	71.1	81.4	74.2	53.0	48.4	70.3	73.0
70.8	68.0	72.9	60.6	49.3	52.5	42.5	67.3	56.2	60.2	49.0	60.1
61.3	72.5	69.3	55.2	77.0	70.2	57.3	59.0	63.7	56.2	63.9	73.0
77.3	79.6	48.5	70.0	60.2	52.0	63.0	62.2	83.6	36.5	59.8	100.0
59.4	100.0	100.0	7.7	40.9	100.0	0.0	100.0	32.9	0.0	72.2	37.4
35.3	41.1	65.1	64.0	49.3	100.0	100.0	0.0	25.3	0.0	100.0	79.6
0.0	90.6	44.4	64.5	29.8	50.0	100.0	68.8	40.0	46.3	0.0	90.0
0.0	78.1	0.0	65.6	80.0	0.0	45.9	0.0	7.3	0.0	10.0	10.0
50.0	0.0	59.8	100.0	0.0	55.1	27.1	15.4	97.9	36.2	100.0	66.3
0.0	0.0	0.0	10.0	64.5	87.0	71.0	70.5	0.0	92.0	100.0	83.9
0.0	90.9	31.2	22.5	94.1	5.5	37.3	43.7	97.2	38.2	100.0	40.0
40.0	0.0	33.3	46.7	31.6	99.7	69.4	37.5	40.5	79.2	90.0	43.6
46.1	50.9	80.7	60.3	82.3	0.0	0.0	0.0	0.0	55.2	0.0	0.0
0.0	0.0	0.0	0.0	0.0	97.0	37.2	100.0	76.5	84.9	62.3	75.0
51.9	76.4	94.3	86.8	84.7	84.8	83.4	76.2	84.3	84.3	70.9	88.7
48.8	100.0	64.0	62.2	40.0	91.8	53.9	100.0	0.0	31.0	8.2	0.0
56.1	100	64.2	30.5	68.3	35.8	21.7	24.5	66.6	55.2	67.7	0
0	10.36964	0	0	0	0	0	0	0	0	0	0
0	0	0	0	0	0	0	0	43.8	0	0	100
68.1	58.7	72.0	76.0	68.1	81.9	69.9	76.9	64.2	62.0	54.9	100.0
72.1	62.5	56.4	70.4	69.3	69.8	46.5	86.1	51.4	53.2	53.6	63.8

续表

来自 1980～2012 年的 1144 个调查数据

中国混凝土强度等级分类			平均值		最小值		最大值					
C23～C35/%	70.7	82.0	59.1	75.8	66.2	68.0	73.5	68.0	60.4	53.4	100	100
	80.6	73.5	43.3	46.6	65.2	35.3	69.2	62.1	54.1	71.1	0	0
	75.1	76.1	70.2	50.0	52.6	73.4	73.7	56.1	0.0	59.2	50.0	90.0
	71.7	75.4	51.1	57.0	45.6	70.5	76.8	63.2	33.8	34.7	69.8	100.0
	69.8	84.1	63.6	77.1	49.9	75.0	64.3	69.9	87.0	46.7	0.0	0.0
	81.0	67.8	62.4	49.8	71.5	58.3	71.3	90.3	0.0	100.0	100.0	43.6
	77.6	52.0	58.9	71.6	70.1	70.9	84.8	71.6	38.2	12.8	65.2	45.0
	40.4	52.6	76.5	48.0	96.7	85.6	76.4	65.4	55.8	50.0	56.1	70.2
	54.8	53.4	69.4	53.7	63.2	66.4	73.1	53.1	100.0	41.3	79.3	59.6
	66.4	63.2	63.4	58.7	40.2	72.2	51.2	57.1	72.2	56.2	61.7	68.2
	54.6	70.8	74.5	69.0	63.8	53.3	66.3	69.9	56.7	71.5	62.0	67.6
	61.9	58.3	52.6	71.7		100.0 最大值		0.0 最小值		62.2 平均值		
>C35/%	7.2	0.0	0.0	7.6	0.0	20.8	11.7	0.0	13.6	12.4	11.9	0.0
	3.3	2.9	0.0	0.0	7.3	3.7	0.0	9.6	2.4	11.6	13.8	2.2
	5.9	11.9	7.3	33.1	10.2	0.0	0.0	0.0	3.2	5.8	2.9	11.8
	0.0	0.0	19.6	10.1	16.5	11.4	11.4	2.8	8.3	10.4	0.0	0.0
	6.1	0.0	0.0	12.8	6.4	0.0	10.0	5.5	2.8	16.3	6.3	11.1
	6.5	0.0	0.4	0.0	11.8	8.5	11.0	0.0	13.7	7.1	14.8	8.3
	0.0	3.4	14.7	0.0	0.6	0.0	10.9	5.8	12.4	3.9	0.0	8.3
	0.0	9.5	9.3	5.9	0.0	7.2	0.0	7.2	0.0	11.3	6.4	7.7
	6.8	4.1	0.0	7.5	5.8	8.7	15.1	9.8	6.9	12.1	3.6	10.8
	0.2	0.0	0.0	8.9	9.4	0.0	8.4	12.8	7.8	12.7	5.5	0.0
	7.6	0.0	12.2	9.5	15.9	0.0	0.0	10.8	3.5	19.7	0.0	7.1
	7.6	4.4	10.9	10.4	0.5	12.2	33.6	33.7	23.3	10.4	16.0	6.2
	5.3	10.7	13.3	1.0	16.6	8.7	0.0	0.0	0.0	6.9	11.4	11.3
	10.6	11.8	10.2	7.4	11.7	0.0	7.9	5.0	7.1	20.1	0.0	14.3
	0.0	0.0	24.2	10.5	16.4	8.9	10.7	0.0	0.0	11.6	12.4	13.5

续表

来自 1980~2012 年的 1144 个调查数据

中国混凝土强度等级分类												
>C35/%	0.5	12.4	11.9	11.8	0.0	8.2	7.5	5.7	8.6	38.0	16.2	6.3
	0.0	9.5	0.0	16.2	9.5	11.6	0.0	0.0	12.7	3.1	12.2	8.8
	27.3	6.4	0.0	1.6	11.7	0.0	8.3	10.7	7.8	0.0	9.2	10.7
	11.5	6.0	30.5	0.6	7.1	0.0	11.9	0.0	4.5	14.0	10.3	8.6
	0.0	9.9	13.0	0.0	35.4	0.0	18.5	6.2	11.8	8.4	0.0	14.2
	37.2	9.2	0.0	0.0	11.8	11.7	8.6	12.4	14.4	0.0	0.0	8.9
	7.1	9.9	10.4	11.5	3.4	0.0	11.0	7.7	19.1	9.2	10.0	7.1
	0.0	14.9	10.6	0.0	13.9	16.8	0.0	0.0	0.0	14.6	10.0	13.0
	11.1	0.0	0.0	29.2	8.9	10.5	9.8	11.4	3.9	5.9	20.7	14.2
	12.3	13.3	0.0	7.4	12.9	10.5	0.0	11.3	0.0	6.8	11.2	0.0
	6.9	0.0	7.8	8.0	0.0	6.2	10.7	6.8	0.0	10.2	36.1	7.1
	0.0	9.5	12.2	10.0	7.3	32.4	0.0	5.3	5.3	6.7	2.5	0.0
	46.6	10.2	0.0	14.6	12.9	0.0	11.5	17.3	0.0	17.8	11.1	0.0
	13.2	10.2	13.0	0.0	10.3	15.3	9.0	8.2	10.5	12.4	7.9	0.0
	14.8	10.9	13.5	0.3	8.0	13.4	7.8	0.0	3.5	12.4	11.2	11.6
	0.0	0.0	26.3	18.5	26.0	0.0	9.5	15.2	4.8	12.3	8.5	3.7
	9.9	1.6	25.6	10.0	17.0	6.3	0.0	13.2	13.2	13.7	10.3	14.8
	9.0	8.6	16.7	9.7	7.9	0.0	8.5	12.5	15.9	9.2	15.7	4.4
	10.3	9.4	13.4	8.3	9.2	12.2	8.7	5.7	8.9	11.6	4.2	0.0
	6.0	0.0	3.5	8.4	4.7	11.6	0.0	9.4	11.9	13.2	2.5	0.0
	14.6	5.2	8.2	16.1	7.7	29.8	9.9	5.3	11.0	0.0	14.6	12.2
	27.6	10.4	12.1	6.5	14.7	7.6	0.0	9.6	11.4	8.5	13.3	8.1
	7.1	5.1	5.6	12.7	10.2	0.0	16.3	4.8	16.2	10.4	30.1	7.7
	14.9	9.6	8.2	8.4	9.5	13.1	5.9	15.3	14.5	10.4	6.6	11.0
	9.7	12.6	20.3	17.1	7.5	4.9	0.0	22.7	10.8	5.1	11.2	11.4

续表

中国混凝土强度等级分类 ／ 来自 1980~2012 年的 1144 个调查数据

> C35/%

17.9	1.8	7.1	0.0	11.8	23.6	13.1	1.9	0.0	11.6	14.7	9.5
15.9	0.0	12.4	0.0	14.2	9.9	13.7	0.0	14.5	10.2	13.3	16.5
0.0	5.3	7.2	0.0	13.4	0.0	11.3	10.8	0.0	7.8	26.1	0.0
15.9	11.6	10.4	1.9	0.0	22.9	0.0	16.3	6.0	1.9	12.9	10.1
4.6	10.5	5.0	10.4	0.0	9.2	16.7	8.9	0.0	11.4	0.0	7.6
0.0	11.9	0.0	5.7	6.9	0.0	11.8	5.5	11.0	0.0	13.8	0.0
12.8	8.0	14.1	10.3	15.5	9.0	8.2	0.0	0.0	13.4	0.0	9.4
10.2	0.0	33.9	12.4	35.2	4.4	22.2	0.0	0.0	5.7	4.8	6.8
13.3	34.9	9.4	15.1	4.8	9.4	0.0	7.3	9.2	0.0	13.2	9.8
9.3	13.3	3.1	8.9	18.2	8.2	0.0	0.0	14.1	8.3	0.0	11.5
9.1	23.3	12.1	19.9	12.9	0.0	13.4	12.3	0.0	14.1	3.5	0.0
31.6	8.8	10.1	11.0	29.3	15.8	10.7	10.5	3.7	6.2	7.3	0.0
6.0	5.5	10.4	17.2	51.0	0.0	7.6	16.6	17.0	7.0	9.9	42.3
6.1	8.8	7.5	0.0	5.0	7.0	18.2	0.0	15.7	12.9	8.5	0.0
0.0	8.1	0.0	6.5	4.3	8.4	9.8	10.1	3.3	10.0	8.7	12.0
12.0	11.1	0.0	5.3	10.2	13.4	0.0	9.4	2.3	0.0	0.0	8.7
0.0	0.0	0.0	12.7	5.2	0.0	1.5	4.8	15.3	3.3	6.5	0.0
5.7	0.0	22.6	0.0	22.6	26.9	10.2	59.0	2.6	26.5	13.9	11.6
45.7	40.8	33.1	8.4	17.8	14.1	0.0	0.0	24.6	8.1	36.9	18.9
21.0	19.8	21.7	0.0	12.7	10.2	13.4	12.5	63.3	15.3	0.0	26.5
13.9	11.6	13.0	10.6	0.0	30.3	22.6	29.0	16.5	10.5	17.6	16.4
8.7	6.6	7.3	13.2	0.0	30.9	25.5	13.1	0.0	11.4	0.0	20.5
31.9	20.7	37.4	10.8	4.3	13.5	13.3	23.7	18.6	18.6	22.5	12.5
13.4	6.9	11.0	20.5	0.0	10.3	13.5	21.1	11.7	19.5	0.0	18.1
9.7	15.8	12.1	15.3	4.3	7.7	7.7	0.0	14.9	8.3	12.7	0.0
8.6	0.0	0.0	0.0	10.4	8.3	5.3	6.8	15.9	16.3	9.3	11.8
0.0	0.0	0.0	0.0	10.4	8.3	5.3	6.8	14.7	16.3	11.0	13.2

续表

中国混凝土强度等级分类　>C35/%

来自 1980~2012 年的 1144 个调查数据

行	数值
1	0.0, 0.0, 0.0, 73.5, 0.0, 0.0, 0.0, 0.0, 53.9, 0.0, 48.1, 51.2, 43.9, 0, 0, 0.0, 0.0, 30.2, 0.0, 0.0, 45.1, 46.4, 0, 0, 11.3
2	0.0, 0.0, 0.0, 0.0, 0.0, 0.0, 0.0, 49.1, 0.0, 0.0, 0.0, 0.0, 0, 0, 0, 58.7, 0.0, 0.0, 56.4, 0.0, 36.2, 0, 0, 0.0
3	0.0, 0.0, 55.6, 73.3, 3.7, 0.0, 22.3, 66.7, 0.0, 0.0, 0.0, 36.0, 35.8, 0, 0, 6.6, 11.7, 0.0, 0.0, 0.0, 61.8, 19.6, 9.6, 14.9
4	0.0, 0.0, 18.9, 2.9, 0.0, 0.0, 0.0, 53.3, 0.0, 0.0, 37.8, 69.5, 0, 0, 8.3, 8.0, 0.0, 0.0, 82.0, 0.0, 0.0, 0.0
5	12.2, 0.0, 70.2, 20.0, 35.5, 0.0, 68.4, 0.0, 0.0, 0.0, 31.7, 0, 0, 7.1, 4.3, 0.0, 0.0, 20.9, 33.2, 10.1, 12.9, 13.9, 13.2
6	0.0, 0.0, 0.0, 0.0, 10.2, 0.0, 0.0, 0.3, 0.0, 8.2, 64.2, 0, 0, 0.0, 6.5, 36.8, 22.0, 13.5, 16.3, 33.9, 11.4, 14.4
7	0.0, 0.0, 0.0, 54.1, 70.7, 6.7, 62.7, 30.6, 62.8, 0.0, 46.1, 78.3, 0, 0, 16.7, 7.3, 0.0, 30.2, 7.1, 15.1, 0.0, 10.3
8	0.0, 0.0, 0.0, 80.0, 84.6, 13.8, 56.3, 62.5, 0.0, 0.0, 0.0, 75.5, 0, 0, 9.8, 15.7, 0.0, 12.1, 0.0, 10.5, 33.4, 10.3, 9.8, 0.0
9	0.0, 0.0, 52.9, 0.0, 0.0, 2.8, 59.5, 0.0, 22.5, 0.0, 0.0, 33.3, 0, 0, 7.4, 15.9, 12.9, 23.8, 4.8, 0.0, 7.8, 0.0, 9.5, 7.2
10	0.0, 0.0, 53.7, 0.0, 63.8, 8.0, 61.8, 0.8, 15.1, 0.0, 0.0, 44.8, 0, 0, 14.3, 17.2, 8.3, 12.3, 0.0, 16.1, 13.7, 13.2, 5.3, 9.2
11	0.0, 0.0, 0.0, 0.0, 0.0, 0.0, 0.0, 0.0, 37.7, 0.0, 0.0, 32.4, 0, 0, 6.9, 6.7, 13.3, 37.8, 20.2, 8.2, 8.4, 11.5, 9.7, 8.1
12	0.0, 0.0, 0.0, 0.0, 33.7, 16.1, 0.0, 56.4, 0.0, 25.0, 0.0, 0, 0, 0, 8.0, 0.0, 33.0, 23.8, 44.4, 11.7, 10.7, 8.4, 0.0, 14.5

续表

中国混凝土强度等级分类	来自1980~2012年的1144个调查数据								最大值	最小值	平均值
>C35/%	36.6	14.3	10.9	9.4	7.1	9.1	9.8	10.7	12.2	18.9	12.1	6.0
	6.6	14.8	4.5	0.0	13.0	0.0	11.6	10.7	15.6	9.0	14.4	7.4
	9.7	13.4	10.1	11.2	8.5	5.1	12.9	6.6	16.6	14.4	0.0	3.2
	0.0	9.0	11.3	5.0					84.6	0.0	10.4	10.4
									最大值	最小值	平均值	

附表 5.3 欧洲混凝土强度等级分类

欧洲混凝土强度等级分类	2001年	2002年	2003年	2004年	2005年	2006年	2007年	2008年	2009年	最大值	最小值	平均值
≤C15/%	7.0	8.0	6.9	4.3	4.0	3.5	2.9	5.0	5.0	8.0	2.9	5.3
	2010年 6.0	2011年 6.0	2012年 5.2	2013年 4.7								
C16~C23/%	37.0	46.5	50.7	51.3	48.2	48.4	54.0	38.0	36.0	54.0	18.9	39.0
	2010年 34.0	2011年 22.0	2012年 22.5	2013年 18.9								
C23~C35/%	46.0	32.8	33.3	36.4	38.4	37.1	32.0	48.0	49.0	62.9	32.0	45.3
	2010年 49.0	2011年 61.0	2012年 62.5	2013年 62.9								
>C35/%	10.0	12.7	9.1	8.0	9.4	11.0	11.1	9.0	10.0	13.5	8.0	10.4
	2010年 11.0	2011年 11.0	2012年 9.8	2013年 13.5								

资料来源：ERMCO，2001—2013；

注：其他国家强度等级分类参考欧洲

附录 6 混凝土水泥含量

附表 6.1 美国混凝土中代表性水泥的平均含量

混凝土类型		强度等级/产品	水泥含量/（kg/m³）
预拌混凝土		C20	206
		C30	258
		C35	335
混凝土制品		砖块	194
		50MPa 预制	504
		70MPa 预制	445
		拱形预制	386
		管材	259
		建筑材料	206
建筑材料		水泥砂浆	284
砂浆		公路	258
公路		其他基础设施	335
其他基础设施			

资料来源：Low，2005

附表 6.2 美国混凝土中代表性水泥的平均含量

国家	平均水泥含量/(kg/m³)												
	2001 年	2002 年	2003 年	2004 年	2005 年	2006 年	2007 年	2008 年	2009 年	2010 年	2011 年	2012 年	2013 年
美国	300	300	300	300	270	270	270	270	270	270	270	270	270

资料来源：ERMCO，2001—2013

附表 6.3 欧洲混凝土中代表性水泥的含量 (EN 206-1:2000)

最小强度等级	C20/25	C25/30	C30/37	C30/37	C35/45	C35/45	C30/37	C30/37	C35/45	C30/37	C25/30	C30/37	C30/37	C30/37	C30/37	C35/45
最低水泥含量/(kg/m³)	260	280	280	300	320	340	300	300	320	300	300	300	340	300	320	360

附表 6.4 欧洲混凝土中代表性水泥的平均含量

平均水泥含量(kg/m³)

国家	2001年	2002年	2003年	2004年	2005年	2006年	2007年	2008年	2009年	2010年	2011年	2012年	2013年
ERMCO	269.4	269.4	269.4	282.9	283.7	284	295	291	292	293	291	290.6	287.2

资料来源：ERMCO, 2001—2013

附表 6.5 中国混凝土代表性水泥平均含量

强度等级	水泥含量/(kg/m³)
C80	670
C60	550
C50	491
C45	462
C40	419
C35	402
C30	400
C25	398
C20	321
C15	288
C10	244

资料来源：《建筑安装工程预算师手册》，《混凝土配合比速查手册》

附录7 混凝土结构厚度

附表7.1 美国混凝土结构平均厚度

水泥利用类别		混凝土结构平均厚度/mm
商业	商店等其他商业建筑	150
	低层办公室和实验室	150
	高层办公室和实验室	205
	停车建筑和地段	150
	商业仓库和码头	150
	工业建筑/仓库	205
	保养维修	100
街道和公路	农村和城市的国家公路	205
	城市街道	150
	当地农村公路	150
	桥	150
	保养维修	150
公用设施	发电站	305
	石油/燃气/化工厂	305
	媒体	305
	保养维修	305
水处理和废物处理	河流,港口控制	305
	水库大坝	305
	供水系统	305
	公厕,排水沟	100
	排水沟	205
	废物处理	205
	保养维修	150
其他公共设施	铁路(除建筑物)	150
	机场(除建筑物)	380
	国防设施	610
	公园,体育场	150
	保养维修	75
非建筑	油井,气井	150
	采矿场	305
	其他	100

资料来源: Gajda, 2001

附表7.2 中国混凝土结构平均厚度

结构	结构类型	平均厚度/mm	最小厚度/mm	最大厚度/mm
墙壁	结构墙	240	140	300
横梁	梁肋宽度	220	100	400
立柱	长方形，圆形	400	250	800
板坯（楼）	预拌混凝土	150	60	250
	预浇混凝土	150	110	180
楼梯	高度	150	130	200

注：数据来自中国1144个调查项目

附表7.3 欧洲混凝土结构平均厚度

结构成分	厚度/mm
墙体	180
板材	200
地基	240
结构	400

资料来源：Pade and Guimaraes, 2007

附录 8　不同地区混凝土碳化速率系数

附表8.1　欧洲不同强度和暴露条件下混凝土碳化速率系数

暴露条件	碳化速率系数/（mm/a$^{0.5}$）			
	≤15 MPa	16～20 MPa	23～35 MPa	>35 MPa
室外暴露	5	2.5	1.5	1
遮蔽	10	6	4	2.5
室内	15	9	6	3.5
潮湿	2	1	0.75	0.5
埋藏	3	1.5	1	0.75

注：数据是纯混凝土，来自 Pade and Guimaraes，2007

附表8.2　美国混凝土碳化速率系数

暴露条件	碳化速率系数/（mm/a$^{0.5}$）				
	≤15 MPa	21 MPa	28 MPa	35 MPa	>40MPa
无涂层	7.1	6.9	5.4	3.8	2.5
涂层		3.5	2.7	1.9	

资料来源：Gajda，2001

附表8.3　中国混凝土碳化速率系数

暴露条件	碳化速率系数/（mm/a$^{0.5}$）			
	≤15 MPa	16～20 MPa	23～35 MPa	>35MPa
室外暴露	6.1	3.9	2.4	1.3
遮蔽	9.9	7.1	4.8	2.5
室内	13.9	9.8	7.0	4
潮湿	3.8	1.9	1.0	0.5
埋藏	1.9	1.0	0.7	0.3

注：来自调查数据

附录9 世界不同地区建筑使用阶段暴露时间

附表9.1 中国建筑使用阶段寿命调查

建筑使用寿命/a									
30	53	30	26	30	45	32	45	47	42
30	21	39	23	44	31	41	16	40	35
28	21	32	19	13	52	33	22	49	24
28	21	54	54	41	36	19	53	50	43
43	21	41	40	30	26	44	43	38	30
43	43	44	12	49	28	26	27	39	38
33	43	48	35	46	39	31	25	38	41
31	28	12	38	50	46	43	38	18	37
33	28	28	32	22	36	39	30	44	31
33	31	27	49	23	23	51	27	38	48
4	31	34	38	44	24	21	44	42	21
4	32	35	17	59	30	34	36	18	21
21	32	40	43	38	31	48	21	29	28
21	4	40	24	37	18	48	24	27	48
43	4	35	58	26	42	58	46	47	20
38	33	35	25	37	25	47	14	21	49
28	33	31	34	35	26	49	35	35	46
28	52	22	41	41	35	47	44	28	21
31	52	24	32	28	36	49	15	27	43
31	33	26	40	44	34	43	46	34	30
28	33	25	22	41	33	31	20	23	45
28	28	25	44	40	34	39	40	32	35
28	33	28	43	28	32	42	32	37	44
27	33	33	14	38	30	27	36	37	45
27	32	41	26	31	35	57	41	24	44
27	32	31	40	28	29	51	32	35	37
31	32	33	46	35	27	38	39	43	42
31	28	33	24	32	40	29	33	44	52
24	32	24	36	35	31	43	40	35	28
24	25	28	35	49	35	50	52	34	47
33	32	27	29	31	29	47	38	42	44
33	16	26	43	24	42	56	44	49	24
33	55	26	45	8	47	33	35	22	37

建筑使用寿命/a									
33	42	21	29	39	27	32	20	38	33
30	19	21	37	46	43	39	39	31	19
30	64	28	33	36	24	41	42	39	21
24	63	27	17	33	24	10	45	41	35
24	62	34	45	31	43	37	34	12	33
33	65	35	28	36	26	22	29	28	37
33	66	39	33	18	43	9	38	39	47
33	67	37	26	46	48	35	28	58	39
33	42	40	51	27	25	34	42	36	44
21	43	41	55	25	54	36	47	41	33
21	45	50	30	40	32	54	37	38	27
27	40	32	51	20	18	49	47	41	26
27	41	56	31	15	36	27	46	29	61
25	42	39	38	51	23	49	41	45	44
25	66	63	29	49	29	34	27	42	36
53	51	47	45	42	21	38	38	39	52
52	70	37	46	38	40	50	31	32	43
35	70	36	49	29	60	47	53	46	34
32	73	44	25	50	23	51	29	31	24
28	71	23	29	23	30	33	50	44	14
24	32	27	28	36	38	42	38	35	11
26	44	24	30	17	29	21	39	33	41
24	30	39	44	26	36	19	23	48	42
33	23	33	36	37	43	42	44	42	27
35	46	39	31	29	43	38	31	19	26
52	40	31	32	33	45	36	20	50	39
42	39	26	49	33	35	38	25	35	13
39	41	32	16	19	50	30	45	17	48
46	42	41	31	17	35	32	38	28	40
40	34	21	17	33	25	51	39	36	4
59	36	49	56	24	44	41	39	35	27
58	41	21	14	53	36	24	37	34	46
49	31	28	15	25	28	43	40	33	38
40	50	46	28	32	30	16	46	30	23
32	50	37	23	41	39	39	40	34	40
34	35	38	38	33	46	38	48	52	30
42	24	43	40	43	14	25	40	43	27

建筑使用寿命/a

25	44	33	33	38	58	53	39	29	24
50	41	35	25	50	33	32	37	39	20
55	31	35	24	34	31	46	36	27	39
11	40	53	40	45	29	39	52	39	39
40	23	54	34	26	34	38	26	44	40
31	15	33	28	42	33	31	20	24	44
55	20	36	25	32	40	41	45	29	33
61	18	22	41	26	26	48	31	36	51
28	31	22	48	22	35	37	23	43	39
41	49	25	30	41	36	29	54	39	45
47	33	25	21	38	35	42	37	39	33
37	26	47	28	29	47	38	30	38	49
30	16	34	38	27	32	40	39	44	38
29	44	34	5	23	43	33	47	24	23
55	34	20	48	5	36	28	37	41	46
25	30	37	43	35	31	45	19	40	28
31	25	39	36	30	30	35	42	36	26
37	33	28	31	34	26	36	26	48	34
33	36	51	27	32	46	27	38	41	47
49	35	19	42	23	39	26	28	9	45
44	51	51	35	41	38	18	43	31	40
38	39	23	25	57	54	40	25	48	44
40	49	23	24	33	32	31	22	31	37
51	31	35	29	46	50	30	25	38	55
42	56	21	7	47	28	38	38	33	51
43	41	33	34	13	37	30	42	43	37
25	41	56	41	19	18	25	14	43	30
23	28	37	45	30	32	45	55	36	18
37	34	35	38	37	36	47	16	32	37
39	62	29	36	42	39	35	38	34	32
46	18	21	16	48	19	36	53	33	26
48	49	18	25	26	23	40	37	52	50
33	22	32	23	26	40	33	32	39	47
45	38	24	40	27	32	39	44	18	24
25	44	26	26	39	38	36	41	29	37
43	59	40	23	24	33	37	34	51	27
29	47	36	38	46	26	50	38	40	39

续表

建筑使用寿命/a									
35	32	48	37	24	33	36	43	24	24
40	39	48	49	29	19	34	35	33	43
39	28	34	39	27	26	43	35	38	43
48	16	23	47	45	49	22	25	8	34
27	17	29	26	36	41	40	31	46	24
27	48	36	40	48	41	38	41	36	36
43	47	20	50	41	51	43	46	39	47
19	39	28	37	38	47	33	18	24	35
42	15	9	22	41	44	37	53	43	23
49	32	23	48	38	33	23	38	28	22
最大值	73		最小值	4		平均值	35		

附录 10 建筑拆除阶段暴露时间

附表10.1 中国建筑拆除阶段暴露时间调查

拆除阶段暴露时间/a									
0.5	0.3	0.7	0.2	0.6	0.5	0.4	0.4	0.2	0.5
0.5	0.5	0.5	0.5	0.5	0.6	0.4	0.3	0.4	0.2
0.6	0.6	0.4	0.6	0.6	0.4	0.5	0.3	0.2	0.4
0.1	0.4	0.4	0.4	0.5	0.3	0.7	0.4	0.5	0.4
0.7	0.5	0.6	0.7	0.4	0.3	0.4	0.4	0.7	0.4
0.5	0.5	0.6	0.2	0.5	0.6	0.4	0.4	0.6	0.6
0.4	0.4	0.5	0.6	0.5	0.4	0.7	0.4	0.4	0.1
0.6	0.6	0.5	0.4	0.5	0.4	0.6	0.4	0.5	0.7
0.4	0.6	0.6	0.5	0.4	0.6	0.4	0.2	0.5	0.5
0.6	0.3	0.3	0.4	0.5	0.4	0.5	0.5	0.5	0.5
0.5	0.3	0.4	0.7	0.5	0.5	0.5	0.5	0.4	0.4
0.6	0.4	0.5	0.6	0.7	0.2	0.3	0.1	0.3	0.5
0.4	0.4	0.4	0.4	0.4	0.3	0.6	0.5	0.4	0.5
0.6	0.4	0.4	0.4	0.4	0.2	0.4	0.3	0.4	0.4
0.4	0.3	0.5	0.4	0.4	0.6	0.4	0.5	0.5	0.6
0.4	0.5	0.4	0.5	0.7	0.5	0.5	0.4	0.4	0.1
0.2	0.3	0.3	0.4	0.4	0.5	0.5	0.3	0.6	0.5
0.5	0.4	0.4	0.3	0.4	0.6	0.3	0.4	0.2	0.5
0.3	0.3	0.3	0.1	0.4	0.4	0.6	0.4	0.4	0.3
0.7	0.4	0.5	0.3	0.4	0.5	0.5	0.4	0.7	0.5
0.4	0.6	0.6	0.6	0.4	0.3	0.4	0.3	0.4	0.6
0.6	0.5	0.4	0.6	0.5	0.5	0.5	0.3	0.5	0.2
0.4	0.4	0.4	0.4	0.5	0.6	0.4	0.5	0.3	0.5
0.7	0.2	0.3	0.5	0.5	0.7	0.4	0.3	0.3	0.4
0.2	0.4	0.4	0.5	0.5	0.3	0.4	0.3	0.4	0.6
0.4	0.7	0.4	0.4	0.7	0.7	0.3	0.4	0.2	0.4
0.5	0.5	0.5	0.4	0.4	0.5	0.4	0.2	0.3	0.5
0.2	0.3	0.4	0.2	0.4	0.4	0.2	0.4	0.3	0.4
0.2	0.6	0.3	0.3	0.5	0.4	0.7	0.5	0.4	0.4
0.6	0.6	0.4	0.5	0.5	0.4	0.5	0.5	0.4	0.7
0.4	0.5	0.6	0.5	0.8	0.5	0.4	0.5	0.2	0.3
0.4	0.1	0.6	0.2	0.3	0.5	0.5	0.2	0.5	0.5

拆除阶段暴露时间/a									
0.7	0.5	0.3	0.7	0.4	0.3	0.5	0.5	0.5	0.1
0.6	0.4	0.1	0.5	0.4	0.5	0.7	0.4	0.4	0.3
0.3	0.3	0.5	0.5	0.3	0.3	0.3	0.8	0.3	0.4
0.6	0.2	0.3	0.4	0.3	0.5	0.4	0.4	0.4	0.3
0.7	0.5	0.2	0.3	0.4	0.5	0.6	0.5	0.3	0.6
0.4	0.5	0.5	0.2	0.5	0.3	0.3	0.6	0.4	0.3
0.2	0.4	0.3	0.4	0.6	0.3	0.4	0.5	0.5	0.1
0.3	0.4	0.4	0.4	0.5	0.4	0.6	0.5	0.2	0.5
0.3	0.5	0.6	0.7	0.3	0.4	0.4	0.7	0.4	0.4
0.7	0.5	0.3	0.5	0.4	0.4	0.3	0.2	0.5	0.3
0.5	0.3	0.7	0.2	0.6	0.5	0.3	0.3	0.6	0.4
0.4	0.3	0.2	0.4	0.5	0.4	0.5	0.4	0.4	0.4
0.4	0.4	0.3	0.3	0.4	0.6	0.6	0.5	0.4	0.5
0.7	0.4	0.5	0.5	0.3	0.4	0.4	0.4	0.6	0.2
0.4	0.3	0.7	0.3	0.3	0.5	0.5	0.3	0.5	0.4
0.5	0.4	0.5	0.3	0.6	0.4	0.3	0.4	0.7	0.5
0.4	0.4	0.6	0.4	0.4	0.4	0.4	0.3	0.5	0.3
0.4	0.5	0.6	0.7	0.3	0.3	0.3	0.3	0.4	0.3
0.4	0.5	0.3	0.5	0.4	0.5	0.5	0.4	0.5	0.4
0.5	0.3	0.3	0.4	0.4	0.4	0.4	0.5	0.4	0.3
0.4	0.4	0.2	0.6	0.5	0.4	0.7	0.4	0.5	0.4
0.4	0.4	0.2	0.4	0.4	0.3	0.2	0.5	0.5	0.4
0.6	0.5	0.3	0.3	0.3	0.3	0.7	0.4	0.5	0.5
0.5	0.4	0.5	0.4	0.5	0.4	0.6	0.4	0.3	0.7
0.7	0.7	0.4	0.4	0.6	0.5	0.4	0.5	0.4	0.6
0.3	0.6	0.7	0.4	0.4	0.6	0.7	0.3	0.5	0.4
0.6	0.4	0.2	0.6	0.6	0.4	0.5	0.4	0.5	0.2
0.4	0.3	0.4	0.5	0.5	0.7	0.5	0.4	0.1	0.4
0.4	0.4	0.7	0.5	0.2	0.3	0.5	0.2	0.3	0.6
0.3	0.7	0.4	0.4	0.5	0.5	0.6	0.4	0.5	0.3
0.4	0.4	0.4	0.5	0.4	0.4	0.4	0.5	0.4	0.7
0.5	0.5	0.3	0.6	0.5	0.4	0.2	0.4	0.2	0.6
0.2	0.4	0.6	0.5	0.4	0.3	0.5	0.6	0.6	0.5
0.4	0.5	0.7	0.4	0.6	0.4	0.6	0.3	0.3	0.3
0.5	0.6	0.6	0.5	0.3	0.5	0.5	0.5	0.5	0.7
0.6	0.5	0.7	0.3	0.5	0.4	0.5	0.5	0.5	0.6
0.7	0.5	0.4	0.6	0.7	0.4	0.4	0.4	0.4	0.4

拆除阶段暴露时间/a									
0.3	0.4	0.4	0.5	0.5	0.4	0.4	0.5	0.6	0.2
0.4	0.3	0.4	0.4	0.4	0.3	0.5	0.4	0.4	0.6
0.6	0.2	0.4	0.3	0.6	0.5	0.6	0.2	0.7	0.4
0.3	0.6	0.6	0.4	0.5	0.4	0.4	0.4	0.6	0.4
0.4	0.3	0.4	0.4	0.4	0.4	0.5	0.2	0.4	0.7
0.2	0.4	0.2	0.6	0.5	0.6	0.3	0.6	0.5	0.4
0.4	0.7	0.4	0.4	0.5	0.2	0.4	0.5	0.8	0.6
0.4	0.6	0.6	0.6	0.5	0.5	0.5	0.6	0.4	0.1
0.3	0.6	0.6	0.4	0.5	0.3	0.3	0.2	0.3	0.6
0.4	0.4	0.5	0.3	0.4	0.4	0.5	0.5	0.5	0.4
0.7	0.4	0.7	0.4	0.5	0.3	0.6	0.6	0.5	0.4
0.6	0.6	0.4	0.4	0.4	0.3	0.4	0.6	0.5	0.6
0.3	0.6	0.5	0.6	0.5	0.5	0.4	0.5	0.6	0.5
0.5	0.5	0.6	0.4	0.4	0.7	0.5	0.5	0.6	0.3
0.5	0.4	0.3	0.5	0.6	0.4	0.4	0.1	0.4	0.3
0.5	0.3	0.6	0.5	0.5	0.5	0.1	0.3	0.3	0.5
0.6	0.3	0.5	0.5	0.3	0.4	0.6	0.3	0.4	0.3
0.4	0.7	0.4	0.6	0.5	0.4	0.4	0.4	0.3	0.1
0.8	0.3	0.6	0.5	0.5	0.5	0.6	0.4	0.5	0.3
0.6	0.3	0.2	0.4	0.4	0.7	0.3	0.4	0.3	0.6
0.5	0.6	0.6	0.4	0.2	0.3	0.5	0.3	0.4	0.5
0.3	0.4	0.4	0.8	0.3	0.5	0.6	0.7	0.5	0.4
0.4	0.4	0.4	0.3	0.7	0.3	0.3	0.2	0.4	0.7
0.3	0.2	0.6	0.4	0.7	0.5	0.6	0.4	0.6	0.6
0.6	0.3	0.4	0.6	0.6	0.6	0.4	0.5	0.3	0.5
0.5	0.4	0.7	0.6	0.4	0.6	0.6	0.4	0.3	0.4
0.1	0.5	0.5	0.2	0.6	0.3	0.2	0.2	0.5	0.5
0.3	0.5	0.4	0.5	0.4	0.6	0.1	0.6	0.3	0.6
0.4	0.4	0.2	0.5	0.2	0.4	0.6	0.4	0.4	0.6
0.5	0.4	0.5	0.3	0.6	0.7	0.4			
最大值	0.8		最小值	0.1		平均值		0.4	

附录 11 中国水泥砂浆利用类型和比例调查数据

附表11.1 中国水泥砂浆利用类型和比例调查数据　　　　　　（单位：%）

抹灰和装饰									
46.4	49.5	58.2	48.5	54.9	53.3	53.4	49.7	55.5	53.9
55.5	55.1	53.8	48.7	51.4	55.0	47.2	50.8	46.6	57.1
50.9	55.9	48.0	50.6	55.7	46.5	44.5	54.2	49.3	53.1
47.2	71.3	48.8	52.6	43.1	46.6	47.5	45.5	50.7	51.7
48.7	45.8	57.5	50.8	46.2	48.8	52.7	56.6	59.4	62.0
55.9	55.2	47.8	56.6	45.6	46.7	49.0	54.5	51.1	52.6
59.9	49.5	46.2	43.3	37.5	54.8	43.1	49.2	46.1	56.9
45.0	52.4	58.3	48.3	49.9	48.5	52.4	47.8	52.9	52.8
46.3	48.7	56.1	48.6	49.0	49.6	47.8	51.5	41.3	43.1
52.4	53.4	48.6	47.0	38.3	46.9	38.2	51.0	56.4	51.2
54.2	54.5	49.2	43.3	56.1	46.6	56.5	52.2	53.6	53.3
45.2	51.3	47.9	49.3	55.3	53.6	49.4	47.0	53.5	44.1
46.9	59.7	60.7	50.4	51.6	49.2	47.7	54.3	51.3	50.5
44.2	46.8	45.8	29.2	57.4	49.8	46.5	45.7	49.9	50.7
55.8	47.9	47.8	49.4	54.7	48.7	50.9	48.6	43.5	45.9
52.3	52.0	52.2	56.3	51.5	47.1	44.6	50.2	45.4	55.8
49.5	46.7	57.2	56.2	41.9	43.9	48.8	49.9	50.3	54.6
45.1	51.1	46.5	52.9	55.1	51.7	53.7	52.2	52.9	48.4
48.3	47.7	48.3	29.8	50.4	41.8	45.0	48.5	46.7	52.9
50.0	55.4	54.1	55.3	51.3	55.1	43.2	48.7	50.1	53.8
53.5	48.5	55.7	44.6	54.8	40.7	48.8	47.3	47.4	48.9
49.0	47.6	53.0	51.0	58.9	50.0	55.0	52.2	53.0	0.0
55.2	51.2	47.2	43.4	54.0	45.4	59.8	49.9	49.7	50.4
52.3	41.5	53.7	55.1	52.8	45.7	57.5	60.2	53.6	50.0
57.7	51.8	50.5	48.0	55.5	59.0	47.1	49.3	45.9	45.1
45.8	51.2	51.8	54.4	48.5	45.8	46.1	48.0	51.5	52.1
54.0	53.0	52.3	54.3	48.4	52.7	50.9	45.7	55.7	50.9
56.5	56.0	56.6	46.6	48.4	52.3	46.2	48.6	48.5	57.6
50.6	56.1	56.5	50.7	52.3	51.2	50.7	46.4	55.2	49.3
44.6	48.5	45.2	48.0	47.6	49.6	47.7	45.0	48.2	59.3
48.7	51.5	52.3	58.6	49.1	42.8	50.6	53.3	51.5	49.6
50.2	44.2	49.6	53.2	46.0	53.1	52.8	54.1	51.8	48.4
53.7	52.7	43.7	47.4	35.3	50.6	51.3	45.8	48.4	55.5

				抹灰装饰					
57.4	55.1	46.9	49.5	55.5	56.7	48.5	43.9	45.6	55.5
37.3	53.0	69.6	56.1	46.9	51.3	48.9	54.1	55.5	53.9
54.4	58.7	54.5	47.1	49.8	42.3	49.4	55.1	47.6	51.0
48.2	51.2	56.9	50.7	51.7	46.3	57.2	46.6	48.9	55.7
49.0	46.3	50.2	50.6	41.1	51.7	49.2	49.4	49.4	49.2
50.8	51.0	55.0	50.0	51.1	49.1	48.5	51.2	53.7	56.4
45.0	51.3	50.7	46.7	57.4	49.2	51.7	53.1	50.6	54.9
51.4	53.6	48.2	48.6	59.0	53.7	53.3	47.4	51.3	56.6
45.4	52.4	48.0	56.7	54.0	48.6	54.5	55.0	53.8	56.5
47.4	45.0	52.6	51.8	47.8	53.0	45.7	49.0	49.3	48.6
45.0	52.7	57.8	46.8	51.7	51.3	54.8	45.1	45.1	50.0
48.9	56.7	50.2	50.0	45.7	50.9	54.7	40.8	51.6	42.0
50.0	41.8	54.4	46.1	50.0	47.2	48.1	44.2	47.2	54.0
51.4	53.1	54.9	47.2	48.7	41.5	47.6	45.2	58.4	46.8
45.2	55.3	57.1	50.1	53.1	51.8	48.0	49.1	55.2	45.3
58.3	45.1	47.8	56.6	54.1	47.1	49.9	55.2	46.7	52.1
49.5	47.0	44.0	56.3	49.5	49.9	44.0	51.9	57.6	46.8
46.3	46.0	42.6	53.4	50.4	44.7	56.8	51.8	51.9	51.8
52.3	45.2	38.8	46.8	46.0	47.6	54.3	52.2	51.2	54.6
53.4	46.5	54.5	56.5	46.0	45.6	49.0	45.9	50.0	47.6
43.6	47.0	50.1	54.0	50.6	51.4	54.4	46.1	53.7	48.5
44.7	43.2	55.9	47.6	49.9	48.1	49.5	50.9	52.9	47.1
47.1	49.6	44.2	54.9	48.7	48.6	55.7	49.2	57.3	51.4
43.3	55.2	52.7	43.3	55.4	52.6	51.7	54.5	54.0	44.6
52.0	44.2	47.1	48.6	56.2	40.8	54.1	55.8	53.4	45.8
51.7	51.3	50.2	58.8	48.2	46.8	53.6	43.6	51.7	48.1
54.4	54.2	45.8	50.9	50.9	50.3	51.5	52.0	55.1	47.9
50.3	47.4	52.6	54.4	65.3	51.2	46.7	48.8	52.0	54.1
47.2	47.0	50.4	51.0	46.4	57.2	50.0	47.4	49.8	55.2
49.7	50.3	47.2	41.6	50.4	55.8	51.5	52.4	48.6	50.3
49.6	54.7	51.6	55.9	47.8	52.8	53.0	53.0	52.9	48.2
48.9	51.8	11.6	51.9	48.8	49.3	50.1	48.7	48.9	52.8
54.3	39.7	48.4	46.8	45.6	53.0	58.7	45.2	56.2	52.1
53.5	44.7	49.2	48.1	52.8	52.2	55.6	49.7	51.6	52.9
50.8	50.4	49.9	54.8	43.6	57.1	51.3	44.3	54.6	52.6
52.8	53.7	50.7	48.7	55.8	46.8	44.6	0.0	49.4	53.0
51.5	43.3	52.8	48.3	51.7	52.5	49.3	54.	50.9	53.0
54.6	52.7	52.9	51.1	50.7	54.6	50.4	52.9	54.1	45.5
40.2	51.2	54.2	51.9	52.5	51.8	47.8	50.0	37.4	50.1
47.3	48.4	49.3	51.6	46.5	51.1	49.8	54.7	47.1	57.9

续表

抹灰装饰									
49.3	53.5	47.2	52.0	50.0	51.1	43.1	44.9	52.2	48.3
54.3	43.0	51.8	52.0	46.2	61.7	50.4	47.5	57.8	51.7
50.4	51.3	49.6	40.6	37.4	42.6	55.7	47.6	51.3	45.1
49.8	52.6	51.0	53.7	47.2	44.8	48.3	55.8	44.3	49.6
53.9	53.5	52.2	49.9	43.7	57.1	40.8	55.6	54.7	42.1
52.1	54.2	55.4	51.1	52.0	52.6	49.2	50.2	51.4	49.1
51.9	54.5	49.4	43.3	49.3	54.8	51.9	53.8	51.1	56.2
45.9	49.6	45.3	49.3	57.0	53.6	53.6	47.6	50.3	41.4
47.5	48.3	45.1	45.7	52.1	47.4	100.0	55.0	0.0	57.0
54.6	49.0	51.4	49.3	57.9	48.2	44.5	50.7	43.6	54.6
49.7	42.9	40.8	45.1	53.3	55.4	47.6	47.1	44.8	51.4
50.5	54.5	46.2	53.7	60.4	53.9	54.7	50.2	59.4	54.7
0.0	53.3	48.8	48.1	53.6	51.3	51.0	52.4	47.9	44.3
52.5	53.5	50.6	46.5	46.3	53.5	53.3	41.9	52.9	53.7
53.4	50.1	44.2	58.7	56.7	44.8	45.3	53.8	52.4	52.2
47.1	48.8	55.8	50.1	54.2	51.3	57.2	54.6	49.3	52.8
54.1	52.1	51.3	44.7	45.1	53.8	50.2	53.9	47.1	47.8
56.5	55.0	46.6	52.8	47.5	56.0	47.6	56.4	49.3	49.1
51.9	43.7	45.9	49.0	36.6	52.4	48.2	63.7	62.6	55.8
52.8	46.8	46.9	51.1	55.2	50.9	46.7	47.5	53.5	49.7
47.9	55.8	50.1	31.2	48.7	52.2	50.2	56.6	51.7	49.3
47.9	54.1	49.5	45.8	53.2	52.1	45.1	46.1	53.8	60.9
49.0	45.9	50.5	45.3	55.0	52.9	50.8	53.7	45.7	49.8
44.8	45.8	75.5	54.2	55.3	55.3	49.8	43.4	68.9	46.4
40.1	69.2	52.6	54.7	55.7	57.2	58.0	37.8	69.4	55.6
48.8	63.2	53.2	51.6	49.1	52.8	55.6	46.2	64.1	53.1
49.3	64.3	53.8	50.8	54.6	51.3	57.8	57.9	52.2	59.0
53.8	67.3	49.6	52.7	52.5	49.3	52.8	55.4	68.6	48.2
53.3	77.1	51.2	56.2	47.7	52.7	45.6	51.3	65.5	55.5
52.2	69.2	57.3	68.1	49.3	56.1	46.8	48.2	67.8	44.8
51.3	64.7	51.4	65.2	51.8	50.6	58.3	54.4	63.4	48.0
52.2	61.9	49.8	58.2	50.2	52.2	52.4	55.5	41.3	55.9
49.8	71.5	52.5	67.0	52.9	54.3	50.8	47.6	69.5	55.8
52.9	68.5	44.0	67.1	54.6	45.1	44.0	46.9	69.3	54.7
52.2	63.9	52.3	59.6	59.8	51.5	61.3	47.9	44.2	44.7
46.8	74.1	49.5	70.5	50.3	54.4	48.4	49.0	49.8	57.5
43.2	65.7	51.3	69.4	54.8	54.7	48.2	46.7	56.0	50.3
44.8	66.1	52.6	69.5	54.3	45.1	49.7	49.6	60.8	53.6
50.9	46.6	55.5	66.4	54.9	53.9	56.9	47.4	58.5	48.3
49.6	50.5	44.7	50.2	53.8	56.2	60.9	55.1	48.1	50.5
50.8	49.0	49.3	55.9	52.6	51.8	46.0	50.2	46.7	48.0
53.0	53.8	55.9	57.6	最大值	100.0	最小值	0.0	平均值	70.2

砌筑									
20.4	15.7	15.0	17.7	11.6	16.9	20.1	12.4	22.6	15.6
18.3	20.9	15.1	18.4	18.2	19.1	25.0	18.7	17.8	10.8
20.3	11.5	20.8	19.0	14.6	18.7	18.5	18.1	17.0	17.8
19.6	0.0	20.3	17.8	19.8	19.0	23.9	15.7	17.1	18.9
17.6	17.3	18.5	19.8	19.1	28.1	19.8	16.3	18.6	16.4
17.4	18.5	16.2	26.5	20.5	19.0	15.1	18.7	19.0	19.5
16.9	23.8	17.5	31.0	18.2	19.4	18.8	17.1	15.5	14.5
22.0	20.5	16.6	16.4	16.8	16.1	19.2	18.4	18.6	18.4
18.6	18.3	18.7	19.5	18.7	25.0	19.7	29.8	19.8	17.9
17.5	8.8	17.1	25.4	19.5	19.0	21.4	8.0	15.8	16.7
17.2	19.7	18.9	9.5	17.8	18.3	17.2	20.4	26.3	20.0
17.3	19.3	20.7	20.0	16.3	24.8	22.0	12.8	17.6	14.2
22.9	14.8	12.8	20.3	18.0	16.9	17.1	18.7	16.1	17.4
29.3	19.3	19.6	16.6	11.7	19.8	18.9	17.8	17.8	17.2
17.8	20.2	21.3	19.1	22.1	18.4	21.5	31.4	19.3	19.4
18.2	17.4	18.0	16.6	19.0	19.2	26.0	36.8	17.9	19.3
17.3	20.5	7.7	24.1	17.2	16.5	19.6	16.1	20.7	12.2
19.6	18.1	17.1	16.3	15.1	15.0	15.0	18.7	30.1	19.1
17.4	14.9	23.3	24.9	17.5	16.9	16.9	21.1	16.4	23.7
16.0	9.7	19.3	17.9	17.4	37.1	26.6	20.2	17.7	17.0
16.7	17.3	18.9	15.4	18.7	19.6	19.3	16.2	17.1	17.2
16.1	20.4	14.8	8.9	18.3	18.4	20.5	26.8	16.6	18.9
16.2	18.9	18.1	17.6	18.6	18.2	18.6	18.5	21.8	19.2
13.5	21.6	13.4	15.0	14.2	17.9	18.2	10.6	27.7	19.2
11.1	19.3	17.6	18.6	18.8	17.0	20.0	17.3	24.7	15.6
17.8	12.0	17.9	18.4	19.2	18.4	18.5	19.3	15.7	24.3
18.6	20.4	16.7	19.0	19.8	20.2	13.6	12.9	16.6	51.7
20.7	13.4	17.3	23.4	20.0	17.9	10.2	16.2	26.0	29.2
15.0	10.9	10.0	13.9	17.9	19.9	15.6	16.8	17.1	50.8
17.8	21.0	20.9	18.9	18.5	20.7	19.8	18.5	17.0	48.1
19.9	18.5	18.1	17.7	24.3	17.2	16.1	15.1	9.2	46.4
20.4	19.2	20.4	18.1	15.9	7.9	19.2	19.9	18.7	0.0
16.4	15.4	19.4	18.3	19.5	18.8	5.3	17.3	15.7	55.5
16.1	13.5	18.2	14.0	18.0	17.5	14.3	19.5	20.5	18.3
16.6	16.4	0.0	19.0	21.6	18.0	26.9	18.1	17.8	19.7
16.4	17.4	20.4	19.5	20.9	19.3	15.7	22.7	17.8	17.6
19.9	19.4	15.3	17.7	18.0	15.6	13.6	18.7	18.0	15.9
14.1	16.6	26.4	16.3	18.8	17.5	17.5	15.8	16.1	17.8
15.0	18.2	17.5	17.9	23.0	16.6	19.5	18.8	17.8	18.5
27.8	18.0	18.9	8.0	18.9	24.8	18.4	10.7	16.5	21.2

砌筑									
15.8	17.9	17.5	17.6	20.7	16.3	17.7	18.9	16.9	17.4
18.6	17.0	18.3	17.3	17.4	19.9	19.6	18.4	17.7	19.1
19.3	21.0	17.2	23.6	21.1	19.6	18.1	20.2	19.3	17.5
22.0	15.5	16.8	16.4	19.7	15.8	20.6	20.1	19.1	19.0
25.3	19.3	19.7	15.4	18.2	17.9	19.1	19.7	16.8	20.7
19.1	21.6	19.3	16.8	27.4	16.7	16.3	19.3	20.0	16.4
15.3	16.2	20.3	17.5	20.0	19.7	18.7	11.0	22.3	18.9
19.1	16.6	16.8	19.0	17.5	21.6	19.1	20.5	20.9	20.6
17.3	20.5	17.7	13.2	16.5	16.2	20.0	53.3	17.8	51.2
21.0	22.2	23.4	20.2	17.1	17.4	20.5	42.4	14.8	50.7
20.0	20.7	19.9	16.4	15.8	19.9	17.0	48.1	20.0	46.2
17.5	21.5	29.5	19.6	18.0	19.5	21.2	48.8	13.8	46.7
20.5	21.9	16.4	17.9	14.1	19.0	18.1	30.0	12.1	47.8
25.8	23.9	18.3	16.0	20.2	17.2	17.8	46.3	17.9	48.7
20.9	12.6	20.4	19.5	17.4	18.2	16.2	11.7	19.2	47.8
25.0	20.7	26.3	18.6	19.1	18.7	19.0	19.0	27.1	17.4
18.9	15.4	20.7	8.4	19.5	17.6	30.7	19.3	16.3	17.5
19.2	19.2	16.7	13.6	17.9	12.8	21.0	16.0	24.4	19.3
20.4	19.0	17.6	18.5	17.6	25.5	17.6	15.1	0.0	16.5
14.2	13.3	16.4	14.2	18.5	11.4	19.3	21.5	0.0	32.6
14.8	18.4	17.3	19.4	17.7	18.4	16.7	21.4	20.0	21.0
18.8	21.5	17.6	19.7	17.3	16.5	18.8	19.3	0.0	17.8
19.2	16.9	16.8	15.0	20.3	13.1	16.1	21.7	0.0	6.8
20.4	16.6	19.2	19.5	17.3	15.0	19.9	12.1	0.0	18.8
15.1	18.7	52.3	19.6	16.7	17.1	18.7	18.5	0.0	16.8
19.6	25.8	21.6	19.6	17.5	14.0	17.1	16.4	30.0	18.3
17.2	18.0	20.9	14.3	20.3	19.3	15.0	18.0	0.0	18.5
21.8	18.2	14.3	20.6	19.3	18.3	18.8	20.0	0.0	16.9
33.1	15.8	19.3	21.4	19.8	15.6	19.0	15.2	25.0	16.9
16.7	19.9	21.2	16.2	37.0	18.4	17.8	25.1	17.1	20.1
21.2	18.5	16.9	19.8	18.5	16.1	20.0	9.5	17.0	13.3
26.5	16.6	19.1	18.3	21.2	16.5	16.5	17.7	9.2	16.6
16.0	16.0	19.9	30.0	17.2	19.0	17.3	18.6	0.0	17.3
14.5	19.4	16.9	16.6	20.5	18.1	13.3	15.9	15.8	19.0
13.4	23.0	11.2	16.2	21.0	19.2	18.7	14.8	18.8	18.8
20.8	20.0	19.4	19.2	18.9	17.3	18.3	16.3	10.7	25.1
16.5	17.9	13.1	17.2	19.7	17.8	19.5	32.3	19.5	20.5
11.0	12.7	17.0	22.6	13.3	14.2	15.6	21.0	17.7	19.7
8.4	13.2	19.5	15.8	19.2	17.6	17.2	18.9	20.0	20.8
20.5	18.5	15.9	17.1	16.7	13.8	19.5	19.7	0.0	21.0
26.3	17.1	15.6	15.2	17.0	33.6	16.6	17.5	0.0	18.8

砌筑									
18.4	18.5	18.8	19.0	19.0	21.1	23.5	17.7	20.0	14.9
14.0	13.1	18.0	18.3	18.4	27.0	7.9	27.2	0.0	17.2
18.6	27.2	31.0	18.6	17.1	20.3	20.0	19.0	16.6	18.4
18.7	17.4	14.7	18.3	18.2	20.4	15.9	16.4	23.5	20.0
15.0	15.8	14.9	13.9	18.7	19.2	13.7	16.7	7.9	18.7
16.0	17.7	11.0	26.4	18.3	16.8	20.4	18.1	20.0	13.2
19.6	19.9	19.0	17.4	19.6	17.3	19.7	14.9	19.5	19.4
21.8	18.3	16.9	8.8	17.5	18.1	15.9	19.1	18.1	21.3
17.1	22.7	20.5	17.5	17.6	13.2	21.2	19.1	22.7	20.8
17.1	17.7	19.9	18.5	7.8	21.3	16.6	11.1	20.5	4.2
18.6	20.4	20.9	32.5	18.3	31.5	20.5	13.7	21.0	17.1
17.3	20.8	16.5	16.2	14.9	16.0	16.1	16.2	17.2	16.6
15.6	18.3	20.5	17.5	17.5	17.9	17.2	18.0	19.5	19.4
31.9	20.4	17.3	16.2	17.6	17.0	15.8	13.5	21.2	19.4
14.0	17.5	22.6	19.8	19.9	18.5	8.5	21.6	17.2	19.6
21.0	13.0	16.1	16.3	13.1	0.0	15.4	0.0	17.9	18.3
20.9	19.3	20.2	17.7	22.0	16.3	18.2	0.0	17.9	0.0
16.7	15.6	16.8	15.7	16.1	17.0	11.6	0.0	16.7	0.0
18.9	17.5	21.5	18.2	13.3	13.4	11.9	0.0	20.0	0.0
18.2	13.1	30.3	15.8	16.1	18.5	16.8	0.0	18.1	0.0
18.0	15.0	17.3	19.9	16.5	19.6	18.3	0.0	19.5	0.0
22.5	17.1	22.0	18.5	19.8	17.6	18.5	0.0	15.6	0.0
16.1	14.0	14.2	16.6	18.1	17.4	16.9	0.0	19.3	0.0
16.3	19.3	14.8	19.4	19.3	6.9	17.1	0.0	18.0	0.0
18.7	18.3	18.8	18.2	18.4	22.0	16.6	17.4	22.1	19.0
18.1	15.6	8.0	16.5	17.5	17.1	19.4	21.6	11.7	19.6
17.2	18.4	19.7	19.1	19.5	18.6	19.4	15.1	16.5	17.0
19.9	16.1	19.0	19.9	18.4	17.3	18.2	19.8	15.7	14.7
11.4	16.5	20.9	16.9	18.7	15.6	18.0	20.6	18.5	20.0
18.6	19.0	16.5	11.2	0.0	15.7	19.8	19.2	19.6	19.6
28.4	18.1	19.0	19.4	0.0	20.0	16.0	29.2	17.3	17.1
17.9	19.2	20.0	16.1	0.0	13.8	16.9	20.6	14.6	18.3
16.3	17.3	17.9	15.0	0.0	44.3	22.4	19.0	16.5	16.1
18.4	19.7	18.5	13.3	最大值	55.5	最小值	0.0	平均值	17.9
维修和护理									
33.2	34.8	26.8	27.4	35.1	24.9	32.1	34.4	29.2	0.0
26.2	24.0	31.1	29.7	32.1	28.5	34.7	24.7	34.9	0.0
28.8	32.6	31.2	32.4	34.6	34.9	32.6	28.1	31.2	0.0

					维修和护理				
33.2	28.7	30.9	32.6	26.0	27.3	33.6	26.0	33.2	0.0
33.7	36.9	24.0	30.4	35.4	33.5	24.3	26.2	37.6	0.0
26.7	26.3	36.0	19.3	22.9	30.1	30.2	31.9	29.7	0.0
23.2	26.7	36.3	30.2	27.3	32.7	36.8	34.0	31.5	0.0
33.0	27.1	25.1	24.0	34.0	31.2	28.7	28.6	31.7	32.8
35.1	33.0	25.2	40.6	33.5	33.4	28.9	24.7	27.1	29.6
30.1	37.8	34.3	26.7	29.0	32.0	35.6	30.8	32.9	28.5
28.6	25.8	31.9	32.4	31.2	29.2	26.0	29.8	35.2	36.7
37.5	29.4	31.4	34.7	31.5	28.8	33.7	32.2	36.9	24.2
30.2	25.5	26.5	31.9	35.0	33.1	30.0	28.4	27.3	34.2
26.5	33.9	34.6	33.8	34.0	32.4	32.3	32.2	27.7	27.8
26.4	31.9	30.9	29.8	32.2	31.4	25.1	25.9	26.5	38.5
29.5	30.6	29.8	52.4	32.4	30.1	17.8	33.1	30.6	36.1
33.2	32.8	35.1	31.4	32.6	28.7	33.6	32.6	38.4	29.3
35.3	30.8	36.4	27.2	35.0	43.2	28.4	28.2	30.8	25.5
34.3	37.4	28.4	28.8	30.3	28.0	32.2	33.8	34.1	29.7
34.0	34.9	26.6	30.2	34.1	32.7	29.7	33.5	28.0	32.8
29.8	34.2	25.4	33.1	32.6	30.7	36.4	33.6	31.0	29.3
34.9	32.0	32.2	25.1	34.4	34.1	20.2	35.9	23.8	27.3
28.6	29.9	34.7	37.0	29.2	35.7	31.8	46.4	37.2	33.1
34.2	36.9	32.9	30.8	35.9	22.8	35.8	30.5	33.4	32.5
31.2	28.9	31.9	38.7	21.0	34.2	36.8	34.1	31.3	33.1
36.4	36.8	30.3	27.9	31.5	28.8	29.2	30.7	36.0	30.2
27.4	26.6	31.0	33.6	32.2	34.1	31.4	30.6	31.3	28.2
22.8	30.6	26.1	25.4	34.3	38.6	35.3	42.6	36.2	19.4
34.4	33.0	33.5	27.8	33.5	34.8	28.0	31.0	31.6	34.8
37.6	30.5	33.9	33.5	35.1	37.4	33.3	34.6	30.7	31.0
31.4	30.0	29.6	28.6	30.7	30.8	33.4	23.4	31.8	32.6
29.4	36.6	30.0	34.8	30.8	30.2	28.3	28.7	33.8	28.5
29.9	31.9	36.9	33.5	26.4	38.0	34.3	28.6	31.8	32.2
26.5	31.4	34.9	28.0	36.2	34.4	34.9	31.9	31.5	31.3
46.1	30.6	30.4	35.1	34.5	30.8	26.4	38.9	26.0	34.8
29.2	23.9	25.1	32.5	25.0	38.0	29.7	33.2	30.8	20.7
31.9	29.4	27.8	24.6	26.9	34.7	32.4	33.8	29.2	30.2
36.9	37.1	23.4	37.3	34.6	33.4	34.8	27.9	27.4	34.9
34.2	30.8	27.5	31.8	27.6	31.3	27.5	32.7	28.9	31.2
27.2	30.7	30.4	32.8	29.9	27.9	38.7	30.3	30.7	27.5
32.8	28.5	34.3	25.2	26.2	33.7	29.8	33.2	34.3	30.4
36.0	30.6	33.7	37.0	35.2	27.4	27.8	34.4	31.4	29.1
33.3	34.0	30.2	31.5	23.9	30.6	30.5	36.1	33.2	37.9

维修和护理

33.0	31.8	25.4	23.7	31.3	28.5	34.8	33.4	34.0	34.6
25.8	24.0	30.1	32.4	36.7	33.7	28.7	30.6	33.2	31.7
30.9	36.6	26.3	35.3	31.8	42.2	33.5	32.7	24.9	35.5
33.3	30.7	24.8	33.3	35.8	29.5	30.6	36.2	33.8	31.0
35.7	28.1	26.1	34.2	37.3	33.8	24.3	30.2	31.6	30.4
24.4	34.4	34.5	31.2	34.4	30.1	0.0	33.3	27.6	26.1
29.5	30.8	32.6	33.7	27.7	34.8	0.0	34.9	34.9	32.0
33.7	33.3	37.5	26.0	32.3	35.4	0.0	15.3	33.2	32.2
30.2	33.3	31.7	23.8	30.2	33.2	0.0	33.9	26.7	33.8
26.1	31.6	29.1	27.1	33.7	30.5	20.0	34.6	34.1	31.2
30.6	29.1	31.6	34.2	33.9	34.1	0.0	32.7	24.8	38.0
34.4	44.2	23.7	26.3	36.5	35.2	35.4	31.6	33.8	30.6
27.9	29.7	29.5	27.8	30.0	28.4	23.7	34.8	27.5	28.7
37.8	29.4	26.6	33.7	31.3	28.5	26.7	32.9	28.5	33.4
28.8	36.6	36.2	27.5	27.6	32.2	30.6	35.8	31.8	33.4
27.9	29.7	32.2	43.9	26.6	32.1	33.2	22.8	33.3	33.0
31.4	32.5	37.8	25.9	37.9	29.5	23.4	32.1	35.8	22.3
34.9	34.2	30.1	29.8	30.3	26.1	26.6	29.5	31.1	33.7
34.0	31.5	32.0	30.7	33.9	25.4	30.9	29.2	29.8	27.3
31.1	32.8	36.0	29.1	32.3	31.1	29.7	23.5	30.5	35.3
30.0	28.7	29.2	35.9	30.3	30.8	35.0	33.4	22.0	40.6
36.0	29.5	36.1	43.4	30.3	28.3	32.6	37.6	32.2	25.5
26.1	34.5	30.0	27.0	33.8	30.7	27.4	43.4	29.6	29.5
29.3	37.3	29.9	34.1	34.5	27.9	30.4	35.6	31.7	33.0
27.4	31.4	35.8	33.9	31.0	34.4	25.4	33.7	33.7	27.5
14.1	30.5	30.0	33.6	35.9	28.5	35.4	32.2	32.4	40.2
31.8	36.8	26.0	29.6	63.0	27.6	24.0	33.6	33.3	29.7
24.2	28.8	30.2	32.9	27.0	28.2	36.4	27.8	31.0	29.3
33.3	32.2	26.7	35.6	25.9	32.4	44.9	28.9	37.7	36.7
36.7	35.6	30.8	32.4	32.8	31.6	34.3	23.8	34.0	28.4
36.2	27.1	35.9	29.1	24.8	25.0	31.9	28.1	20.0	29.4
32.3	34.0	37.0	30.3	34.1	38.7	27.4	21.3	0.0	35.5
28.8	28.7	31.0	28.8	33.6	36.9	32.4	32.5	30.0	32.5
33.7	29.5	35.9	30.7	32.7	23.4	23.4	27.3	0.0	28.9
35.1	33.8	30.8	41.6	30.9	31.8	24.3	25.9	0.0	29.5
39.5	32.6	25.1	32.1	25.2	28.0	29.7	37.0	0.0	33.0
27.6	27.0	34.7	32.5	33.1	26.9	29.2	37.4	0.0	36.8
27.8	33.3	39.1	35.1	29.2	36.0	32.2	34.0	0.0	32.9
34.1	33.2	36.1	23.1	33.4	28.3	82.3	30.9	34.1	29.0
31.4	37.9	30.6	29.6	26.6	36.7	29.2	28.6	25.6	38.3

维修和护理									
31.7	29.9	28.2	27.3	32.2	26.1	36.2	33.8	31.4	35.9
30.8	28.1	39.1	30.4	34.7	32.8	24.2	30.6	30.8	29.8
85.0	30.9	36.3	34.5	31.1	32.8	35.4	25.2	36.9	35.5
31.5	28.8	38.4	27.1	29.3	34.8	29.0	28.4	24.3	29.6
27.0	30.0	36.8	35.1	38.5	29.0	32.7	31.6	28.6	31.7
31.1	32.9	27.3	36.2	28.7	30.3	31.6	36.9	35.0	28.3
28.8	25.2	28.2	23.2	27.8	22.8	33.8	28.8	32.7	26.6
26.4	27.3	33.5	36.7	38.3	31.0	39.6	32.4	35.8	33.1
29.5	35.9	33.2	34.0	25.3	28.6	23.5	35.5	30.8	34.2
29.9	32.4	36.6	15.7	21.4	31.7	30.3	35.2	34.2	25.3
36.5	25.9	29.4	35.0	35.0	30.7	30.3	36.6	32.8	27.0
31.5	25.5	33.2	31.0	25.8	31.3	32.7	32.4	31.3	35.1
36.3	31.5	34.0	51.8	34.0	36.2	32.7	35.4	39.3	27.7
35.4	33.7	27.9	30.2	33.2	28.9	31.2	37.0	23.6	35.0
28.5	36.8	25.9	25.3	30.6	35.5	35.9	29.3	31.3	27.3
21.3	35.7	34.3	39.1	30.5	26.4	33.9	27.8	30.8	35.7
28.1	32.7	33.9	32.7	33.6	33.8	29.4	29.7	24.9	25.1
29.1	22.9	33.0	25.7	33.5	30.4	25.7	34.8	32.4	23.9
24.5	30.8	32.9	32.2	27.1	29.5	29.8	26.0	26.0	25.4
30.8	35.3	40.4	32.0	29.0	35.8	34.9	24.9	33.2	28.7
25.7	38.1	29.5	25.4	33.1	27.8	36.0	31.8	32.9	100.0
31.4	28.5	26.5	28.5	32.2	29.6	23.0	23.8	32.6	33.8
34.1	31.5	37.7	34.8	31.1	23.8	34.6	33.1	28.6	28.1
31.5	36.1	29.7	21.8	30.6	31.9	35.9	27.0	31.9	31.4
27.8	33.1	0.0	27.8	33.6	28.7	25.0	25.9	34.6	35.6
31.4	27.0	33.0	27.4	30.7	28.3	33.1	20.1	32.2	32.0
34.5	30.0	27.5	24.8	24.5	25.7	35.8	30.4	31.8	33.3
32.2	22.8	30.8	31.5	30.0	27.4	21.9	33.9	24.5	32.5
36.6	36.2	32.3	33.6	29.6	36.3	35.1	33.0	28.7	34.1
28.7	33.3	32.6	33.8	27.7	33.9	31.9	37.6	30.7	27.4
30.5	30.4	28.7	28.3	32.9	23.3	36.5	24.8	30.8	30.3
32.4	33.4	34.2	26.9	最大值	100.0	最小值	0.0	平均值	11.9

附录 12 中国水泥砂浆碳化速率系数测试数据

附表 12.1 中国水泥砂浆碳化速率系数测试数据

	抗压强度	暴露环境	暴露时间/a	1	2	3	4	5	6	7	8	9	10	11	12	13	14	15
波特兰水泥	M15	室外	1	6.8	7.1	15.9	14.3	9.7	16.5	9.4	12.8	6	15.6	6.3	4.5	13.7	14.9	5.3
	M15	室内		20.2	24.1	30.7	26.5	29.2	26.2	31.2	30	19.2	30.5	23.1	27	30.9	28.5	24.2
	M20	室外		9.1	10.3	12.8	11.5	8.9	15.9	10.2	14	14.8	10.3	5.6	14.9	13.9	11	9.6
	M20	室内		19.2	27.9	29	18.6	23.3	23.6	27.2	26.2	22.8	15.2	25.4	30.7	25.3	17.9	19.9
	M25	室外		10.2	13.6	11.4	6.5	12.3	11.7	8.3	10.3	13.9	14	6.1	14.1	9.8	10.7	10.1
	M25	室内		19.7	17.1	26.6	36.1	28.2	19.7	23.8	28.5	26.3	22.5	23.9	29.7	20	17.6	29.4
	M30	室外		9.5	7	7.3	15.6	10.1	14.1	9.7	16.2	9.4	12.7	6.2	15.4	6.5	4.8	13.5
	M30	室内		19.9	22.5	20.3	22.5	17.9	21.5	25	26.7	30.2	19.8	19.8	29.5	30.5	25	24
粉煤灰水泥或炉渣水泥	M15	室外	0.5	13.5	16.0	14.7	12.1	19.1	13.4	17.2	18.0	13.5	8.8	18.1	17.1	14.2	12.8	12.1
	M15	室内		32.5	33.9	29.7	26.9	25.5	32.5	28.3	26.9	26.9	35.4	29.7	32.5	25.5	24	24
	M20	室外		15.6	15.6	14.1	11.3	7.1	18.4	17	14.1	12.7	21.2	14.1	17	14.1	11.3	8.5
	M20	室内		29.7	32.5	29.7	28.3	24	36.8	33.9	26.9	25.5	28.3	31.1	36.8	28.3	29.7	25.5
	M25	室外		11.3	17.0	14.1	15.6	12.7	17.0	14.1	14.1	11.3	17.0	12.7	18.4	17.0	15.6	9.9
	M25	室内		31.1	31.1	32.5	26.9	25.5	32.5	29.7	25.5	26.9	29.7	26.9	33.9	29.7	25.5	24
	M30	室外		9.9	17	15.6	12.7	9.9	15.6	11.3	14.1	8.5	14.1	11.3	15.6	14.1	14.1	7.1
	M30	室内		24	32.5	31.1	29.7	29.7	33.9	33.9	36.8	28.3	24	26.9	32.5	32.5	29.7	28.3

	抗压强度	暴露环境	暴露时间/a	16	17	18	19	20	21	22	23	24	25	26	27	28	29	30
波特兰水泥	M15	室外	1	11.3	13.8	14.7	12.3	6.6	9.3	16.5	5.2	12.8	5.5	18	10.3	6.9	13.7	6
	M15	室内		34.1	26.5	18.8	27.9	18.1	26.2	26.5	21.4	24.9	27	25.8	28.6	26	24.8	25.5
	M20	室外		8.9	15.7	5.4	13.9	13.4	6.5	5.5	11.5	11	8.8	9.6	8.6	11.4	7.7	4.5
	M20	室内		20.1	24.6	22.8	24.5	17.3	26.8	20.3	24.9	21.9	18.2	28.8	28.3	18	19.8	18.4

续表

水泥品种	抗压强度	暴露环境	暴露时间/a	16	17	18	19	20	21	22	23	24	25	26	27	28	29	30
波特兰水泥	M25	室外	0.5	8.3	8	17.9	12	8.7	9.9	6.8	11.9	6.4	9.8	12.5	5.7	11	11.5	13.4
	M25	室内	0.5	18.8	30.4	20.7	22.5	25.8	17.8	20.9	25.5	30.9	20.1	17.9	23.2	17.8	24.9	30.4
	M30	室外	0.5	14.7	5.5	11.3	13.6	6.7	14.5	12.3	6.8	9.4	16.2	5.4	12.7	5.7	17.6	10.3
	M30	室内	0.5	26.1	26.4	28.7	23.2	22	21.4	27.2	27.3	17.9	26	23	17.9	25.1	30.4	23.8
粉煤灰水泥或炉渣水泥	M15	室外	0.5	18.9	9.8	17.1	16.6	9.7	10.5	14.7	14.2	12.0	12.8	11.8	14.6	10.9	10.5	11.0
	M15	室内	0.5	33.9	32.5	25.5	25.5	33.9	31.1	31.1	28.3	28.3	26.9	31.1	29.7	28.3	29.7	26.9
	M20	室外	0.5	17	18.4	17	11.3	15.6	14.1	17	15.6	11.5	9.9	18.4	17	11.3	12.7	17
	M20	室内	0.5	36.8	31.1	28.3	26.9	29.7	28.3	32.5	32.5	25.5	28.3	33.9	31.1	28.3	28.3	25.5
	M25	室外	0.5	15.6	15.6	14.1	9.9	14.1	14.1	15.6	14.1	11.3	14.1	17.0	14.1	14.1	9.9	15.6
	M25	室内	0.5	28.3	28.3	26.9	25.5	26.9	28.3	32.5	28.3	31.1	26.9	33.9	31.1	29.7	25.5	25.5
	M30	室外	0.5	12.7	12.7	11.3	9.9	15.6	12.7	15.6	14.1	15.6	11.3	15.6	14.1	14.1	9.9	12.7
	M30	室内	0.5	36.8	31.1	29.7	28.3	24	24	36.8	31.1	29.7	33.9	35.4	32.5	31.1	28.3	22.6

水泥品种	抗压强度	暴露环境	暴露时间/a	31	32	33	34	35	36	37	38	39	40	41	42	43	44	45
波特兰水泥	M15	室外	1	20	5.8	6.7	10.5	9.7	9	11.8	9.9	22.1	5.5	15.4	14.3	10.2	9.5	14.4
	M15	室内	1	28.3	20.9	26.1	24.6	27.1	25.1	22.4	21.6	24.6	28.9	25.4	25.6	28.7	27.2	23
	M20	室外	1	7.8	9.3	10.8	13.3	10.8	5.7	10.7	13.9	6.9	11.4	11	16.1	5	10.1	9.7
	M20	室内	1	23.3	28.3	16.1	34.6	25.1	25.3	21.8	20	21.7	19.1	20.1	25.9	21.3	22.8	31.5
	M25	室外	1	5.2	5.9	12	7.2	9.8	7.2	9.3	17.1	15	10.6	11.2	14.5	14.6	12.2	8.2
	M25	室内	1	20.3	23.4	29.6	22.2	23.4	25.8	19.6	22.2	26.6	25.2	20.6	24.8	17.7	28.5	27.1
	M30	室外	1	7	13.6	6.2	19.6	11.3	6.9	10.5	9.7	7.5	9.1	11.8	9.9	21.6	5.8	15.2
	M30	室内	1	21.6	18	25.3	18.9	24.7	25.1	20.5	27.9	29	30.1	20.2	17.6	19.5	19.7	21.3
粉煤灰水泥或炉渣水泥	M15	室外	0.5	12.5	14.0	16.5	14.0	8.9	13.9	17.1	10.1	14.6	14.2	19.3	9.2	13.3	12.9	11.5
	M15	室内	0.5	31.1	32.5	26.9	25.5	24	31.1	31.1	28.3	28.3	32.5	25.1	28.2	33.3	30.2	25.1
	M20	室外	0.5	15.6	15.6	12.7	11.6	8.5	17.7	17	11.3	11.3	14.1	13.7	15.7	16.5	15.4	13.1
	M20	室内	0.5	29.7	33.9	26.9	25.5	26.9	35.4	28.3	26.9	26.9	28.3	26.2	29.2	30.4	33.5	23.3
	M25	室外	0.5	12.7	17.0	14.1	12.7	11.3	17.0	15.6	17.0	11.3	15.6	10.6	15.9	12.6	13.2	15.7
	M25	室内	0.5	28.3	35.4	28.3	28.3	38.2	29.7	28.3	26.9	25.5	25.8	31.1	28.6	27.8	28.1	32

续表

水泥品种	抗压强度	暴露环境	暴露时间/a	46	47	48	49	50	51	52	53	54	55	56	57	58	59	60
粉煤灰水泥或炉渣水泥	M30	室外	1	13.2	9.2	13.1	14.9	14	8.8	12.7	8.9	10	16.9	10.8	9.4	17.1	9	13.7
粉煤灰水泥或炉渣水泥	M30	室内		24	32.5	30.1	29.4	29.6	33.3	23.4	29.6	34.9	30.3	25.4	34.2	31.4	31.6	28.5
波特兰水泥	M15	室外		14.1	14.3	8	15	10.4	4.2	6.5	14.3	6.6	8.6	14.6	9.4	5.1	8.7	14.9
波特兰水泥	M15	室内		20.8	36.5	25	21.7	23.1	25.5	21.5	24	23.8	29.4	24	23.2	31.1	27	19.2
波特兰水泥	M20	室外		8.3	10.7	12	9.6	10	8.7	6.9	9.9	5.7	11.9	14.2	16.7	7.4	4.3	7.6
波特兰水泥	M20	室内		28.6	26.7	22.3	25.8	22.9	23.2	23.9	24.6	26.6	20.9	21.3	24.1	20.3	18.6	31.6
波特兰水泥	M25	室外		8.1	8.8	15.5	6.8	5.6	7.7	8.3	7.4	14.1	8.1	12.6	6.7	5.2	10.4	9.1
波特兰水泥	M25	室内		32.8	23.6	27.9	21.8	25.1	21.5	24.8	20.8	23.6	24.1	19.8	26.6	16.8	23.7	24.9
波特兰水泥	M30	室外		14.1	10.3	9.6	14.2	14	14.1	8.1	14.8	10.4	6.7	14.1	6.4	6.8	8.7	14.4
波特兰水泥	M30	室内		23.1	24.7	16.8	20.3	26.5	29.8	24	30.5	16.9	22.4	20.4	24.9	18.7	20.6	23.1
粉煤灰水泥或炉渣水泥	M15	室外	0.5	13.9	15.2	12.8	13.2	11.9	10.1	13.1	11.5	9.3	17.4	19.9	10.6	13.5	10.8	17.0
粉煤灰水泥或炉渣水泥	M15	室内		30.9	33.3	29.1	28.7	30.6	24.3	33	34.2	26.1	29.9	27.6	26.6	29.5	30.4	29.6
波特兰水泥	M20	室外		19.2	14.2	17.6	18.2	14.3	10.2	18.3	17.5	14.9	13.7	13.1	19	10	17.5	17
波特兰水泥	M20	室内		25	27.1	27.2	35.4	25.8	23.8	34.5	37.1	31.5	31.1	34.3	31.3	27.5	33.2	31.9
波特兰水泥	M25	室外		9.0	14.9	16.2	13.3	12.8	10.7	17.8	14.3	10.0	10.6	18.0	16.1	15.7	17.7	14.3
波特兰水泥	M25	室内		25.9	28.7	32.7	28.8	23.4	33.1	30	30.2	26.8	32.1	20.8	24.8	30.7	26.9	31.1
波特兰水泥	M30	室外		15.3	10.8	14.4	17	14	17.9	15.8	10.6	16	15.2	13.9	8.2	15.4	14	7.1
波特兰水泥	M30	室内		33.3	23	26.7	32.1	28.5	32.4	31.8	35.3	39.4	30.3	33.2	32.3	31.6	27.2	24.6

水泥品种	抗压强度	暴露环境	暴露时间/a	61	62	63	64	65	66	67	68	69	70	71	72	73	74	75
粉煤灰水泥或炉渣水泥	M15	室外	1	7.3	6.3	16.8	6.9	19.3	8.8	8.4	7.9	15.3	11.6	7.3	7.9	8	11.8	11.5
粉煤灰水泥或炉渣水泥	M15	室内		21.1	21.2	23	24.8	15.4	24.8	21	24.2	23.3	21.9	30.7	22	26.9	31.9	30.6
波特兰水泥	M20	室外		13.5	5.6	16.6	8.5	6.7	14.7	12.1	8.7	11.2	15.7	12.7	11.4	11.2	10.8	4.7
波特兰水泥	M20	室内		30.9	25.6	15.5	25.6	26.9	23.6	25.4	29.4	21.9	15.8	22.8	28.7	13.9	25.2	26.7
波特兰水泥	M25	室外		9.1	12	7.5	8.1	10	10.5	11.1	10.1	12.6	14.1	14.8	16.2	14.7	6.6	10.3
波特兰水泥	M25	室内		23.4	30.7	21.5	24.4	22.1	18.1	23.9	37.5	18.7	29.1	19.2	18.3	21.5	19.2	17.9

续表

品种	抗压强度	暴露环境	暴露时间/a	61	62	63	64	65	66	67	68	69	70	71	72	73	74	75
波特兰水泥	M30	室外	0.5	5.3	9.4	7.4	8.8	14.7	7.5	6.5	16.5	7.1	18.9	8.9	8.5	8.1	15.1	14.2
		室内		19.1	32.2	19.2	24.5	21.5	27.8	26	22.3	24.5	17.8	24.8	23.1	25.8	29.7	22.2
	M15	室外		14.1	15.6	9.9	8.5	17.0	14.1	14.1	9.9	15.6	15.6	15.6	15.6	11.3	8.5	14.1
		室内		28.4	26.7	29.1	31.6	24	29.1	25.2	26	32.1	28.5	30.3	25	33.6	29.5	30.5
粉煤灰水泥或炉渣水泥	M20	室外		10.9	10.1	15.3	14.9	13	13.7	12.8	15.2	12.1	9.2	12.1	13.4	14.8	16.9	14.7
		室内		29.5	31.1	33.9	29.4	28.9	30	23.9	31.4	32.4	27.9	34.8	22.3	27.1	34.5	28.1
	M25	室外		14.4	15.0	10.0	16.7	16.9	16.5	20.8	10.6	14.8	15.8	12.9	10.9	16.9	14.7	10.3
		室内		30.4	34.3	38.8	28.8	32	31	30.2	25.3	22.5	30.9	30.9	27.7	27.4	26.2	28.7
	M30	室外		13.9	17.7	16.4	16.9	14.4	12.2	11.2	11.2	9.5	14.4	13.3	14.8	17	15.2	19.5
		室内		32.2	32.2	29.3	29.1	28	30.2	30.7	30.3	29.9	23.9	27.5	27.8	31.2	30.9	31.5

品种	抗压强度	暴露环境	暴露时间/a	76	77	78	79	80	81	82	83	84	85	86	87	88	89	90
波特兰水泥	M15	室外	1	15.2	9.9	14.2	17	15.7	20.2	8.7	13	12.3	8.1	8.7	7.3	12.9	9.6	6.3
		室内		25.2	28.8	23	24.8	30	20.8	27.2	28.3	26.3	21.3	31.9	27.3	28.7	20.6	17.1
	M20	室外		7.6	16.8	8.4	5.3	13.9	12.2	14.5	7.3	8.3	8.8	6.4	16.6	8.5	9.5	11.9
		室内		22.2	28.7	28.4	21.5	26.1	29.7	25.5	16.6	31	26.8	19.3	30.6	28.1	27.6	36.5
	M25	室外		8.1	7.1	15.3	9	11.9	10.1	8	9.9	10.3	7.4	11.9	13.2	11.4	12.5	11.7
		室内		15.2	25.6	24.2	24.7	32.4	25.7	24	21.4	17.3	24.3	26.6	25.6	16.6	26.3	22.2
	M30	室外		8.3	11.5	7.4	8	8.2	11.7	11.5	15	10	14	16.7	15.5	19.8	5.4	6.9
		室内		24.2	22.5	25.6	22.9	23.6	26.9	21	26.2	31.4	17.8	32.5	26.4	22.5	22.2	23.3
粉煤灰水泥或炉渣水泥	M15	室外	0.5	12.7	11.3	8.5	19.8	17.0	17.0	14.1	12.7	9.9	17.0	15.6	14.1	7.1	17.0	15.6
		室内		29.3	29	24.9	27.6	31.1	26.6	30.6	29.3	26.5	24.7	23.3	32.7	34.3	33	31.8
	M20	室外		10.2	14.6	17.4	11.3	15.3	14.9	19.4	9.6	14.2	13.8	12.6	14.6	15.8	13.7	14.1
		室内		29.1	31.5	28.4	32	30.6	25.8	27.4	32.9	28.4	32.8	30.6	26.3	33.1	32.8	34

续表

水泥品种	抗压强度	暴露环境	暴露时间/a	91	92	93	94	95	96	97	98	99	100	平均值 /(mm/a^0.5)	最大值 /(mm/a^0.5)	最小值 /(mm/a^0.5)
粉煤灰水泥或炉渣水泥	M25	室外	1	10.1	15.1	12.1	13.0	17.9	14.7	13.9	11.6	17.6	10.7	15.3	16.7	11.6
	M25	室内		29.2	28.8	28.3	21.8	25.7	26.1	29.8	29.4	30.1	29.2	26.6	29.1	24.5
	M30	室外		9.4	10.9	10	13.4	17.9	15.2	9.6	12.4	20	15	13.6	18.2	12.2
	M30	室内		30.7	35.9	28.3	30.6	30.4	26.4	29.2	29.7	30	34.1	29.8	30.3	28.2
波特兰水泥	M15	室外	1	13.6	12.5	8.4	16.9	10.9	15.2	12.8	11.4	10.5	11	11.1	22.1	4.2
	M15	室内		25	29	31.4	27.4	28.4	24.9	26.5	24.2	25.6	25.5	25.509	36.5	15.4
	M20	室外		7	5.1	15.5	7.6	12.2	9.6	6.4	7.5	19.2	14.7	10.365	19.2	4.3
	M20	室内		28.1	22.8	21.3	18.3	24.9	23	21.2	22.4	20.4	21.6	23.857	36.5	13.9
	M25	室外		9.4	8.9	13	7.9	15.3	16.7	7.4	10.5	8.1	11.3	10.452	17.9	5.2
	M25	室内		37.8	26.7	27.6	18.5	28	33.5	21.7	24.2	22.7	17.1	23.869	37.8	15.2
	M30	室外		8.8	12.9	12.2	8.2	8.8	7.4	12.8	9.7	6.5	13.5	10.807	21.6	4.8
	M30	室内		29.4	16.3	23.3	18.4	19	19.2	28.3	22.2	20.7	19.5	23.494	32.5	16.3
粉煤灰水泥或炉渣水泥	M15	室外	0.5	15.6	15.6	8.5	11.3	15.6	12.7	12.7	9.9	18.4	13.5	13.6	19.9	7.1
	M15	室内		29.5	28.4	31.6	32.5	23.4	28.4	27.6	28.5	30	31.6	29.097	35.4	23.3
	M20	室外		12.9	11.3	13.4	9.9	9.7	16.5	19.9	11.8	9.1	12	14.175	21.2	7.1
	M20	室内		26.9	27.4	31.4	31.1	31.1	30	36.4	31.3	34.7	25.5	29.887	37.1	22.3
	M25	室外		18.0	11.1	10.2	15.4	17.9	17.7	17.2	12.9	17.2	15.8	14.3	20.8	9.0
	M25	室内		27.5	28.2	28.5	33	28.3	25.9	28.8	27.8	26.4	28	28.783	38.8	20.8
	M30	室外		13.3	11	17	14.8	14.5	9.2	14.8	13.4	13.1	9.9	13.39	21.6	7.1
	M30	室内		30.5	25.1	33.9	31.5	29.3	30.1	35.4	33.2	32.9	28.6	30.249	39.4	22.6

附录 13 中国水泥砂浆 CaO 转化为 $CaCO_3$ 比例

(单位：%)

附表 13.1 中国水泥砂浆 CaO 转化为 $CaCO_3$ 比例

87.7	92.6	99.3	95.9	90.9	90.3	95.4	94.3	93.4	85.0	94.6	94.9	91.1	87.7
87.2	86.2	91.1	95.0	95.0	91.8	83.9	92.4	94.4	91.6	94.2	99.0	69.2	98.5
96.7	96.6	83.0	85.2	89.0	98.9	96.7	86.8	96.8	90.6	97.7	89.5	91.0	97.8
93.0	79.7	97.3	93.7	93.8	88.5	92.9	92.3	100	97.4	87.0	96.7	93.0	100.0
89.7	88.3	85.7	86.9	94.1	85.2	90.2	95.9	95.8	89.5	93.5	89.1	94.6	92.1
98.1	87.4	92.2	91.8	96.9	90.9	91.5	87.7	86.7	96.5	87.2	97.3	92.0	91.6
100.0	91.5	90.7	85.1	92.2	87.3	89.1	84.9	88.8	80.4	96.5	91.0	93.6	90.7
94.9	97.6	89.5	88.0	91.2	88.1	98.2	81.6	90.1	89.6	95.5	91.7	95.3	95.0
91.0	89.0	89.8	99.9	90.6	91.3	91.4	78.8	93.0	96.2	93.8	95.8	84.7	88.6
92.3	91.0	92.2	90.1	86.9	96.3	88.4	90.5	88.3	84.7	95.6	94.0	93.0	
87.9	91.1	92.1	92.1	90.5	90.4	98.1	95.1	77.6	95.7	97.1	91.6	88.1	92.8
94.1	91.4	98.0	88.9	91.4	82.9	90.3	99.6	85.5	84.6	90.2	94.8	94.9	86.6
89.4	87.2	97.6	95.7	91.2	90.5	91.3	79.4	99.0	92.4	96.9	87.1	87.3	91.3
90.9	92.6	99.4	94.9	89.5	85.4	93.0	83.0	85.2	94.7	86.6	93.0	93.1	96.3
50.2	96.0	94.6	97.7	97.9	89.8	93.9	96.8	94.6	98.9	89.9	94.4	95.8	96.1
最大值	89.4	89.9	93.1	90.8	98.2	90.7	98.7	89.0	80.4	90.3	91.7	97.9	98.7
100.0	97.1	95.6	82.5	93.4	89.9	95.6	89.9	85.7	88.8	87.5	81.0	96.8	75.4
最小值	91.8	87.4	92.6	88.4	84.5	79.6	96.6	85.4	92.0	97.0	80.8	89.5	89.6
50.0	89.9	94.0	90.0	94.3	93.8	98.6	90.9	92.8	95.0	95.4	86.4	94.7	95.0
平均值	91.0	96.2	84.0	89.7	96.8	92.8	87.0	97.4	98.1	75.6	90.2	96.6	88.2
92.0	88.8	96.5	100	93.1	98.3	97.3	99.4	93.0	88.6	95.7	93.7	91.3	90.1
	94.6	93.9	96.8	92.9	91.2	92.3	98.9	98.2	98.9	89.5	84.6	98.1	91.1

注：由于缺乏数据，其他地区 CaO 转化为 $CaCO_3$ 比例参考中国情况；砂浆 CaO 转化为 $CaCO_3$ 比例的测试采用 X 射线荧光光谱仪和红外碳硫分析仪